U0170274

　　本书受国家自然科学基金重点项目"中部地区承接产业转移的驱动机制与环境效应"（41430637）、国家自然科学基金青年项目"跨国公司地方劳动力市场嵌入机制研究"（41901149）、中国博士后基金面上资助项目"GPN视角下产业集群的网络风险传导路径及预警机制建构"（2017M622332）、河南省哲学社会科学规划项目"双循环格局下河南省制造企业嵌入全球价值链的位置变动与高质量发展研究"（2021BJJ030）、教育部人文社会科学研究规划基金项目"中国本土制造企业供应链网络全球扩张演化机理研究"（19YJC630202）等项目的支持

产业转移背景下
企业网络建构理论与实践

Theory and Practice of Corporate Network Construction
in the Context of Industrial Transfer

陈肖飞　苗长虹◎著

中国社会科学出版社

图书在版编目（CIP）数据

产业转移背景下企业网络建构理论与实践/陈肖飞，
苗长虹著 . —北京：中国社会科学出版社，2023.3
 ISBN 978-7-5227-1377-9

Ⅰ. ①产… Ⅱ. ①陈… ②苗… Ⅲ. ①企业—计算
机网络 Ⅳ. ①TP393.18

中国国家版本馆 CIP 数据核字（2023）第 022227 号

出　版　人	赵剑英	
责任编辑	刘晓红	
责任校对	周晓东	
责任印制	戴　宽	

出　　版	中国社会科学出版社	
社　　址	北京鼓楼西大街甲 158 号	
邮　　编	100720	
网　　址	http://www.csspw.cn	
发　行　部	010-84083685	
门　市　部	010-84029450	
经　　销	新华书店及其他书店	

印　　刷	北京君升印刷有限公司	
装　　订	廊坊市广阳区广增装订厂	
版　　次	2023 年 3 月第 1 版	
印　　次	2023 年 3 月第 1 次印刷	

开　　本	710×1000	1/16
印　　张	18	
插　　页	2	
字　　数	289 千字	
定　　价	99.00 元	

凡购买中国社会科学出版社图书，如有质量问题请与本社营销中心联系调换
电话：010-84083683

前　　言

　　2008 年国际金融危机之后，产业转移在实践上表现出与地方产业高度的关系建构性、情景敏感性、路径依赖性和集聚经济性等特点，既加速了经济要素在世界范围内的自由流动，又使不同尺度地理单元之间的联系日益紧密，直接促生了全球生产网络和地方生产网络结成过程的同时存在（赵建吉，2014；潘少奇，2015）。然而从已有的产业理论看，如雁阵模式理论、产品生命周期理论、边际产业扩张理论、劳动密集型产业转移理论和国际生产折衷理论等虽能较好地说明产业转移的区位选择动因，但并不能很好地解释转移企业与本地企业互动发展的模式和机理。从已有经济实践看，由于转移企业地方嵌入不足产生了一定数量的"飞地经济"和"候鸟经济"（曾菊新，2002；刘卫东，2003），而且承接地对转移企业的依附，会导致其陷入"技术陷阱"和"贫困增长"的怪圈（景秀艳，2007；张云逸等，2010；梅丽霞等，2009）。面对日趋频繁的产业转移，应将转移企业置于何种层面的战略地位，促使其与本土企业通过建构联系而形成良性互动的关系网络，进而成为促进区域经济崛起的重要力量将是一个重要的战略和现实问题。

　　随着生产网络成为经济地理学研究的热点问题之一，诸多学者做了大量研究工作（Yeung，2002，2003，2005，2009；Wei，2009，2010，2011，2012；苗长虹等，2007，2011；陈肖飞等，2018，2019，2020，2021），但是生产网络两大主体研究却明显不对等，全球生产网络普遍受到重视，而地方生产网络却明显受到忽视。企业网络作为全球生产网络和地方生产网络的"本元"，是企业间经济、技术、社会等元素的"融生体"，其结构特征不仅反映了"全球—地方"生产网络的基本特

1

征，也反映了企业之间的关系表征，是影响企业和区域可持续发展的重要因素之一。企业网络作为一个多学科交叉的研究命题，融合性较强，既包含了地理学中的企业网络，也包含了社会学中的关系网络，同时与经济地理学中强调的全球生产网络和地方生产网络都有紧密的联系，因此多学科、多角度研究企业关系网络将有助于其进一步发展。在产业转移和经济新常态背景下如何从企业空间组织差异—企业空间相互作用—企业网络结构演化角度研究企业关系网络问题亟须新思考。

2016 年 6 月，我顺利完成了在中国科学院南京地理与湖泊研究所的博士学习，虽然结束了学术历程的"最高"阶段，然而心里却依旧充满了许多困惑，此种困惑部分来源于对博士学习和研究的不满足，更多的还是对自己未来研究方向的不确定。2016 年 7 月，我回到母校河南大学，继续跟着我的硕士生导师苗长虹教授进行博士后研究工作，彼时苗老师正承担着国家自然科学基金重点项目"中部地区承接产业转移的驱动机制与环境效应"（41430637），其中一个重要内容就是探究中部地区典型产业转移的驱动机制以及效应评估。针对博士阶段尚未解决的一些问题，苗老师给了一些指导性意见并建议将其作为博士后研究的方向，随后我便继续对博士阶段遗留的一些问题展开研究。在博士后期间，我先后申请获批了国家自然科学基金、中国博士后科学基金、河南省重点研发软科学项目、河南省哲学社会科学项目、河南省博士后科学基金等项目，基本上都是围绕企业网络与区域发展这一主题展开研究，直到 2020 年 2 月完成博士后出站。将近 6 年的时间，我只有一个研究对象，一个研究主题，这可能也是做案例研究最"痛苦"的地方。

由于在相当长一段时间内，我国经济地理学侧重于宏观层面的分析，忽视了微观经济单元的研究（李小建，2016）。基于此，本书以微观企业为基本单元，分析案例企业和转移企业关系网络（经济关系网络、技术合作网络、社会交流网络）的建构及演化，探索转移企业在企业关系网络中的角色、双向嵌入路径及互动效应，研究企业关系网络的演化阶段及驱动机制。本书的研究和写作提纲拟定、全书通稿与修改，由陈肖飞和苗长虹完成，我的硕士研究生郭建峰、郗瑞瑞、张胜男、韩腾腾、栾俊婉、李元为、杜景新、高小玲等分别参与了个别章节的修订工作。本书共分为十章：第一章提出了科学问题，确定了研究思路和方法；第二章探讨了企业网络构建及演化的理论基础，构建了一个包含新经济地理学的"演化""关系""制度"等核心思想在内的更为丰富的、普适性更强的理论框架；第三章和第四章从宏观视角研究了中国汽车新创企业空间分异特征、区位选择机制以及基于汽车产业供应链体系的中国城市网络特征；第五章概述了案例区汽车转移企业的发展阶段，承接汽车产业优势条件以及奇瑞供应模式特点和供应商空间格局；第六章尝试回答案例集群内部企业网络结构特征以及企业网络建构机理；第七章探讨了企业网络角色异质性及形成机理；第八章从经济联系、技术合作和社会交流三个视角出发分析了企业双向嵌入的过程和效应；第九章研究了案例集群内部企业网络的演化过程及影响因素；第十章进行了总结和讨论。

本书主要结论如下：

第一，企业网络需要构建综合性理论框架，"关系结成—网络发育—双向嵌入—演化升级"是本土企业与转移企业关系网络构建及演化的四大要素，关系结成是基础，网络发育是介质，双向嵌入是关键，演化升级是目的。关系结成是转移企业与本土企业的各种经济关系、社会关系和技术关系资源等在不同空间尺度上协调过程，网络发育是转移企业与本土企业在节点选择、连接方式以及协调控制的基础上孕育的网络雏形的体现；双向嵌入是转移企业在承接地强化自身竞争力和本土企业实现在全球生产链和价值链升级的必由之路，演化升级不仅是转移企业与本土企业发展的要求，也是区域发展的必然导向。

第二，从中国新创企业区位选择时空综合机制来看，全球环境影响不显著，而区域市场和地方竞争均存在显著影响，其中劳动力、集聚经济、市场潜力与政府政策能促使新创企业成立，而国有企业比重显著则会阻碍新创企业成立；从时间特征差异来看，全球环境依然表现不显著，区域市场中的劳动力因素影响作用变化说明新创企业区位选择正逐渐从关注劳动力成本转向关注劳动力质量，集聚经济和市场潜力在多样化和城市化经济的冲击下作用减弱，而地方竞争始终保持对新创企业的显著影响；从空间特征差异来看，全球环境的出口因素在东部地区影响显著，但在中西部地区表现不明显，区域市场中劳动力因素和市场潜力因素在东部地区影响不显著，而在中西部地区劳动力因素显著为正，除此之外，外商直接投资、集聚经济、政府政策和国有企业比重对不同区域新创企业区位选择影响大体相同。

第三，基于汽车产业供应链体系的中国城市网络表现出典型的"低密度—多核心、高聚类—少趋同"特征，虽然共有链接较多，但绝大多数强度都较低。城市网络结构特征与权力等级存在显著"悖论"，即城市节点的网络地位不仅取决于链接城市的数量，还需考虑关联网络的空间属性和资本容量。基于网络结构特征，上海、重庆、十堰、天津、北京、广州、长春、宁波、苏州、成都十个城市属于核心城市，然而通过转变中心性和转变控制力测度，发现广州和宁波属于中心集约城市，苏州和成都则属于权力门户城市，进一步说明转变中心性与转变控制力不仅能有效揭示中国城市网络节点的权力属性，也更符合经济现象的地理空间非均衡规律。

第四，案例企业网络发育不完善，结构特征差异明显，相似性较小。企业网络结构差异主要表现在网络中心性、网络结构等方面。虽然企业不同网络结构特征差异明显，各关系网络仍存在相似性，企业经济联系、技术合作和社会交流关系网络的相似程度总体表现出"经济联系—社会交流＞经济联系—技术合作＞社会交流—技术合作"的特征。在企业关系网络中虽然有些节点的度值和中介值较高，但并不意味着拥有很强的"网络权力"，事实上，真正拥有话语权的还是QR，网络发育也深受核心企业发展的影响。

第五，转移企业在企业网络中的角色具有显著的异质性。按照"群体划分—关系强度—结构位置—属性辨别—权力特征"的判定步骤，将转移企业在网络角色分为核心成员、边缘成员、中介成员、外来俱乐部成员、守门人以及孤立点。境外转移企业依靠巨大的"网络权力"通过中介作用和守门人作用；存在较显著的外来俱乐部成员现象，且都是实力较强的企业，不利于企业间的交流合作，抑制地方企业的技术学习和进步；守门人以境外转移企业为主，导致生产链条存在较大风险；技术合作网络和社会交流网络孤立点企业较多，不仅阻碍了企业关系网络的演化和完善，也将对整个区域产业集群的实力提升产生深刻的影响。

第六，双向嵌入是企业实现互动发展的必由之路，但嵌入程度各有不同，有待提升。转移企业的地域嵌入程度最深，网络嵌入程度次之，社会嵌入表现得相对简单。选取 PX、JSZY、KB、BNE 等公司分析奇瑞汽车在全球生产链的嵌入以及价值链的升级和能力构建，发现奇瑞与国外大型转移企业的联合促使了生产链在全球的延伸和深化，价值链也逐渐从低端的"借壳造车—模仿造车—合作造车"阶段逐步向高端的"重塑品牌—技术研发—后市场服务"阶段过渡。转移企业与本土企业的互动过程形成了较为完善的空间关系网络组织形式，产生了明显的经济效应、社会效应和技术效应。

第七，企业网络演化具有典型的阶段性特征，演化机制和影响因素较为复杂。企业网络经历了"节点涌现的松散型网络—联系渐密的紧凑型网络—蓬勃发展的开放型网络"，根据演化经济地理学相关理论，发现外部驱动力—政府作用决定了转移企业在承接地的初步嵌入，市场需求变化决定了转移企业投资方向，区域制度厚度决定了转移企业在承接地的发展成长。内部作用力—企业战略导向决定了企业的经济联系和行为模式演化，企业关系资产决定了转移企业与本土企业社会交往程度强弱，企业学习创新决定了转移企业与本土企业的技术交流频率大小。代表企业经济实力的"企业年产值"、代表企业技术能力的"企业是否是高新技术企业"、代表企业社会活动水平的"企业年参加社会活动次数"、企业来源地和企业在承接地建厂时间五个因素是影响企业关系网络演化的关键因素。

本书撰写得到了国家自然科学基金"跨国公司地方劳动力市场嵌入机制研究"（41901149）、中国博士后基金面上资助项目"GPN 视角下产业集群的网络风险传导路径及预警机制建构"（2017M622332）、河南省哲学社会科学规划项目"双循环格局下河南省制造企业嵌入全球价值链的位置变动与高质量发展研究"（2021BJJ030）、教育部人文社会科学研究项目"中国本土制造企业供应链网络全球扩张演化机理研究"（19YJC630202）、河南省博士后资助项目"轮轴式产业集群的网络风险演化路径及驱动机理研究"、河南省高等学校重点科研项目计划"河南省重点产业政策演进及效用评估研究"（20A170005）等项目的支持。感谢教育部人文社会科学重点研究基地河南大学黄河文明与可持续发展研究中心、黄河文明省部共建协同创新中心对项目研究和本书出版提供的大力支持。感谢调研过程中的各位领导和企业家。芜湖市规划局房国坤局长、芜湖市经济开发区经济贸易发展局张何斌局长、芜湖市经济开发区投资促进一局魏刚局长、芜湖市汽配行业协会李琳秘书长等领导的热情支持，芜湖奇瑞科技有限公司黄德元董事长、汪功伟部长的积极协调，各企业负责人杜占军总经理、舒晓雪总经理、江火文副总、马向阳副总、何章勇副总、徐国平副总、吴学勇经理、许胜龙总监等企业家的通力配合，另还有诸多接受访谈的企业家和普通职工，篇幅有限，在此不一一列举。感谢河南大学苗长虹教授、李二玲教授、艾少伟教授、赵建吉教授、潘少奇副教授等指导，感谢中国科学院南京地理与湖泊研究所姚士谋研究员、张落成研究员、袁丰副研究员的帮助，感谢我的研究生高小玲为本书出版所做出的系列贡献。最后，特别感谢中国社会科学出版社刘晓红老师在书稿编辑、校对、出版过程中的辛勤劳动。限于作者理论水平和实践经验，本书存在诸多不足之处，恳请广大读者和学术同仁批评指正。

陈肖飞

2022 年 2 月

摘　　要

　　企业网络作为一种新兴的经济趋势和地理空间过程，深刻影响产业集群参与全球/地方分工和竞争的方式和地位，正日益受到国内外经济地理学界和各级政府的广泛关注。中部地区作为"第四次产业转移"的主要承接区，在全球化、市场化、分权化背景下，产业集群内企业网络建构与演化更具有特殊性。本书拟以中部地区典型产业集群为研究案例，重点研究本土企业与转移企业如何通过建构网络实现互动发展的问题，旨在探讨转移企业与本土企业关系网络构建的经济地理过程及"全球—地方"联系，实践上有助于中部地区产业集群抓住"第四次产业转移"契机实现"蛙跳式发展"，在理论上通过"地方典型经验"为理解企业网络理论及其地理特性提供重要的参考视角，服务于我国经济地理学理论创新。

　　从新经济地理学、社会经济学等出发，融合了产业区理论、生产网络理论、嵌入理论、演化理论等核心思想，构建了以"关系结成—网络发育—双向嵌入—演化升级"为主线的理论分析框架：关系结成是企业网络构建的基础，本质是各种经济关系、社会关系和技术关系资源在不同空间尺度上的协调过程；网络发育是企业网络构建的介质，是转移企业与本土企业在节点选择、连接方式以及协调控制的基础上孕育的网络雏形体现；双向嵌入是企业网络构建的关键，是转移企业在承接地强化自身竞争力和本土企业实现在全球生产链延伸和价值链升级的必由之路；演化升级是企业网络构建的目的，从不平衡的企业网络过渡到高效协调的企业网络并实现企业自身升级是企业发展的最终目的。

　　企业网络整体发育不完善，结构特征差异明显。企业行动者网络复杂多变，随着异质行动者的进入、退出与身份转变，网络内部权力关系与利益争夺产生变化，导致行动者网络空间重构。经济关系网络、技术合作网络和社会交流网络发育程度较低，连通能力较弱，大多数企业接近中心度的值较大，而聚类系数较小。虽然各网络中心势突出，且呈现较明显的"核心—边缘"结构，但相似程度较低，主要表现为"经济联系—社会交流>经济联系—技术合作>社会交流—技术合作"的特征。在企业关系网络中虽然有些节点的度值和中介值较高，但并不意味着拥有很强的"网络权力"，事实上，真正拥有话语权的还是QR，网络发育也深受核心企业发展的影响。

采用"群体划分—关系强度—结构位置—属性辨别—权力特征"的角色判定方法，将转移企业在网络中的角色划分为核心成员、边缘成员、中介成员、外来俱乐部成员、守门人以及孤立点六种类型，发现转移企业在网络中的角色具有显著异质性。境外转移企业依靠巨大的"网络权力"，通过中介作用和守门人作用，深刻影响企业关系网络的构建；由于建厂时间较短，部分规模和实力领先的企业未必能够成为网络核心，直接影响了关系网络的协调发展；存在较显著的外来俱乐部成员现象，且以实力较强的企业为主，既抑制地方企业的技术学习和进步，又不利于企业间的交流合作；守门人以境外转移企业为主，直接控制着其他转移企业进入承接地与核心公司的联系，导致生产链条存在较大风险；技术合作网络和社会交流网络孤立点企业较多，不仅阻碍了企业关系网络的构建和演化，也将对区域产业集群实力提升产生负面影响。

通过构建企业双向嵌入框架，发现双向嵌入是企业实现互动发展和升级的必由之路，但目前嵌入程度不深，有待提升。依托Hess嵌入理论，转移企业的地方嵌入分别从社会嵌入（企业文化）、网络嵌入（关系资产）和地域嵌入（市场境况）进行阐释，发现转移企业的地域嵌入程度最深，网络嵌入程度次之，社会嵌入表现得相对简单。本土企业的全球嵌入采用典型案例研究，从不同生产系统的代表性企业出发，分别分析奇瑞汽车利用国外供应商在动力系统、车身安全系统、底盘系统和电子电器系统实现的全球生产链的延伸，并且进一步证实了奇瑞汽车正从低端的"借壳造车—模仿造车—合作造车"阶段向高端的"重塑品牌—技术研发—后市场服务"阶段过渡，以实现在全球价值链升级和能力建构。转移企业与本土企业的互动过程形成了较为完善的空间关系网络组织形式，产生了明显的经济效应、社会效应和技术效应。

1997—2014 年，奇瑞关系网络经历了"节点涌现的松散型网络—联系渐密的紧凑型网络—蓬勃发展的开放型网络"的阶段；根据问卷结果，依托演化经济地理学相关理论，发现外部驱动力—政府作用决定了转移企业在承接地的初步嵌入，市场需求变化决定了转移企业投资方向，区域制度厚度决定了转移企业在承接地的发展成长。内部作用力—企业战略导向决定了企业的经济联系和行为模式演化，企业关系资产决定了转移企业与本土企业社会交往程度强弱，企业学习创新决定了转移企业与本土企业的技术交流频率大小；通过灰色多元回归模型分析，研究发现代表企业经济实力的"企业年产值"、代表企业技术能力的"企业是否是高新技术企业"、代表企业社会活动水平的"企业年参加社会活动次数"、企业来源地和企业在承接地建厂时间五个因素是影响企业关系网络演化的关键指标。

关键词：产业转移；企业网络；双向嵌入；演化机制；关系经济地理学

Abstract

As an emerging economic trend and geospatial process, enterprise network has a profound impact on the way and status of industrial clusters participating in global / local division of labor and competition. It is increasingly concerned by economic geography circles and governments at all levels at home and abroad. As the main undertaking area of the "fourth industrial transfer", the central region has more particularity in the construction and e-volution of enterprise network in industrial clusters under the background of globalization, marketization and decentralization. Taking the typical industrial clusters in the central region as the research case, this project intends to focus on how local enterprises and transfer enterprises achieve interactive development through the construction of networks, with the purpose of discussing the economic geographical process and "global local" connection of the construction of the relationship network between transfer enterprises and local enterprises, In practice, it helps the industrial clusters in the central region seize the opportunity of "the fourth industrial transfer" to realize "leapfrog development". In theory, through "local typical experience", it provides an important reference perspective for understanding the enterprise network theory and its geographical characteristics, and serves the theoretical innovation of economic geography in China.

Based on the new economic geography, social economics and management disciplines, the study has integrated core concepts of the industrial region theory, production theory, network theory and evolution theory, under which the theoretical framework is build based on four elements namely a "relationship form- network development-bidirectional embeddedness-evolution upgrade". In this paper, relationship form is the foundation of enterprise relationship network, which plays a significant role in the coordination process of economic, social, technology and resources at different spatial scales. Network development is the media, which embodies transferred enterprises and the prototype nodes which involves the node selection, connection and coordination between local enterprises and transferred enterprises. Bidirectional embeddedness is the key of enterprise relationship network, which is the only way for transferred enterprise to strengthen its own competitiveness and local enterprises to realize the upgrading in global production chain and value chain. The evolution upgrade is the primary objective of enterprise network construction, with the ultimate goal of enterprises to develop from unbalanced relation network to the coordinated relation network.

From the empirical analysis of enterprise relationship network's structure characteristics the findings shows that the enterprise relationship network is not perfect, the structural characteristics are obvious difference and the similar degree is low. Structure characteristics are reflected in the following perspectives: First, The center of the economic relationship network is the highest, followed by technical cooperation network and social communication network. Second, network present a significant "core-edge" structure, where the technical cooperation network characteristics is the most significant, followed by economic relationship network and social communication network. Third, network development is not perfect and the communication ability is not strong, most of the enterprises that are close to the center of the value is large, but the clustering coefficient is small. Fourth, The degree of similarity of the network is generally expressed as "economic relationship network-social communication network" > "economic relationship network-technical cooperation network" > "social communication network-technical cooperation network". Based on Chery's relationship network is not mature, although some enterprises have high value, which does not mean that they have "strong network power". In fact, QR has the real right to have a word in the relationship network and network is also affected by the development of the core enterprise.

From the "group division-relationship strength-structure location-attribute discrimination -power characteristics" method, the enterprise is defined as six types in the network: core members, edge members, intermediary members, foreign club members, the gatekeeper and outlier members, and finds that the roles of transferred enterprises are significant heterogeneity. Foreign enterprises rely on the huge of power through the intermediary role and gate keeping role, which has significant impact on the construction of the network. Some leading enterprises may not be able to become the core of the network because of the shorter construction time. There is more obvious phenomenon of foreign club members, which is not only suppresses the local enterprise's technical study and progress, but is also not conducive to the exchange and cooperation among enterprises. The gatekeeper members are transferred foreign enterprise, resulting in a big risk in the production chain. Technology cooperation network and social communication network have more isolated point enterprise, which not only impede the construction and evolution of enterprise relationship network, but will also have negative impacts on the strength of regional industrial clusters.

This paper constructs on the bidirectional embeddedness framework and finds that bidirectional embeddedness is the only way to realize the interactive development and upgrading of enterprises however the degree of embeddedness is not strong enough, and therefor needs needs to be improved. The local embeddedness of the transferred enterprises is explained from the social embeddedness (Corporate Culture), the network embeddness (Relationship Assets) and the region embeddness (Market Situation), and found that the region embeddedness is the deepest, followed by network embeddedness and social embeddedness. The gobal embeddedness of the local enterprises uses typical case study, starting from the representative enterprise of the different production systems, the paper has analyzed the power system supplier, body safety system suppliers, chassis system suppliers and electronics system suppliers to realize the extension of the global production chain. This paper further proves that the Chery are gradually developing from "backdoor repairer- imitate repairer- cooperation repairer" which is a low-end stage to "rebuild the brand-technology research and development-service market" high-end phase transition to achieve in global value chains upgrading and capacity building.

From 1997 to 2014, the enterprise relationship network has experienced "loose nodes network- tightly linked compact network- vigorous development network" evolutional stage; Drawing from the questionnaire results and based on the new economic geography theory, the findings shows that while enterprise strategy selection comprises the foundation of network evolution, enterprise assets is a fundamental element, likewise, enterprise learning innovation is the core of network evolution and regional integration system often guarantees enterprise network evolution; Through the grey multiple regression model analysis, the study has identified five indexes which represents various capacities namely: - "the annual output value of enterprises", "the high-tech and non high-tech enterprise", "the number of social activities every year", "the source of the enterprise resource" and "enterprise establishment time". All these are the key factors which influence the enterprise relationship network evolution.

Key Words: Industrial transfer; enterprise network; bidirectional embeddedness; evolution mechanism; relational economic geography

目　　录

第一章

绪　论

随着产品生命周期急剧缩短，传统"单枪匹马"式企业迁徙已经越来越不适应新的经济形势，企业迁移更多地呈现集群化和网络化趋势，在此趋势的影响下，转移企业和承接地企业势必发生复杂而深刻的关系重构（Vernon，1966；Kindleberger et al.，1994；Dicken，2010；魏后凯等，2002）。企业关系重构是多种因素的综合结果，既是经济互动的嵌入过程，也是技术合作与社会交流行为的演化过程，其中经济关系网络是企业发展的基础，技术合作网络是企业发展的关键，社会关系网络是企业发展的保障。奇瑞汽车在近二十年的发展过程中，秉持带动上下游关联产业（多以转移企业为主）的理念，形成了一种纵横交错的结构专业化分工与合作链条，被业界称为"奇瑞模式"，在中国具有重要影响力。本书以奇瑞汽车为核心，重点研究本土企业与转移企业如何通过建构关系网络实现互动发展的问题，旨在探讨转移企业与本土企业关系网络构建的经济地理过程及"全球—地方"联系，丰富和完善产业转移背景下企业经济地理相关理论及案例，为以奇瑞为代表的国内本土企业发展提供有益借鉴。

第一节　问题提出

2008 年国际金融危机之后，产业转移在实践上表现出与地方产业高度的关系建构性、情景敏感性、路径依赖性和集聚经济性等特点，既加速了经济要素在世界范围内的自由流动，又使不同尺度地理单元之间的联系日益紧密，直接促生了全球生产网络和地方生产网络结成过程的同时存在（赵建吉，2014；潘少奇，2015）。跨国公司全球化扩展的同时伴随着生产网络在地方嵌入的深化，而地方化力量如当地消费者习惯以及制度文化等因素也会导致其更加依赖地方特征。从已有的产业理论看，如雁阵模式理论、产品生命周期理论、边际产业扩张理论、劳动密集型产业转移理论和国际生产折衷理论等虽能较好地说明产业转移的区位选择动因，但并不能很好地解释转移企业与本地企业互动发展的模式和机理。从已有经济实践看，由于转移企业地方嵌入不足产生了一定数量的"飞地经济"和"候鸟经济"（曾菊新，2002；刘卫东，2003），而且承接地对转移企业的依附，会导致其陷入"技术陷阱"和"贫困增长"的怪圈（景秀艳，2007；张云逸等，2010；梅丽霞等，2009）。面对日趋频繁的产业转移，应将转移企业置于何种层面的战略地位，促使其与本土企业通过建构"全球—地方"联系而形成良性互动的关系网络，进而成为促进区域经济崛起的重要力量将是一个重要的战略和现实问题。

随着生产网络成为经济地理学研究的热点问题之一，诸多学者做了大量研究工作（Yeung，2002，2003，2005，2009；Wei，2009，2010，2011，2012；苗长虹等，2007，2011），但是生产网络两大主体研究却明显不对等，全球生产网络普遍受到重视，而地方生产网络却明显受到忽视。部分学者对全球生产网络与全球生产网络的互动关系进行了研究，但过于强调跨国公司的作用（马海涛，2009，2012；汪健，2010；李健，2011），而忽视了本土企业的影响，另有部分学者分别对全球生产网络和地方生产网络的形成因素、发展过程、权力治理和综合效应等方面进行了研究，但多从宏观角度出发，忽视了生产网络的微观结构特征研究（杨友仁等，2005；苗长虹，2006；景秀艳，2007；王缉慈等，2010）。企业关系网络作为全球生产网络和地方生产网络的"本元"，是企业间经济、技术、社会等元素的"融生体"，其结构特征不仅反映了"全球—地方"生产网络的基本特征，也反映了企业之间的关系表征，是影响企业和区域可持续发展的重要因素之一。

在企业关系网络结构特征的基础上，越来越多的学者发现网络成员的关系是非平等的（Lazerson et al.，2004；Schmitz et al.，2004；杨道宁等，2005）。MacDougall 在 1960 年提出的"技术势差"概念，在一定程度上可以演化为"经济势差"和"社会势差"，即企业在经济、技术和社会层面的"空间错位""技术错位""组织错位"的问题。在产业转移的背景下，由于转移企业与本土企业存在上述"势差"和"错位"，导致了转移企业在本地生产网络中嵌入方式和程度的异质性，因此在关系网络中转移企业的角色也表现出多样性特征。已有研究对关系网络内部企业角色的辨识采用了多种识别方法，但基本上是以定性解释为主，缺少定量分析（Dicken et al.，2001；Wei et al.，2010；毛宽等，2008；潘峰华等，2010；潘少奇，2015），此方法在辨识典型企业角色时比较有效，但要判断集群内所有转移企业的角色就相对缺乏科学性。识别转移企业在关系网络中的角色，对承接地制定针对性的产业发展政策，合理利用不同企业的时空机会窗口，促使集群升级和区域经济发展具有重要意义。

转移企业深入挖掘承接地特性，突破"路径锁定"，通过嵌入实现在承接地的根植化，才能实现顺利发展，而本土企业也需通过转移企业来实现在全球生产链延伸和价值链提升，因此，只有通过双向嵌入才能完成转移企业的本土化战略和本土企业的全球化战略。学者对本地企业实现全球化战略已做了大量研究，但是由于转移企业的"松脚性"现象，即转移企业与承接地联系较少，溢出效应显著，目标冲突问题突出，造成了转移企业的本地嵌入问题一直是一个"黑箱"（马丽等，2004；叶庆祥，2006；苏晓燕等，2008；许树辉，2009；汪健，2010；姜海宁，2012；冯丽萍，2013）。企业双向嵌入是多方主体互动博弈的结果，是"三个主体"（转移企业、本土企业、政府机构）在"四大情景"（转移企业内部要素、承接地区位环境、全球生产网络、地方生产网络）下的互动作用，但也可能由于承接地不接网、网络自闭或学习通道阻塞等原因造成双向嵌入失效。因此，企业双向嵌入问题不仅是重要的现实问题，而且还可以为相关利益主体提供科学决策依据。

由于企业在不同发展阶段面临的主要问题不同，其合作对象和网络控制力也有较大差异性，因此企业关系网络构建是一个动态渐进的过程（姚书杰，2014）。一些学者虽然对生产网络的结构形态变化（Liu R.，2000）、变迁治理要素（杨友仁等，2005；景秀艳，2007）、演化影响因素（Wang J.，2007；李金玉等，2010）等方面进行了研究，但多借助于传统经济地理理论,虽然取得了丰硕成果,但在当前生产网络发展背景下,传统经济地理理论还不能完全解释若干现象。近些年,新经济地理学的"演化转向"及分析范式提倡利用"关系""制度""学习"等核心概念解释网络演化机制,已成为解释老工业区的衰落、新产业区的形成以及全球—地方生产网络演变等重大经济地理学问题的强大理论工具,为研究网络演化提供了新理论和方法。

之所以选择芜湖奇瑞汽车为研究本体,主要基于以下几个方面原因:首先,2010 年国务院正式批复《皖江城市带承接产业转移示范区规划》,芜湖作为皖江城市带承接产业转移示范区核心城市之一,主要承接汽车、电子电器、新型材料等产业,为研究提供了政治背景。其次,奇瑞汽车股份有限公司成立于 1997 年年初,是我国通过自主创新成长起来的最具代表性的自主品牌汽车企业之一,而且产品出口到诸多海外国家和地区,主要集中在东南亚、中亚、非洲和南美洲,在世界市场具备一定的知名度和品牌度。最后,依托奇瑞汽车,芜湖经济技术开发区已主动地承接国内外著名的汽车配套企业,如德国大陆集团、本特勒集团、博世集团、法国法雷奥集团、意大利菲亚特集团、美国库博集团、阿文美驰集团、德尔福集团、江森集团、加拿大马格纳集团、韩国浦项制铁集团、(中国)香港信义集团、恒隆集团、(中国)台湾万向集团等。围绕核心企业奇瑞公司,开发区内部国内外转移企业间已经形成紧密的分工与合作关系。

国内部分学者针对奇瑞汽车集群的发展现状、格局演化、形成机制等方面进行了分析,全面把握了其区位特征、空间形态、圈层差异等宏观特征,并进一步探究了芜湖汽车产业集群空间格局及演变过程(潘吉亮,2007;吴华清,2008;陈涛,2013;罗健,2013;王振皖,2013),但是相对缺少企业关系网络结构特征及演化过程的微观剖析,同时对转移企业在关系网络中的角色以及企业双向嵌入研究也缺乏关注。为此,本书拟解决以下问题:

(1)企业关系网络包含哪几种类型?存在什么特征?

(2)转移企业在关系网络中扮演什么角色?如何评价?

(3)企业双向嵌入路径是什么?如何通过双向嵌入实现联动?

(4)企业关系网络如何演化?驱动机制和影响因素有哪些?

由于在相当长一段时间内，我国经济地理学侧重于宏观层面的分析，忽视了微观经济单元的研究（李小建，2016）。基于此，本书以微观企业为基本单元，分析奇瑞汽车和转移企业关系网络（经济关系网络、技术合作网络、社会交流网络）的建构及演化，探索转移企业在企业关系网络中的角色、双向嵌入路径及互动效应，研究企业关系网络的演化阶段及驱动机制。本书拓展了企业关系网络的研究内涵，深化了对企业关系网络的再认识，不仅为企业关系网络研究提供新的方法参考，还可为指导本土企业发展积累有益经验。

第二节　研究述评

本土企业与转移企业关系网络构建及演化是"企业—地域"关系研究的核心领域之一。围绕这一核心论题，对其学术思想、学术争论和存在问题进行梳理，对进行下一阶段研究将大有裨益。本书主要从以下几个方面展开：首先，按照研究目的，将汽车产业研究主要概括为汽车产业空间组织、汽车产业网络结构重组、汽车产业价值链以及汽车产业升级路径四方面加以分析；其次，梳理近年来企业网络的研究进展，包括企业网络结构类型、强度测定、演化模型及演化机制；再次，对转移企业地方嵌入研究进行梳理与评述，包括嵌入行为、嵌入因素及嵌入效应；最后，针对上述研究进行总结与评述，指出当前研究不足，并对未来研究重点和方向进行展望。

一　汽车产业研究进展

由于欧、美、日等国家汽车产业发展相对成熟，因此研究相对较早，内容也更为全面。我国汽车产业发展起步虽然滞后于西方国家，但20世纪80年代以来也得到了快速发展，国内外部分学者对此也做了大量研究，为我国汽车产业的发展提供了良好的理论支持和实践指导。由于本书的研究目的是分析汽车企业网络结构的构建与演化，因此本章并未对国内外汽车产业集群的空间格局、形成机制等进行分析（虽然此类研究较多，内容也更为丰富），而是从汽车产业空间组织、网络结构重组、价值链构建以及升级路径四个方面进行分析，以求为下文分析奠定基础。

（一）汽车产业空间组织研究

汽车产业空间组织一方面强调内外部关联的空间表现形式，另一方面强调空间表现形式的联系，因此汽车产业空间组织可以是跨区域的，乃至全球性的（祖国，2012）。近年来，国外学者将研究视角转到全球新兴市场，如南非、东亚、印度等地，重点研究了新兴市场的汽车地方生产网络如何嵌入全球生产网络以及新型市场内部自发形成的汽车产业空间组织体系的变迁和演化，并进一步分析了组织内部空间错位、技术势差、体制差异等因素的作用（Makuwaza，2001；Ayaokada，2004；Ivarsson，2005；Dicken，2003），除此之外，学者对发达国家内部汽车产业空间组织也进行了深入研究，采用典型案例如美国田纳西地区的汽车产业空间组织（Matthew，1999）、日本丰田汽车产业空间组织（Dyer et al.，2000）、匈牙利的 Pannon 地区汽车产业空间组织对地区经济发展的贡献以及面对经济全球化的挑战（Szilasi，2003）。国内学者对于汽车产业空间的研究成果同样较少，主要表现在三个方面：一是全国层面汽车产业空间组织结构，从学者研究成果可以看出，当前我国有百余家汽车整车生产企业位于全国 27 个省市内，产业空间集群主要包括六大产业集群，并分析我国汽车产业集群的不足（胡安生等，2004；高薇，2008；曹彦春，2009；祖国，2012）；二是汽车产业空间集聚水平研究，尽管国内外汽车产业的发展模式各不相同，但主要汽车生产大国的空间特征却是相似的，目前我国汽车产业空间还处于初级集聚阶段（宋炳坤，2004；何婷婷，2008；杨随，2014）；汽车零部件产业空间布局仍处于一个不断分异和变化的过程，新增零部件企业与原有企业存在相互集聚的倾向，但同类企业的过度集聚往往形成拥挤效应（徐诗燕，2019）；三是汽车产业空间组织演化研究，相关学者将世界汽车产业空间组织特征演化过程划分为初始分散阶段、生产初期的高度集中阶段、"核心—边缘"阶段和网络化分散阶段四个阶段，并提出了空间组织结构合理与汽车生产方式改进的关系（刘卫东，1998；马吴斌，2008）；通过产业集聚中心和集聚程度的动态演变来刻画汽车产业空间格局的演化（郑琰琳，2018）。京津冀汽车价值链大部分环节之间地理联系率较大，整车制造呈"单核→多核→双核"演化态势，汽车产业价值链已形成"六轴多层次多中心"的空间组织结构（蔺雪芹，

2018）。

（二）汽车产业网络结构重组研究

汽车产业网络结构重组是一个相对复杂的问题，不仅涉及制造商与供应商重新匹配问题，也涉及汽车全球生产网络与地方生产网络匹配问题。Anderson 等（1995）分析了加拿大汽车零部件企业马格纳公司从不入流的刺激供应商发展为具有知识产权和国际竞争力的世界 500 强供应商的历程，发现建立广泛的外源研发网络以构建企业网络化结构重组模式马格纳公司成功的重要原因，并提出汽车产业网络结构重组并不是企业结构的简单叠加和调整，而是汽车生产网络结构重组的重要微观基础。刘卫东等（1998）在将汽车产业的空间组织演化归结为五个阶段的基础上认为，当前汽车产业空间聚集形态与初期的集中形态有明显差异，整车厂与零部件厂之间的网络关系可以概括为跨国公司在全球范围的内部网络化及区域性网络化和企业间关系，同时也是地方生产网络结构重组的开始。沈安等（2007）提出供应商和制造商之间的关系是网络结构的重要组成部分，并对日本和美国的汽车零部件供应商和制造商做了对比分析，发现日本式供应商—制造商合作伙伴关系比美国式供应商—制造商竞争性关系更能促进汽车零部件产业的发展。毛宽（2009）认为上海汽车产业经历了单个企业进入、多个企业跟进、本地厂商成长和全球生产网络对外扩张四个阶段，在发展过程中，出现了由于技术锁定效应、文化制度、外资方强化控制权、跨国并购困难等原因而产生的一系列严重问题，因此上海汽车生产网络的网络结构优化颇为紧迫。曾刚（2010）发现在上海汽车产业集群内部通过技术锁定等手段，推动了汽车产业网络结构的优化发展。汪健（2010）从组织环境的互动理论出发，以企业迁移为视角，对企业空间组织形态变迁和结构重组进行了新的分析，以安徽芜湖汽车产业作为案例，重点讨论了芜湖汽车与零部件生产网络内部企业关系和空间组织模式的重构。赵梓渝（2021）发现模块化生产将重组区域生产网络的组织结构；规模经济效应、知识技术共享和企业组织强化共同驱动模块化生产下汽车产业集群的空间组织重构。综上所述，虽然学者对汽车产业网络结构重组问题研究较少，但是上述研究关注到了一个典型的问题，即结构重组并不是企业重新组合，更多的是伴随着结构演化而生成的新的架构。

（三）汽车产业价值链研究

20世纪90年代以来，随着经济全球化的发展，"小而精"专业化的后福特生产模式的进一步扩张，汽车零部件供应商产生了两种主要模式：一是将零部件从内部剥离出去，划分为系统总成商、全球标准化系统商、专业化零部件商和材料供应商四种类型；二是将零部件上升为战略供应地位，划分为汽车动力系统供应商、底盘系统供应商、车身饰件/安全系统供应商和汽车电子电器系统供应商。前一种模式主要强调零部件在供应链的协调和开发等方面的增强，将使供应商之间发生重组，系统总成供应商的数量越来越多。后一种模式主要强调零部件在生产链的分工和知识产权的增强，将使供应商之间根据全新的零部件供应平台—模块平台的建设，最终结果也是系统总成供应商的数量越来越多。两种划分模式促使形成了少数跨国汽车巨头公司所主导的全球价值链和全球生产网络格局（Timothy et al.，2008）。跨国汽车巨头公司倾向于原配供应商设计与采购，一级供应商与部分二级供应商跟随巨头公司投资建厂，完成生产链延伸和价值链提升，因此，融入全球价值链去发展汽车产业就显得越来越重要（William，2010）。国内学者主要从汽车生产过程价值量分布出发，认为在汽车价值链中整车研发和后市场服务价值量最大，整车组装最低，基于此，可以通过培养不同的核心动态能力带动产业升级（周煜，2008）。还有学者解释了中国汽车产业通过外包模式来提升技术水平，获得更好的效益水平（龚胜新，2014）。运用以案例分析为主、比较分析为辅的方法研究我国汽车产业如何结合自身发展需求从而更好地进行投资区位选择（魏彩虹，2017）。以吉利集团为例，重点研究吉利嵌入全球价值链及链节提升的模式（刘娇峰，2018）。分析粤港澳大湾区汽车产业发展概况及存在问题，分析粤港澳大湾区汽车产业全球价值链升级路径（巫细波，2020）。基于GVC贸易理论，从正反两个方面阐明嵌入GVC影响产业技术进步的机制（陈威州，2020）。总的来说，重新树立我国汽车产业在全球价值链中的地位，发展高收益的研发和后市场服务，才能成为价值链统治者。

（四）汽车产业升级路径研究

产业升级与全球价值链建构密切相关。Barnes（2000）以南非汽车企业为案例，分析了企业自主创新、技术模仿以及政治经济环境对产业升级的影响，相关结论改变了学者之前所认为的发达国家创造价值链上的创新活动的看法，发展中国家也可以通过自主创新和建立创新系统实现产业升级。Humphrey 和 Memedovic（2003）通过对全球汽车产业价值链的系统研究，发现发展中国家汽车产业通过嵌入全球价值链有利于产业的升级，而零部件供应商的功能升级有赖于政府政策的开放和支持。Schmitz（2004）通过对巴西汽车零部件产业研究得出提升技术水平、优化生产系统、从低价值环节逐步过渡到高附加值环节是汽车产业升级的主要途径。Jeffrey（2005）对墨西哥汽车产业升级研究后发现，汽车产业升级的主要路径之一是价值链转移与升级，而对全球价值链的治理结构则是政府制定产业升级政策的前提条件。Sturgeon 和 Biesebroeck（2011）比较了国际金融危机后发展中国家——中国、印度以及墨西哥汽车企业在全球价值链中的发展路径和扮演角色，发现随着中国汽车产业生产和市场规模的扩大以及对国外汽车生产企业的收购，其汽车产业逐渐变得更独立和自主，实现了在全球汽车价值链由中向上移动。国内学者对汽车产业升级路径的研究和国外研究相似，大体上也都集中于全球价值链视角上。基于市场扩张能力、技术创新能力以及市场扩张能力与技术能力组合升级来共同实现汽车产业升级，要鼓励具有自主知识产权零部件企业成为汽车制造企业配套的一级供应商，普通企业产品进入维修市场，由于分工不同，升级方式也各有不同（段文娟，2006；吴彦艳，2009）。部分学者提倡在集群内部开展技术和制度创新，通过其作用最终实现价值链优化升级（刘宇，2012）。部分学者则以国有汽车企业为案例，从比较优势理论和企业能力理论出发考察产业升级，发挥比较优势实行嵌入式产业升级和提升企业能力实行内生型产业升级路径，要通过克服核心刚性和主动学习来创造条件实现产业升级，构建一条价值量较低的低端用户全球价值链（周煜，2008；李晓阳等，2010）。全球价值链下汽车产业升级首先是技术升级，以自主创新方式掌握核心技术是汽车发展的必经之路（马卫、刘宇，2014）。全球价值链下汽车产业升级和技术创新往往先在领头的汽车企业内实现，中国劳动力结构多元化，应该加大研发投入和职业技能培训，不断向国内增加值含量更高、技术更复杂的资本和知识密集型环节攀升（马涛，2015）。从全球价值链视角出发，指出合资企业或自主企业根据自身情况选择完全自主创新、引进式创新或联合创新的创新方式实现企业自身的技术创新，提升企业的技术创新能力，实现汽车产业在企业层面上的升级或实现价值链的跨越（邱国栋、田杨、巩庆波，2015）。新一轮科技革命的推动，使共享、服务和智能的社会需求逐渐增加，信息化和智能化逐渐渗透到汽车产业的各个环节，推动汽车企业网络化升级进程（赵福全，2016）。针对汽车产业全面论述了面向智能制造的升级路径，并为企业提出了具体的行动策略建议（刘宗巍，2018）。以常州市新能源汽车产业为研究对象，探讨产业发展中存在的问题，提出常州市新能源汽车产业升级的优化策略（蒋慧敏，2019）。从 GVC 理论出发，结合我国汽车产业发展现状，研究全球价值链视角下从生产技术的角度探寻我国汽车产业升级路径，结合价值链理论和深度学习方法构架深度价值网络，明晰增加值的来源和流向（宋燊通，2020）。

综上所述，国内外学者对汽车产业的研究已达到较为成熟的状态，研究视角广泛，研究成果也有一定深度，为后来研究奠定了坚实基础。但遗憾的是，仍存在些许不足：①受到汽车产业发展程度的影响，学者研究对象多以发达国家的汽车产业和合资汽车为主，缺少对发展中国家自主汽车品牌的研究，而对其研究是构建以发展中国家本土汽车企业为核心的全球生产网络重要内容之一。②研究视角大多以中宏观层面为主，相对缺少微观层面的研究，这主要是由于进行企业微观研究的主要方法是参与式观察和问卷访谈，较难获取数据资料，但访谈资料一方面可以从深层去真实有效地了解行为者对区域经济主体发展的看法，另一方面也可以为政策制定者提供真实依据。③当前对汽车产业网络的研究主要集中于生产网络层面，即多关注于生产过程零部件之间的分工与协作，忽视了企业间技术合作与社会交流状况，而技术合作保障了企业升级发展，社会交流促进了企业的根植嵌入，对其发展都具有重要的意义。

二　企业网络研究进展

网络是西方经济地理学的研究热点之一，也是近年来中国经济地理学关注的热点问题之一。近年来经济地理学、社会学、管理学等拓展和丰富了企业网络理论的内涵，以 Thorelli 为代表的交易治理学派、以 Ja-rillo 为代表的战略管理学派、以 Granovetter 为代表的嵌入性学派、以

IMP 小组为代表的北欧学派等派系的相继出现使传统企业网络视角开始发生转向，为企业网络的进一步发展奠定了坚实的理论和实践基础。

（一）企业网络结构类型研究

企业网络结构类型研究经历了一个较为复杂的过程，从早期的企业集团网络过渡到战略联盟网络，再过渡到特定空间上的企业网络，如意大利第三产业区、美国硅谷、美国 128 公路、中国苏州等，学者都进行了深入的分析，为企业网络研究发展奠定了坚实基础。国外学者在 20 世纪 90 年代末根据网络内部的权力关系，将企业网络划分为不同的类型，如 Markusen（1996）的马歇尔式、卫星平台式和轮轴式网络，Hayter（1997）的以大型企业为核心的集聚网络和以中小企业为核心的集聚网络，Scott（1998）的金字塔形网络和非一体化形网络等。国内学者关于网络结构的研究基本上承接了国外的基础，如欧志明等（2002）提出的领导型网络和平行型网络，魏江（2003）认为以价值链导向、竞争合作和生产要素导向的联结网络，任胜刚等（2005）提出的生产型网络、技术型网络和市场型网络，张丹宁等（2008）根据组合关系不同而倡导嵌入式网络和浮游式网络、主导式网络和群居式网络、竞争式网络和合作式网络、紧密式网络和开放式网络。韩玉刚（2011）提出的衍生网络、合作网络、创新网络等。近年来，随着知识经济的发展，学者逐渐从知识学习的角度进行网络重新分类。薛求知等（2007）提出的创新性网络和传统性网络，饶志明等（2008）、张云逸（2009）提出的关系吸收型网络、关系集聚型网络、创新集群型网络及知识集成型网络四类，苗长虹（2007）、艾少伟（2009）依据"学习场"理论为分析发展中国家和发达国家的企业网络空间学习创新过程提供了一个基本范式。刘可文（2017）根据长三角企业样本空间网络的地域特征和形态结构，提出可将企业空间网络分为局地型、中心辐射型和多中心扁平型等。

（二）企业网络强度测定研究

企业网络强度一直是社会学、经济地理学、管理学等研究领域中的一个焦点问题。由于对测量维度演变过程以及网络关系强度缺少分析，导致了网络关系强度实证研究中存在不可知性和盲目性，因此，对企业网络关系强度测定分析是非常必要的。Granovetter 将网络关系强度分为强关系和弱关系，他认为个人与其较为紧密、经常联络的社会联系是强联系；反之，人与其不紧密联络或是间接联络的社会联系之间是弱联系，而对网络强度的定义则是对网络关系强度进行准确衡量的前提。Granovetter（1973）认为关系的强度应该包括节点之间交流的时间、情感的紧密程度、熟识性和互惠性四个方面，Blomstorm（1998，1999）在 Granovetter 研究的基础上，增加了关系维度变量度量网络强度，Nooteboome（2004）在前人研究的基础上改进了测量维度，综合考虑了测量维度的持续性。国内学者边燕杰（2000）利用紧密性维度和社交性维度两个要素测量网络强度，而潘松挺（2010）则从接触时间、投入资源、合作交流范围、互惠性四个维度来测量网络关系，该方法得到不少学者的引用。目前，对网络关系强度的测度主要是以问卷调查数据测度为主。例如，王玲玲（2017）基于对西安高新园区内新创新企业的问卷调查数据，对网络关系强度与企业组织合法性的关系进行了研究。张彩江（2017）基于广东省科技型中小企业的问卷调查数据，研究了企业网络关系强度对信贷可得性的影响。王庆金（2017）基于企业的调查数据，运用结构方程模型对企业网络关系强度与人才创新创业能力的关系进行了研究。胡成（2019）以企业的平均专利合作次数来测度网络关系强度。综上所述，现有网络关系强度维度的研究大多是基于社会学的研究方法，主要存在两个问题：第一，个体角色单一，而企业角色复杂，企业网络关系强度也会有很多差异性。第二，国内外关于网络关系强度维度的研究大多都是借鉴 Granovetter 开发的网络关系强度维度，相关研究结论可能不适应当今的经济环境。

（三）企业网络演化模型研究

企业网络并非自然生成，在其成长阶段总是遵循一定的演化规律，而相关的演化模型则是解释演化规律的重要手段之一。尝试分析企业网络演化途径和模型对于企业更好地构建自身网络关系具有重要的参考价值。基于文献，本书将从企业网络成长阶段模型和企业网络生命周期模型展开分析。

1. 企业网络成长阶段模型

企业成长经历着一个动态过程，其结构受自身发展和环境的影响不可避免地发生着变化。Dyer 等（2000）通过对丰田公司的美国供应商网络深入分析后，提出网络成长可以分为三个阶段，即弱联系阶段、与核心企业的双边强联系阶段和多边强联系阶段。Carlos（2001）通过关系、行为者和资源三要素构建了网络演化模型，认为网络演化是三方面互动作用的结果。Walcott（2002）研究发现中国地方企业网络发展存在五个不同阶段：卫星式企业网络、高级轮轴式企业网络、高级卫星式企业网络、本土企业技术孵化阶段和本土企业主导阶段。此后，有关学者如 Lechner 等（2003）、Koka 等（2006）、Lori 等（2008）对企业成长阶段模型的划分基本上没有偏离 Walcott 相关研究成果。国内学者关于企业成长阶段演化模型的划分基本上基于国外学者的研究成果。古继宝等（2007）考虑了企业内部关系变化引发的网络结构演化，认为经典的马歇尔、卫星式及轮轴式企业网络之间存在正向和逆向转化循环关系，共同推动了网络的发展。姜海宁（2012）在总结与评述跨国企业对企业网络演化理论发展的基础上，归纳出地方企业网络的不同阶段，主要包括了网络组建形成阶段、网络快速发展阶段和网络扩大生产阶段。网络组建形成阶段，跨国企业对网络成员作用主要以技术控制为主，以技术扩散为辅；网络快速发展阶段，跨国企业技术控制作用范围和强度开始减小，而其技术扩散作用强度和范围明显加大，地方企业网络结构和创新能力得到飞速发展；网络扩大生产阶段，跨国企业对企业网络的创新作用最显著，即以技术扩散为主，技术控制为辅。刘可文（2017）指出不同类型的企业网络具有不同的演化路径，国有企业倾向于从星状网络结构演化为中心辐射状网络结构，跨国公司倾向于从中心辐射型网络结构逐渐演化为多中心网络结构，而民营企业倾向于从小团体离散型网络结构演化为多中心扁平化网络结构，与此同时网络的密度、集聚中心和集聚度产生变化。李文（2020）提出多维度展现企业网络的演变过程，将核心企业和以企业网络为主体探讨企业网络整体演进两种方法进行归纳，整理出包括企业网络强度、企业生命周期、资源获取、交易成本在内的自发型企业网络演化（核心企业网络演化）和平衡演化、混沌演化、地理位置、政策环境等在内的非自发型企业网络演化（整体企业网络演化）等内容。

2. 企业网络生命周期模型

从生物学概念而言，生命周期指具有生命特征的有机体从出生、成长、成熟和衰老直至死亡的整个过程（Adner，2016）。国外学者中 Poter 将企业网络生命周期划分为诞生阶段、发展阶段和衰亡阶段，Ahokangas 等（1999）在 Poter 的基础上提出了新的网络生命周期模型，分为起源和出现、增长和趋同、成熟和调整、衰落与退出四个阶段。在起源初始阶段，一批新企业在某地相互集聚，初步建立了企业间的联系；在增长趋同阶段，企业集聚产生了各种技术、信息等要素传播，促使企业经营活动同构化；在成熟调整阶段，随着同构化现象加剧，出现了恶性竞争，新进入网络的企业数量和企业增长率出现下降；在衰落退出阶段，由于出现了集聚不经济，退出是一种良性选择。国内学者王缉慈（2001）、盖文启（2002）、纪慰华（2004）、曾刚（2002，2006，2008）等也提出了类似的网络演化周期说，将集群网络生命周期阶段划分为网络形成阶段、网络成长阶段、网络巩固阶段以及网络衰退阶段，当网络发展到规模不经济阶段，甚至可能出现网络消亡现象。Menzel（2010）构建了集群萌芽、集群成长、集群成熟、集群衰退的生命周期模型。周灿（2018）在其基础上形成了集群创新网络格局演化的分析框架。杨庆国（2020）架构了企业网络内部系统治理转向外部生态治理的研究技术路线，并研究形成"初创期群链利益治理→发展期模块化分工（专业化）治理→发展期网络化组织治理→成熟期生态共生治理"动态路径。总的来说，国内外学者对网络演化模型的研究已经达到了较深的地步，但研究基本上还是以经典的演化模型为基础，后来学者只是在经典模型基础上增加了产业特点和区域特征，并未出现突破性的研究成果，并且国外学者对网络演化模型研究程度要远高于国内学者。

（四）企业网络演化机制研究

企业网络演化机制主要包括三个因素：网络内部知识和技术、网络内部关键行动者和企业外部环境。

1. 网络内部知识和技术的影响

众多学者认为在资源获取和学习的基础上，企业网络内部知识和技术的传播、学习是企业网络演化的重要因素。企业作为各种知识的载体，节点之间的联系过程就是参与者之间的知识认知和交互过程，由此构成了知识层次的企业网络，或称为企业网络的知识映射。网络内部知识和技术互动交流是地理关系与知识流动技术学习关系的表征，基于此，有关学者提出了"学习场"综合分析框架（Miao et al., 2007；苗长虹等，2009），该理论以"学习"为核心，以"场域"为基石，以"惯习"为中介，认为任何区域的技术创新过程实质上都离不开对技术的交互学习，学习过程必须嵌入包括制度、文化、社会结构在内的社会关系和网络系统中，而"惯习"是上述关系和网络得以形成和维持的认知基础，此后，艾少伟（2009）、吕可文（2013）、潘少奇（2015）分别从苏州工业园企业网络、河南超硬材料企业网络、河南民权制冷企业网络进行了不同程度的实证研究，进一步深化了该理论在企业网络演化机制的作用。除此之外，王海峰（2008）通过对中西部转移企业与本土企业技术互动效应的研究，认为技术创新是企业网络演化最主要的动力源，东风（2013）构建了基于知识流动的企业自主创新能力的概念模型与理论框架，探讨了自主品牌汽车产业创新能力评价方法与培育策略，提出了自主品牌汽车企业内部知识和技术学习是企业自主创新能力的主要途径之一。管永红（2018）通过分析制度环境、经济环境、技术环境、文化环境四个维度，指出企业创新网络在不同的发展阶段所处演化环境不同，并获得不同的始发条件。许倩（2019）从微观角度出发介绍了创新网络中知识主体的协同行为策略，总结出新兴技术企业知识协同过程和网络化模式以及知识主体进行知识协同的目标。

2. 网络内部关键行动者的影响

网络内部关键行动者主要包括核心企业和企业家两部分。Dimitria-dis（2010）将地方生产网络的内部企业分为四个模块，其中最主要的一个模块就是领导型厂商。王大洲（2001）在探讨企业网络的进化和治理时发现，在网络进化过程中存在角色职能的重要差异，直接涉及行动者的角色扮演。核心企业同时具有三个角色的功能，即设计者、经营者和维护者。还有一些学者意识到企业家对网络演化的重要作用。一是企业家能够对其他主体进行引导和协调，二是企业家通过减少经济主体的信息成本引导主体的认知（Carlos，2001）。我国学者吕文栋等（2005）以浙江企业网络为例，指出地方企业家联盟可能引发地区的市场结构改变，内外企业家联盟是推动网络纵深演进的重要因素。王海峰（2008）认为企业家精神是系统变异的来源。潘少奇（2015）通过对河南民权制冷产业集群的研究，发现衍生过程是不同时期政治、经济因素影响下的一种历史必然，但企业家创业精神对该过程发生也至关重要。管永红（2018）以制造类企业的创新网络演化为主线，延续企业家和企业家精神对企业创新网络产生影响的研究，探究了企业家精神与企业创新网络之间的关系。

3. 企业外部环境的影响

企业外部环境及产业层面的因素对企业网络形成和发展也具有深刻的影响。环境、关系、技术、资本（商业资本、社会资本）均是引起企业网络结构形成与演化的重要原因，除此之外，还包括重大产业事件等不确定性因素（Burt，1992；Glasmeier，1991；Ahuja，2000）。王益民等（2007）发现外部诱因，如技术生命周期和产品生命周期对企业网络的演化具有重要的影响。姜海宁（2012）则从跨国企业视角出发，发现在跨国企业技术控制与技术扩散的作用下，网络结构由垂直树枝状向网状结构方向发展，由单核结构发展转变为双核结构或多核结构发展。彭宇婷（2021）从供应链网络的角度出发，研究风险在汽车供应链上的传播机制并提出相应的风险管理措施。

综上所述，诸多学者从不同学科出发，已对企业网络结构类型、强度测定、演化模型、演化机制等方面进行了深入的研究，为企业网络的发展奠定了坚实的理论基础和实证经验。由于企业关系网络研究调研困难程度相对较高，获取数据途径也较为单一，因而也存在些许不足：①缺少企业网络结构特征的定量研究，没有深入分析网络中心性、结构表现以及网络发育程度，这是今后研究需要加强的。②企业在网络中的角色辨识不够深入，以往研究往往把转移企业视为关系网络"供应者"和"守门人"，然而事实证明在部分情况下转移企业会扮演更多的角色，相关研究需要深化。③对企业网络的演化分析不够，且在系统理论框架下对网络演化过程、机理、影响因素的研究都相对缺乏，并且若干问题还需要结合中国的制度背景、经济实践进行深入探讨。

（五）企业网络分析方法研究

随着新经济社会学和新经济地理学的进一步发展，相关概念诸如"嵌入""关系""转向""根植""路径""偶然"等含义的进一步阐释，在宏观理念上出现了对网络研究的三种分析方法，即社会网络分析法（SNA）、行为者网络理论（ANT）和交易成本分析法（TCA）。

1. 社会网络分析

近年来，SNA 在许多具体研究领域也得到了广泛应用。通过对学者研究成果的分析，可以发现，社会网络的分析主要集中在以下几个方面：第一，企业关系与信任。最先开始进行关系研究的是格兰诺威特的"弱连带优势理论"，自此之后，社会连带就被分为强连带和弱连带关系（Granovetter，1973，1985）；蔡星星（2017）结合温州上市公司及其合作伙伴（239）的数据进行测算，阐释了温州融资关系网络的风险防范功能。第二，企业行为。大致可以分为两类：一类是从一个企业的关系对集群的生存发展、知识创新等方面的影响；周红梅（2019）指出当直接连锁董事网络关系存在于两个企业之间时，公司间的创新行为差异越小，趋同程度越高，且该趋同效应会随着直接连锁董事网络关系的强度增大而变得更加明显。另一类主要集中分析关系对外部环境等因素的影响（边燕杰等，2001；景秀艳，2007）；齐文浩（2018）指出企业网络中邻居会产生正网络效应，非邻居会产生负网络效应。第三，企业场力。经济学家 Coase（1937）指出创新的扩散总是一开始较慢，当达到一定临界数量时，扩散过程突然加快，其变化轨迹源于人际传播的加速，即人际间的示范效果，又称为网络效果，是一种强制后进者追逐流行的场力。徐红涛（2019）以集群环境、集成体质量及集群单元间心距为中介变量，探求了企业集群管理对集群竞争力水平的作用路径。

2. 行动者网络理论

行动者网络理论在国外已经被接受作为一种一般性的研究方法运用于更加广泛的领域。国内学者近年来也开始对行动者网络理论进行研究，但研究成果则比较少。刘珺珺（1990）首次将行动者网络理论引入中国，并把这一理论作为新技术社会学的一个重要理论成果，随后掀起了研究热潮。赵强（2011）主要通过对城市治理这一行动者网络理论的转译过程进行分析。王江（2018）基于行动者网络理论对中国电动汽车技术创新演进过程进行了研究。石飞（2021）以国家第一批休耕试点的松桃县为案例区，解析了不同休耕管护模式下行动者网络的稳定性以及不同休耕管护模式的特点及其适用性。岳芃（2011）构建了一个由国家、产业监管部门、社会公众三者围绕媒介信息而形成的行动者网络。在经济地理学方面，Yeung（2000）将 ANT 看作近年来经济地理学网络理论研究中的两大分支之一，因此要全面理解企业网络，必须研究社会行为主体、企业以及社会制度背景之间的多层面关系。林善浪等（2009）构建资本市场的行动者网络，分析其转译过程，开展对金融服务业内部网络特征研究。李二玲等（2009）分析了行动者网络理论与社会网络理论、交易成本理论的异同，但只是从方法上加以区分，并未进行实证研究。艾少伟（2010）对二分空间逻辑进行了深入的分析和阐释，指出传统的"地方空间"和全球化所促成的"流动空间"可以被统一理解为由实践所形成的"行动者网络空间"，并日益走向融合，这大大地拓展了人们对人文地理学"空间"概念的认识和理解。从上述分析可以看出，行动者网络理论在管理学、营销学、社会学研究较多，而在经济地理学研究较少。

3. 交易成本分析法

Williamson（1975）以交易成本为核心绘制了组织结构连续渐变的演变谱线，并将处于市场和层级之间的组织形态统称为网络组织。后来还有许多学者从不同的角度用 TCA 解释了经济组织形式的选择问题，如 North（1991）将制度环境视为位移轨迹的参数，其变化将导致治理成本的变化，杨瑞龙等（2003）认为应该将企业的能力引入经济组织的选择中去，李二玲等（2007）通过对河南省农村集群网络的调查，提出了企业网络心理契约的概念，并运用 TCA 对关系型契约的形成过程进行了初步的微观探讨。李林（2018）依据制度经济学中产权和交易成本等理论基础，分析了乡村振兴战略与农地"三权分置"的互通机制。蒙大斌（2019）运用时序全局主成分法测度了 2008—2017 年京津冀空间交易成本及其动态变化，指出空间交易成本显著影响创新网络在地理空间上的拓扑。交易成本分析法的不足之处是忽略了影响企业行为的关系资产、心理意识等因素，故而无法解释企业网络的结构差异。

三　转移企业嵌入研究进展

自 Polanyi 于 1944 年首次提出"嵌入性"理论后，经过长时间的完善和发展，逐渐形成了比较完整的理论体系。20 世纪 90 年代以后，"嵌入性"理论被引入地理学科之后，逐渐成了研究企业地方化的理想工具，也成了理解产业转移过程中企业与区域、地方与全球关系的重要工具之一。本章在系统梳理已有成果的基础上，分别从转移企业嵌入行为、嵌入因素和嵌入效应等研究进行分析。

（一）转移企业嵌入行为研究

由于学科属性相异，不同学者对于转移企业嵌入承接地的行为持有不同观点。从当前对嵌入研究的两大主体学科来说，存在两种截然相反的观点。地理视角强调"地方空间"的重要性，而经济视角则突出"流动空间"的重要性，正是由于两者重要性的不断争论，才导致了嵌入主动性与被动性两种行为的争辩。

近年来，尽管国内外一批地理学家强调非地理特征要素的"流动空间"的重要性，但作为地理学传统特征要素的"地方空间"依然是不可或缺的。Dunning（2000）基于国际生产折衷理论对产业转移的阐释，不仅从经济学角度出发考虑企业本身的垄断优势和内部化优势，同时也着重强调了东道国的区位条件和优势。实质上，产业转移本质就是一个"地方化"和"去地方化"的过程，企业与地方的关系可以被理解为企业过程地方化和地方过程企业化的关系，换句话说就是地方化企业和企业地方化的关系（Storper，1997；Yeung，2005）。现实中，转移企业为了实现其市场占有、劳动力成本降低和资源获取便利等经济要素的战略目标，因而着力积极推行和实施地方嵌入行为，完成转移企业的社会根植性，这应该被理解为一种"主动嵌入"过程。例如，近年来中国台湾地区IT企业逐步将其研发活动拓展至大陆，更多的是基于大陆低成本的人力资本放大效应（Lu et al.，2004；Chen et al.，2004）。同样，由于青岛具有较高的产业集聚度和良好的区域创新环境等特点，在国际电子转移企业与本土企业共同构成的轴辐结构网络中，本土企业成为网络核心，而转移企业则成了网络的关键节点（Kim et al.，2008）。主动嵌入的重构方式是一国嵌入原有价值链并在价值链上向创造更高价值的环节移动、生产更高价值的产品，目的是追求更高的生产率（宋怡茹，2018）。

为了更好地解释转移企业消极嵌入行为，提出了"被动嵌入"的概念，以此来区别"主动嵌入"的概念（刘卫东，2003；Liu et al.，2006）。其中，在被动嵌入中，东道国的社会文化、风俗习惯、制度传统、人文景观等，在一定程度上都是阻碍转移企业地方嵌入的主要因素之一。由于转移企业地方嵌入不足也产生了一定的"飞地经济""候鸟经济"和"伪嵌入"现象在世界到处可见（Hardy，1998；Lowe et al.，1999；项后军，2004；Wei et al.，2012，2013）。与地理学家倡导不同的是，众多经济学家认为传统的"地方空间"将逐步被新兴的"流空间"所代替，因此转移企业对本土市场的依赖度和依存度将大大减弱，或者说企业将逐步实现"去地方化"过程（Castells，2000）。同时，社会经济学强调的"内部化"理论认为大公司的垂直一体化比起水平一体化更能显著降低交易成本，因此建立自身垂直系统的"个人俱乐部"能有效弱化在地方生产网络中的嵌入程度，实现内部"流空间"构建（艾少伟等，2011）。以缅甸莱比塘铜矿为例，构建"全球—国家—地方"多尺度嵌入的分析框架，阐释企业如何通过多样化制度创新，取得政府、企业、当地社区"多赢"局面的合作模式（高波阳，2020）。

（二）转移企业嵌入因素研究

诸多经济地理学者认为转移企业嵌入行为要受承接地市场条件、劳动力供给、政府政策、创业氛围、空间组织关系等诸多因素影响，当然也与转移企业自身条件密切相关（Storper，2009；Wei et al.，2010，2011，2012；赵建吉等，2014）。基于此，本书将分别从以上两个方面加以阐述。

承接地条件主要包括以下几个方面：一是承接地的劳动力资源和市场条件。承接地丰富的劳动力资源、庞大的销售市场可以促使转移企业降低生产成本，实现企业利润最大化，这也是转移企业实现地方嵌入的首要条件，如富士康选择在郑州建厂，瞄准的就是丰富的人力资源和潜在的销售市场（刘友金，2011）；个体层面的内外控和上司支持感、组织层面的组织声誉和发展机会对核心人才的工作嵌入均有显著的正向影响（刘蓉，2014）。二是承接地基础设施建设和供应网络建设条件。基础设施和供应网络建设是企业在承接地实现嵌入的基本保障，如中国台湾地区 ICT 企业由于东莞供应网络不健全，要求分包商系统地全部随迁大陆（Wei et al.，2012，2013）。奇瑞在内蒙古投资建厂，但由于当地汽车零部件供应体系的不完善，要求主要一级供应商在内蒙古投资建厂（吴华清等，2008；汪健，2010），相关学者对跨国汽车公司供应链区位嵌入因素的研究也反映了这一点（冯丽萍，2013）；相反，德国在新能源汽车、充电基础设施领域的相关政策，极大地促进了德国新能源汽车的发展，使德国得以迅速跻身全球电动汽车发展强国之一（王娜，2021）。三是承接地研发创新实力条件。某些转移企业会更加重视地方企业的技术水平和创新能力，更倾向于选择在一些技术水平较高、创新能力较强的区域实施地方化战略（徐玲，2011），如大众在上海的投资（曾刚，2008）。一些大型跨国集团在苏州的投资（艾少伟，2010），另外承接地与转移地"技术势差"越小，转移企业与本土企业之间的技术合作能力和相互学习能力越强，越易形成专业性生产网络（景秀艳，2012）；通过对产业转移承接能力研究，发现环深城市各个梯队之间的技术研发水平差距较大，承接地需加快科研体系搭建，提升技术研发创新水平（侯月娜，2020）。四是承接地政府意向和政策驱动条件。苏州及苏南模式被认为具有更强的政策主动性，因此在 20 世纪末吸引了大批台资企业从东莞组团迁往长三角（王缉慈等，2003），另外政府整体与跨国公司谈判的能力也深刻影响了企业嵌入行为（Ivarsson，2005；Wei et al.，2012）；对政府政策制度影响产业转移的微观机理进行深入分析，指出承接地政府需要给予企业政策制度支持的临界条件，方可有效地引导产业转移（谢里，2016）。

转移企业作为行为主体影响到嵌入行为，主要包括以下几个方面：一是来源地和管理模式。有研究发现源自美国的企业具有相对松散的商业系统，更容易融入地方经济；而源自日本、韩国、中国台湾地区的企业在全球地方网络中的垂直一体化程度更深，被核心企业控制更强，所以地方嵌入程度相对较弱（Andersson，1996；崔彦超，2001；冯世松，2004；姜海宁等，2013）。二是转移企业文化，William（1981）对比了美国和日本企业之间的不同，欧美企业强调个人主义、理性主义和平等观念，而日本企业则强调集体主义、感性主义和等级观念，Terrence（1982）明确提出企业文化的五个要素并指明企业文化在当地适应性的变化。从实证分析来看，针对东亚企业文化和欧美企业文化，中国本土企业更容易与前者共建关系网络，但网络竞争的激烈程度、网络关系的变化速度要高于后者（王长根，2005；姜海宁等，2013）。转移企业在转承企业关系网络中的角色主要受转移企业类型、规模、权力等属性特征，技术权力、网络权力都比较突出的大型整机企业更容易成为企业网络的领导核心或技术守门员；转移企业的企业文化，具有平等、开放精神的转移企业更乐于同本地企业交流等因素影响（潘少奇，2015）。总的来说，企业作为行为主体，自身的模式和文化在影响嵌入行为时是不可忽视的关键因素。

（三）转移企业嵌入效应研究

正是有了转移企业地方嵌入的"主动性"和"被动性"之争，直接造成转移企业嵌入对承接地产生了不同效应，主要包括两方面：一是积极主动效应，通过与转移企业的交互活动，沿着价值链"微笑曲线"逐步实现产业升级和价值增值；二是被动消极效应，本土企业对转移企业的"权力依附"将导致无法自主创新，深陷"比较优势陷阱"之中。

转移企业对承接地的积极主动效应。部分学者利用"区位机会窗口"，提出转移企业为承接地产业发展、技术进步提供了难得的契机（苗长虹，2012）。从实证角度来看，国内学者对产业转移地方嵌入效应的积极评价大多始于中国东南沿海地区，如苏州、无锡、上海、杭州等城市在第三次产业转移浪潮中获得跨越式发展，并且深刻认识到第四次产业转移使中西部地区拥有前所未有的发展机遇（魏后凯，2002），如果从全球价值链来看，中国承接产业转移最大的收益是地方集群在两者中的嵌入（Coe et al.，2004）。通过与转移企业的交互活动，承接地企业沿着价值链"微笑曲线"逐步实现产业升级和价值增值（Guo et al.，2011），并呈现发达区域向落后区域的扩散效应等（娄晓黎，2004）。另外，转移企业还可能成为地方生产网络与全球生产网络连通的桥梁，帮助地方集群完成从"低端发展道路"向"高端发展道路"的跨越（苗长虹，2006）。从实证角度来看，东莞 PC 产业集群（童昕等，2001）、上海 IC 产业集群（文嫮等，2005）、苏州工业园（艾少伟等，2011）的研究，都证实了上述观点。企业嵌入的溢出效应使欠发达区域的产业得以转型升级，产业规模和技术水平得以提升，有效地减小了苏南、苏中和苏北间区域的产业发展水平差距（王天驰，2018）。企业嵌入全球价值链不仅显著提升整体社会责任水平、提高企业的生产率，还可以通过缓解企业融资约束，提升企业社会责任水平（蔡培民，2021）。总的来说，如果恰当处理好转移企业与承接地企业的关系，前者对后者产生的积极效应是不可估量的，但积极效应并不是一直存在的，它会随着时间发展和企业嵌入程度的变化发生深刻改变。

转移企业对承接地的消极被动效应。部分学者主要从承接地企业对转移企业的依附强度出发，认为如果其依附强度过高，会造成承接地企业陷入"比较优势陷阱"，从而失去自我发展之路（闵成基，2010）。例如，在中国中西部地区，本土企业的自主创新能力普遍较弱，在与跨国公司的博弈中往往居于弱势地位，如果本土企业一味地依附境外转移企业，难免会造成本地企业不能顺利实现在价值链上的自我提升，进而更会加深对跨国公司的生产依赖、技术依赖和市场依赖。如果地方企业或产业不能在竞争过程中成长壮大，甚至可能在"挤出效应"中逐步消亡，就会给承接地带来巨大的市场风险（景秀艳等，2007；梅丽霞等，2009；张云逸等，2010），另外转移企业也不会主动帮助承接地企业实现技术提升，如果转移企业发现本土企业的升级行为威胁到了自身的"权限角色"，就会加以阻挡和压制（Humphrey et al.，2002；文嫮等，2005）。另外，还有不少学者关注产业转移带来的环境污染问题，环境经济学一直强调"污染天堂假说"，即承接地往往会成为转移企业逃避母国环境污染的转嫁区域，虽然会对承接地的经济带来正向驱动效应，但从长远来看，环境污染效应将更为强烈，比如有研究认为广东省是部分国际转移企业的"污染避难所"（沈静等，2012），后向关联网络下联系强度的加深会导致环境的进一步恶化（龚同，2020）。在激烈的市场竞争下，企业边界内仅依赖内部创新资源进行封闭式创新是不合实际的（王智新、赵景峰，2019）。转移企业地方嵌入研究虽然对嵌入模式、影响因素、效应等作了比较全面的分析，但其中仍存在一些不足，忽视了本土企业在全球生产网络中的嵌入和转移企业在承接地嵌入的相互影响，缺乏符合中国模式的嵌入情况分析。今后研究要重点关注以下两个方面：①加强转移企业在承接地三种嵌入间的相互影响研究，嵌入过程是否同步，嵌入程度有何差异，转移企业在嵌入中的作用等还需借助网络分析手段进行更加深入的探讨。②加强转移企业与承接地企业的"双向嵌入"研究。本土企业不是被动的受体，而是互动过程的积极参与者，通过转移企业的关系培育、价值链衔接和生产网络构建积极嵌入全球生产链和全球价值链之中，转移企业也不是孤立的个体，通过本土企业积极实现根植性而嵌入地方生产网络。因此，转移企业与本土企业的嵌入过程更应该被视为转移企业地方嵌入、承接地企业或集群全球嵌入的"双向嵌入"过程。

四　研究评述

企业关系网络是一个多学科交叉的研究命题，融合性较强，既包含了地理学中的企业网络，也包含了社会学中的关系网络，同时与经济地理学中强调的全球生产网络和地方生产网络都有紧密的联系，因此多学科、多角度研究企业关系网络将有助于其进一步发展。上文分别从汽车产业、企业网络、转移企业嵌入三方面对国内外汽车企业关系网络的研究成果做了系统分析。从分析中可以看出，在不同的空间尺度和研究视角下，汽车产业、企业网络、转移企业嵌入都取得了丰硕的研究成果，为汽车企业关系网络研究提供了坚实的理论基础和实证经验。

近年来，随着企业关系网络成为经济地理学研究的热点问题之一，许多经济地理学者都对其进行了研究，但这是一个随着经济发展而不断更新的过程。在产业转移和经济新常态背景下如何从企业空间组织差异—企业空间相互作用—企业网络结构演化角度研究企业关系网络问题亟须新思考。

第一，从研究尺度上来说，需要加强小尺度微观研究。把复杂的经济现象还原为经济活动的基本单元及其组合是科学思维的核心。从国内外关于企业网络的研究成果可以看出，经济地理学关于生产网络的研究无论是基于全球尺度还是地方尺度，总体上都属于中宏观尺度，其可以揭示网络建构的总体趋势，但是对于何种要素促使网络建构的微观单元研究则相对缺乏。小尺度微观研究基于面面访谈、问卷调查等研究方法，掌握的第一手真实资料对解析企业空间组织、企业网络结构重组、企业生产链与价值链升级都有着不可替代的作用。

第二，从研究思路上来说，需要重视网络内部要素研究。首先，企业关系网络不仅包括经济关系网络，还包括技术合作网络和社会交流网络，针对不同类型的关系网络，内部要素特征也存在较大的差异，网络的中心势、结构特征以及发育程度等要素都是值得思考的问题。其次，网络内部成员的关系是非平等的，而企业角色则是关系网络中最重要的要素特征之一。最后，网络内部企业都是互动过程的积极参与者，是嵌入全球生产网络和地方生产网络的主体之一，因此要加强转移企业地方嵌入和承接地企业全球嵌入的"双向嵌入"过程。

第三，从研究方法上来说，需要综合多种分析方法。当前对企业网络分析方法主要集中于社会网络分析方法、行动者网络分析方法和交易成本分析方法，但大多数研究只单独采用一种方法，缺少综合分析。虽然不同学科对三种网络分析方法有不同的侧重，但在经济地理学的企业关系网络中，企业作为主要行为主体之一，三种网络分析方法均有适用性，将有助于研究内容和程度进一步深化。当前关于网络分析方法的国内外成果仍主要关注理论介绍，实证研究的相对较少，且三种网络分析方法都是重点关注企业网络静态分析，因而动态模型分析仍然很薄弱，今后研究需要加强。

第四，从研究应用上来说，需要着力国内企业关系网络研究。由于受到汽车产业发展程度的影响，学者研究对象多以发达国家的汽车产业和合资汽车品牌如丰田、大众等为主，缺少对中国自主汽车关系网络的研究。近年来，随着国内自主汽车的快速发展，越来越多的国外汽车零部件供应商企业纷纷建立子公司或合资股份公司为其配套发展，中国自主品牌汽车如奇瑞、吉利、比亚迪等都在世界汽车市场占有重要的地位。加强对我国自主品牌汽车企业关系网络的研究不仅是构建以本土企业为核心的全球生产网络重要内容之一，还可以为转移企业与本土企业的良性互动发展提供有益借鉴。

第三节　研究思路与方法

一　研究思路

（1）系统构建理论框架。首先，通过对社会网络理论的思考，充分考虑到网络节点选择、节点连接方式以及网络的协调与控制对企业关系网络构建的重要性作用。依托社会网络理论、新经济地理理论、产业区理论、嵌入理论，提出理论框架的四大要素：关系结成、网络角色、双向嵌入、演化升级，并构建本书综合理论框架。其次，从经济效应、社会效应和技术效应层面出发，解释企业关系网络效应理论机制。最后，分别从外部作用力、内部驱动力以及内外部综合效应出发，分析了企业关系网络演化的理论要素。

（2）宏观角度分析新创企业的时空分异及中国城市网络特征。新创企业方面：首先，基于新经济地理学尺度转向和关联视角，构建"全球环境、区域市场和地方竞争"三位一体的多尺度研究框架；其次，采用生态法计算新企业成立率，描述其空间分异特征；最后，从时空角度分别揭示其区位选择机制。在中国城市网络特征研究中选取汽车产业供应链体系：首先，按照城市间供应链连接强度，将网络划分为四个等级，概括城市网络总体特征；其次，从等级性、耦合性、通达性、集聚性四个层面对城市网络特征进行分解；最后，从领导核心、中心集约、权力门户、裙带边缘四个角度对城市网络权力等级进行详细分析。

（3）挖掘芜湖汽车产业发展历程及优势。首先，对自1990年以来芜湖经济开发区转移汽车企业资料进行分析，研究承接汽车企业优势条件，力求宏观与微观、理论与实际相结合。其次，比较四大国有汽车品牌汽车零部件供应体系模式，指明当前奇瑞在行业中的地位，并对奇瑞汽车在开发区供应商的空间格局进行分析，为下文研究奠定基础。

（4）研究汽车企业关系网络结构特征。采用实地访谈、问卷调查、归纳总结、比较分析等研究方法。首先，依据行动者网络理论，探析企业行动者来源结构及行动者转译及建构过程。其次，基于网络分析方法，分别从网络中心性、网络核心边缘结构、网络密度、网络发育程度等对企业经济关系网络、技术关系网络、社会关系网络进行深入比较分析。最后，分析三种网络结构的相似程度并解释其原因。

（5）分析转移企业在关系网络中角色及企业双向嵌入。首先，采用定量和定性相结合的方法，综合辨析转移企业在三种网络中的角色，并对角色特征进行分析；其次，提出转移企业与本土企业双向嵌入框架，分别分析转移企业在地方嵌入和本土企业在全球嵌入的路径。最后，根据转移企业的角色及双向嵌入路径，结合数据资料，分析转移企业与本土企业互动发展对区域经济产生的经济效应、社会效应和技术效应。

（6）揭示企业关系网络演化阶段、驱动机制以及影响因素。首先，依托演化经济地理学范式，在技术引进阶段、成本优化阶段和多元考量

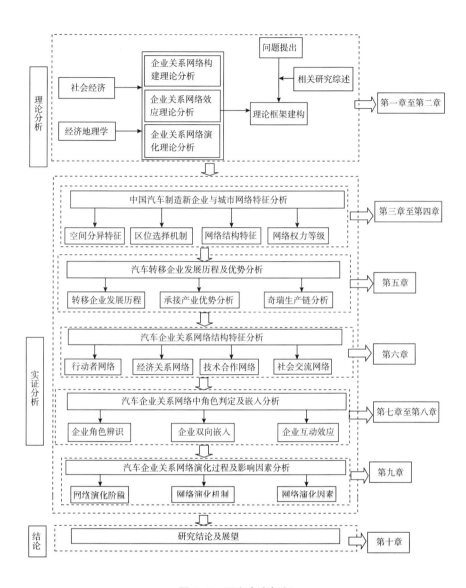

图 1-1 研究内容框架

阶段探讨在承接产业作用下汽车关系网络的演化阶段及过程。其次，根据企业关系网络演化机制理论分析，结合问卷结果，分别从政府作用、市场需求、区域制度厚度等外部驱动力，从企业战略择定、企业关系资产、企业学习创新等内部作用力，以及内外部驱动力的综合效用三方面，分析了企业关系网络演化的机制。最后，采用相关机构提供的数据资料和问卷结果，利用数学模型，对企业关系网络演化的主要影响因素进行定量分析。

二　研究方法

（一）主要数据来源

在安徽省芜湖市发改委、规划局、经信委，经济开发区管委会、招商局，奇瑞公司、奇瑞科技股份公司等各位领导和企业家的配合和协调下，对芜湖经济开发区（以下简称开发区）内奇瑞公司及汽车零部件转移企业进行四次调研。调研期间通过经济开发区招商局、经信委了解了开发区汽车及零部件产业发展历史和企业概况，同时对行业协会和相关科研机构做了进一步访谈，以了解开发区汽车及零部件产业后市场状况和研发情况。修订之后的调研问卷主要收集 2014 年开发区汽车零部件承接企业概况、经济联系、技术合作和社会交流等情况，问卷内容包括：①企业基本情况：建厂时间、企业性质、职工人数、主要产品、研发情况、来芜投资原因等；②企业经济联系情况：开发区内为企业供货的上游企业和下游企业、开发区内承接企业间生产协作和共同投资情况；③企业技术合作情况：开发区内外的共同研发、提供技术服务、接受技术援助情况；④企业社会交流情况：开发区内外企业间存在员工交流和社会活动、企业间参观互访以及企业与行业协会及政府交流情况等；⑤转移企业地方嵌入的相关问题（见附录）。调研企业涉及汽车整车总厂及四大生产系统：奇瑞公司（QR）、汽车动力及装备系统企业（6 个）、汽车车身/安全系统企业（13 个）、汽车底盘系统企业（14 家）和汽车电子电器系统企业（9 个），其中获取有效问卷 36 份，此后对 36 家企业负责人分别进行半结构式访谈，每位企业负责人访谈时间约为 1 小时。

产业联系网络主要考察企业之间生产垂直联系和水平协作情况，包括产品上下游供货商，产品水平协作联系商，产品外包等，如果企业之间存在生产垂直联系和水平协作，赋值为 1，否则为 0；创新合作网络主要考察企业之间技术合作的联系频率与程度，包括被调查企业群向哪些企业提供生产技术服务，被调查企业与开发区内哪些技术研发机构、行业协会存在技术交流情况等，如果企业之间存在创新合作和技术交流情况，赋值为 1，否则为 0；社会交流网络主要解释企业间社会交往频率和程度，包括被调查企业是否举行社会活动等，被调查企业同开发区内哪些中介机构、管理部门、行业协会存在社会交流，以及政府主导下企业之间社会交流情况等，如果企业之间存在社会交流情况，赋值为1，否则为0。具体实证调研过程如下：

（1）2015年9月下旬进行第一次正式调研，调研以半结构式深度访谈为主，拜访芜湖市规划局、经济开发区管委会、经济开发区招商局、经济开发区经贸局、汽配行业协会、安徽师范大学及奇瑞集团总部，共访谈人数9人，初步了解了芜湖市及经济开发区汽车产业及汽车转移企业发展历程和奇瑞集团相关情况。

（2）2015年10月中旬至下旬进行第二次正式调研，调研以半结构式深度访谈为主（访谈提纲基本按照问卷设置），辅以问卷调查，访谈企业为18家，访谈总人数达到30余人，涉及企业负责人、研发机构负责人、企业普通员工等，每位负责人访谈时间约为1小时。对于部分未访谈的企业主要是在奇瑞科技公司的协助下采用问卷方式，共获取有效问卷14份。

（3）2015年11月上旬进行第三次调研，调研方式仍以半结构式访谈为主，共9家企业，对于部分未访谈企业在经开区管委会协助下，获取有效问卷9份。

（4）2016年1月下旬进行第四次调研，调研方式以参与企业年会为主，针对缺失资料进行进一步沟通和协调，充实和丰富了访谈资料，共获取有效问卷13份。

此次调研共涉及企业43家，访谈企业28家（奇瑞控股或参股企业19家，其他企业9家），获取有效问卷36份（对于必要问题的回答和根据访谈内容的提炼，总体基本符合研究所需），总体上满足此次研究要求。通过问卷调查和访谈，获取了42家汽车转移企业对外经济联系、技术合作和社会交流关系性数据（见表1-1）。

对于企业访谈结果，首先，进行数据定量化表达，将访谈内容及时整理成文稿，以期从中获得文献所未涉及的研究观点，并对下次访谈内容做出相应调整；其次，依据扎根理论（grounded theory），将访谈文稿根据不同主题和不同问题进行分类，通过质性软件 QSR NVivo，将不同访谈人员就相同问题的回答在软件中视为不同节点（code），然后与访

表 1-1   调研企业基本情况

	企业名称		主要来源地	主要产品
	国内转移企业	境外转移企业	—	—
动力及装备系统	YD、YQ、JF、ZS	RH、PX	浙江、江苏、安徽、中国台湾、韩国	金属模具、塑料燃油箱、发动机零部件、汽车主模具、汽车合金材料
车身/安全系统	SW、XK、YX、SD、HX、YSDY、LY	MSTK、FZ、AK、DMS、JSZY、MKR	上海、河北、辽宁、吉林、浙江、中国台湾、日本、美国、澳大利亚、加拿大	汽车窗户、雨刮、汽车地毯、方向盘、手柄、限位器、汽车座椅、保险杠、仪表盘、门护板、汽车转向器
底盘系统	TY、JA、JN、WX、HX、TL、STR	TH、KB、TA、BTL、PT、HL、NSTLY	浙江、江苏、四川、中国香港、美国、加拿大	制动硬管、制动软管、机械转向器、动力转向器、底盘模块、盘式制动器、真空助力器、汽车密封件、胶管
电子电器系统	RC、BLR	DL、BNE、ATK、MRL、FLA、BS、HJ	广西、广东、中国台湾、美国、意大利、法国、德国	空调、发动机冷却、电子系统、汽车灯具、车载娱乐系统、电器元件

谈文稿中的对应内容进行关联和编码；再次，对不同的节点进行矫正与对照，以期揭示现象的本质，从中归纳共同的模式及原因，建构解释这些现象的理论；最后，当关键的访谈内容被识别以后，调研笔记、调研环境以及访谈对象背景也会被一同纳入分析范畴中，以确保访谈内容不被断章取义。

（二）研究方法

本书综合采用定性与定量相结合的研究方法，具体包括：

（1）案例分析法（Case Analysis Method）。案例分析法是由哈佛大学于1880年开发完成，要求把实际工作和研究对象中发现的问题作为案例进行研究分析，在研究过程中提升自身的分析能力、判断能力、解决问题的能力。通过与经开区管委会招商局、经贸局、奇瑞公司及奇瑞科技股份有限公司相关领导的细致研究和认真商讨，选择若干转移企业作为典型案例，进行深入走访。调研方法主要包括问卷调查和半结构式访谈两种形式，对于便于直接进行问卷调研的企业采用发放问卷方法，不便于直接进行问卷调研的企业采用半结构式访谈法，在访谈中涉及问卷相关问题，该方法主要体现在本书第六、第七章。

（2）参与观察法（Participant Observation Method）。参与观察法是指研究者对对象日常社会生活的观察。由于身临其境，观察者可以获得较多的内部信息，它为获得社会现实的真实图像提供了最好的方法。在调研过程中，笔者深入企业、政府、社会团体、研发机构内部，深入观察并记录汽车生产流程、汽车零部件样品、政府官员思维、行业协会活动流程、研发机构科研过程等，并做了详细的归纳整理，从感性上加深了对研究对象的直观理解，也为获得第一手资料奠定了坚实基础，该方法贯穿本书始终，在第五章更为显著。

（3）对比分析法（Comparative Analysis Method）。对比分析法是通过不同观测对象的实际数对比来提示观测对象之间的差异，借以了解研究对象的成绩和问题的一种分析方法。本书把企业关系网络分为经济关系网络、技术合作网络和社会交流网络三种类型，要了解企业关系网络的结构特征，就需要针对不同的关系网络进行研究并加以对比；要判定转移企业的角色，就需要对转移企业在不同关系网络中的角色进行比较；要研究企业的双向嵌入，就需要对转移企业的不同嵌入类型进行比较，只有这样，才能发现其中的同质性和异质性，并提出有针对性的建议，该方法主要在本书第八章中体现。

（4）模型构建法（Model Building Method）。模型是对客观事物一般关系的反映，是人们以数学方式认识具体事物、描述客观现象最基本的形式，有效地反映了思维的过程。该方法通过分析、比较、判断、推理等思维活动，来探究、挖掘具体事物的本质及关系，最终以符号、模型等方式将其间的规律揭示出来，使复杂的问题本质化、简洁化，甚至将其一般化，使某类问题的解决有了共同的程序与方法，包括分析与综合、比较与分类两种思维方法，该方法主要在本书第三、第九章中体现。

（5）社会网络分析法（Social Network Analysis）。社会网络分析法

通过对网络中节点关系的分析来探讨网络的结构及属性特征，包括节点个体属性及网络整体属性。近年来，该方法在经济地理学上取得了一定进展，通过中心度、结构洞、网络密度、小团体、角色、社会资本等研究方法，分析网络结构的若干属性信息，在研究网络结构特征、团体辨别、节点角色方面很有优势，本书亦主要采用上述研究方法，主要体现在第四、第六章中。

第二章

理论分析框架建构

本章探讨转移企业与本土企业关系网络构建及演化的理论基础。在社会网络理论的指导下，吸收了新经济地理学的"演化""关系""制度"等核心思想，涉及关系结成、网络发育、双向嵌入和演化升级等诸多理论要素，在产业区理论、生产网络理论、嵌入理论的核心思想基础上，构建了一个内涵更为丰富的、普适性更强的理论框架。

第一节　企业关系网络的要素特征及理论结构

20 世纪 90 年代以来，经济地理学界涌现出一场关于"文化转向""制度转向"和"关系转向"思潮，开辟了经济地理学的三个新发展方向，使经济活动行为者在不同地理尺度上的"社会—空间"关系成为研究的焦点之一。本章在新经济地理学理论指导下认为，本土企业关系网络构建及演化主要包括四方面核心要素，即关系结成、网络发育、双向嵌入和演化升级，其中关系结成是基础，网络发育是介质，双向嵌入是关键，演化升级是目的。随着产业转移进一步发展，转移企业与本土企业将逐步建立经济联系、技术合作及社会交流等关系；以这些关系为纽带，在本土核心企业主导下，开始有目的地选择相关节点，随后企业节点进行有条件连接并适时协调和控制，初步形成转移企业与本土企业的关系网络；以关系网络为介质，转移企业在地方生产网络中的嵌入以及本土企业在全球生产网络中的嵌入，将会实现全球力量和地方资产的战略互动；随着企业双向嵌入程度的变化，企业关系网络结构也会相应改变，最终深刻影响企业成长和区域发展。因此，沿着"关系建构—

网络发育—双向嵌入—演化升级"的主线，可以较为清晰地认识本土企业与转移企业关系网络构建与演化的外在表象和微观机理。

一 基础：关系结成

西方经济地理学中的关系转向表明，"关系"已经成为经济地理学"关系转向"理论构建的核心，而 Yeung（2005）将经济地理学"关系转向"研究的分析框架归纳为三个方面（关系资产、关系嵌入、关系尺度），有效地推动了关系经济地理学的发展。关系资产是制度在地方和区域中的直接反映，关系嵌入是对企业的再发现和对经济行动者行为的社会嵌入再认识，关系尺度是理解资本主义全球化及其地域结果、城市与区域管制及智力的关键。"尺度"一直是地理学的一个核心问题，基于地方尺度概念是转移企业来源的空间基础，涉及国外（全球）和国内（区域）尺度。

关系结成主要关注企业间的经济联系、技术合作和社会交流的初级建构。在最初阶段，转移企业主要是为了配套本地核心企业的产品而进行投资，因此产品间的经济联系是最主要的表现形式，其中经济联系主要包括产品间的上下游联系和水平联系。经济上下游联系传递的不仅仅是产品流通关系，还存在技术尤其是缄默知识的传递，同样，经济水平联系传递的也不仅仅是产品的水平合作制造，还存在技术的共享。随着经济联系和技术合作的发展，企业不可避免地进行着不同的社会交流方式，其中包括了政府主导的企业家交流、核心企业主导的员工交流以及企业间自发形成的参观互访等。随着转移企业和本土企业的经济联系网络、技术合作网络和社会交流网络的形成，在彼此发展过程中不断进行磨合和协调，逐渐形成了一个较为平衡的企业关系网络，最终将深刻影响企业成长和区域发展（见图2-1）。

二 介质：网络角色

在结构复杂的企业关系网络中，由于每个企业所处的位置和扮演的角色不同，导致企业经济利益主体差异化发展。已有相关研究结果表明，网络位置将对企业的行为和绩效产生重要的影响，占据优势网络位置的企业在进行生产经营时将更具优势，而占据劣势网络位置的企业在进行生产经营时不具有优势（Burt，1992；马海涛，2012；姚书杰，2014；潘少奇，2015）。企业节点是生产网络最基本的组成单元，在节

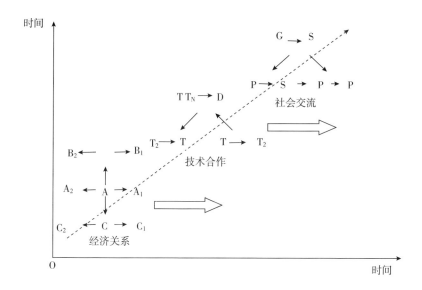

图 2-1 企业关系网络关系结成过程

点基础上，网络连接方式的选择实际上就是构建者通过某种方式将包含各种专有资源与能力的企业节点组织起来。在节点和连接方式的基础上，充分利用经济手段和社会机制处理好与各节点间的关系，保证节点的灵活性和网络整体的协调性（见图 2-2）。

已有研究无论是从价值链视角（Dicken et al.，2001；Humpery et al.，2002；文嫣等，2005；Wei et al.，2010）还是权力关系视角（景秀艳，2009，2010），抑或是嵌入型视角（Liu et al.，2006；潘峰华等，2010）和网络结构视角（Morrison，2008；Guo et al.，2011）都对转移企业网络角色判别得出了一定的结论。根据前人研究成果，本书将企业角色界定为六类，分别是核心成员、中介成员、外来俱乐部成员、守门人、边缘成员和孤立点企业，需要注意的是企业角色是一个演变的过程，在关系网络建构过程中，企业角色会随着网络对象、网络关系、网络连接方式等不同而不同。核心成员与其他企业有较为紧密的联系，而边缘企业与核心企业联系较为稀疏；中介企业是部分节点扼守在两组关联较少节点相互联系的必经之路，而守门人企业是一个团体的对外代表，控制着对外协调的门槛；外来俱乐部成员基本不与国内转移企业发生联系，但与区域内部的核心企业关联密切，而网络孤立点企业与已有研究所描述的"沙漠中的教堂""飞地经济"类似。企业在关系网络中扮演的不仅仅是一种角色，可以是几种不同角色的综合体，同时企业角色也可以发生转化。

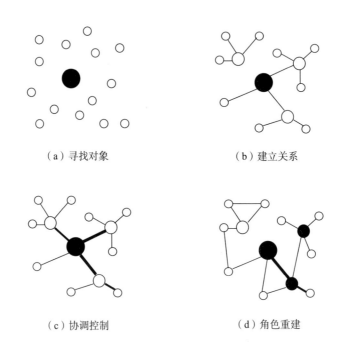

（a）寻找对象　　　　　　　　　　（b）建立关系

（c）协调控制　　　　　　　　　　（d）角色重建

图 2-2　企业关系网络节点角色发育

三　关键：双向嵌入

Polanyi（1944）在《大变革》一书中首次提出"嵌入性"概念，并将此概念用于经济理论分析，但并没有引起学者的注意。Granovetter（1985）提出的嵌入性理论成为连接经济学、社会学与组织理论的桥梁。20世纪90年代末，在 Granovetter、Barber 等研究成果推动下，嵌入性理论迅速发展，其演变过程也经历了从交易关系到关系传递（环境嵌入型）、关系传递到关系嵌入（组织间嵌入型）、关系嵌入到价值创造（双边嵌入型）三大阶段。著名经济地理学家 Hess（2004）提出了对嵌入的重新认识，包括三个角度即社会嵌入、网络嵌入、地域嵌入，这三个方面是紧密联系在一起的，综合构成了社会经济活动的时空情景，这种提法得到了广大经济地理学者的认可。社会嵌入强调了文化对内外部经济的影响，网络嵌入强调了个人或组织参与行动者网络的持久性、稳定性以及网络作为整体的结构和演变，地域嵌入强调了能够吸引经济活动和具有社会动力的地方，并在一些情况下受到这些地方已有经济活动和社会动力的约束。

产业转移势必会涉及企业迁移后的区位选择，而探求企业迁移后的区位选择和在承接地对新的生产环境如何做到快速有效的区位嵌入，还应注意到企业区位选择的过程恰恰又是迁移企业与本地企业之间空间组织演化的一个过程。企业从单个区位嵌入的"点"通过彼此间的经济联系和业务往来，进而逐步发展为"线"的空间结构形态，最后发展为"网"的空间组织形态（见图2-3）。从经济地理视角来看，企业在迁移前后的空间属性上都表现出某种网络化的倾向，企业在迁移决策时为了寻求最佳的生产地点，往往更关注与之相关的合作者、竞争者以及供应商的密切关系，这能很好地解释为什么外来企业更愿意选择已经具有一定规模生产网络的地区。实际上，转移企业与本土企业交互过程的关键是如何实现转移企业地方嵌入与本土企业全球嵌入，两种嵌入过程是相辅相成、并行不悖的，嵌入过程的深入实现了全球力量与地方资产的战略耦合，推动了企业成长与区域发展。

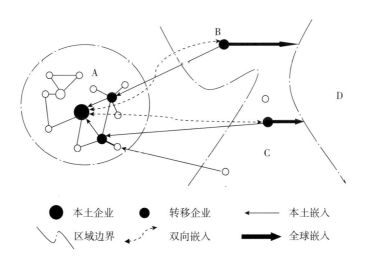

图2-3 以企业跨区域迁移为纽带的生产系统双向嵌入

四 目的：演化升级

转移企业作用下本土企业关系网络的构建实际上是转移企业与本土企业双方在政府、研发、社会等机构的作用下共同演化的过程，因此不仅需要关注企业演进过程，还要关注政府、科研、社会等机构的出现及作用。网络演化本质在于分析转移企业和本土企业交互所形成"产业—空间"的演化规律，为地方企业和区域发展探寻道路。Walcott（2002）认为中国地方企业网络发展过程存在五个不同的发展阶段：轮轴式企业网络、卫星式企业网络、高级卫星式企业网络、本土企业技术孵化阶段和本土企业主导阶段。此后，有关学者根据企业网络的变化将演化模型划分为企业发展—网络演化模型（Lechner et al.，2003）与环境变化—网络演化模型（Koka et al.，2006），但是关于企业成长阶段模型的划分基本上没有偏离 Walcott 相关研究成果。本章借鉴 Walcott 的演化模型，根据承接企业、本土企业、研发机构、政府组织以及其他组织机构之间联系紧密程度的不同，构建了承接产业作用下本土企业关系网络过程，认为其存在四个不同的发展阶段（见图2-4）。

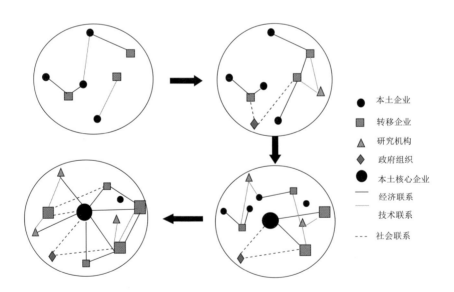

图例：
- ● 本土企业
- ■ 转移企业
- ▲ 研究机构
- ◆ 政府组织
- ● 本土核心企业
- —— 经济联系
- —— 技术联系
- --- 社会联系

图2-4　本土企业与转移企业关系网络构建演化过程

第一阶段：企业关系网络构建的起步阶段，特点是"小而散"。此阶段内，转移企业开始出现，当地供应商和小公司也逐渐增加，承接地企业开始成为转移企业的供应商和客户，他们提供原材料或者零部件给当地转移企业的分支机构，或者购买转移企业的产品，进行简单的经济合作。

第二阶段：企业关系网络构建的发展阶段，特点是"多而散"。此阶段，政府表现出强有力的推动作用，通过一系列招商优惠政策吸引更多的外来企业。同时外来企业也开始逐渐搭建自身的研发机构，但这些研发机构只为相应地转移企业服务。承接地企业仍多为一些依靠大量廉价劳动力完成工作的中小型企业。

第三阶段：企业关系网络构建的过渡阶段，特点是"多而密"。此阶段一个重要的特征就是具有一定实力的本土核心企业逐渐发展与成长，并且开始构建自身关系网络联系。在此阶段涌现出了数量更多的本土企业以及和转移企业相关的衍生分支企业，企业关系网络开始打破被大型转移企业（一般多为跨国公司分支机构）控制的格局，本土核心企业也开始具有一定的话语权。

第四阶段：企业关系网络构建的形成阶段，特点是"一家独大"。在此阶段，本土核心企业成为绝对核心，国内外转移企业都与其有着紧密的联系，它们共同与政府、社会组织、研发机构等主体形成结构复杂的企业关系网络，关系网络类型主要包括经济关系、技术合作和社会交流。

在现实境况中，转移企业在进入承接地时出于地域错位、组织错位、技术错位、文化错位等原因而存在不同的阻碍因素，从而导致部分转移企业出现回撤现象。为了在理想状态下分析本土企业关系网络理论建构，本章在四个理论要素的基础上，设定四个基本假设：①区域A、B、C进入承接地市场的通道是畅通无阻的；②本土企业、转移企业、政府机构和研发机构的信息交流是完全透明的；③本土企业在选择转移企业构建网络时坚持"经济人"假设；④转移企业在承接地不存在"回撤"现象。

假设存在A、B两个国外/中国港澳台市场和C一个国内市场，在不同的制度因素、市场需求、企业战略的引导下，它们向承接地输送了规模不同的转移企业，规模较大的如a、b，规模较小的如c、d，同时大型转移企业也建立了自身的研发机构 e。当转移企业到承接地之后，本土企业开始有条件地选择企业节点，选择了 a、b、d、e 企业，而没有选择 c 企业，在此基础上，本土企业和转移企业关系网络构建理论框架如下。

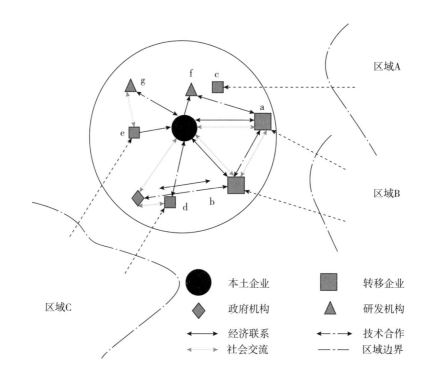

图 2-5　企业关系网络

经济关系网络：根据供应商 a、b、c、d 的生产地位和本土企业的市场需求，本土企业与规模较大的转移企业 a、b 和部分规模较小的企业 d 建立直接的经济关系网络，而另一部分规模较小的转移企业如 c 则通过企业 a 与本土企业建立间接的经济关系网络。在此状况下，a、b 扮演着中介者和守门人的角色，而 d、e 可能扮演边缘企业的角色。

技术合作网络：转移企业 a 建立了自身的研发机构 f，本土企业的研发机构 g 与 f 开始建立技术合作网络，直接导致本土企业与转移企业 a 生成技术合作。转移企业 b、c 通过与转移企业 a 建立技术合作关系而达到与本土企业建立间接技术合作关系，而转移 d 通过与 b 建立技术合作关系而达到与本土企业建立间接技术合作关系。在此状况下，a、b 扮演着中介者角色，c、d 企业的角色虽无法直接判断，但相似。

社会交流网络：由于 a、b 企业来自同一区域，d、e 企业来自同一区域，由于文化背景、管理模式相同，因此有最大可能性直接建立社会交流网络。基于 b、d 企业与政府的关系，a、e 企业也成功构建与政府的关系网络，政府扮演了中介角色。在本土企业控股和参股的情况下，转移企业通过本土企业建立起社会交流网络，如 e 与 b、e 与 d。

第二节 企业关系网络效应机制理论分析

企业关系网络作为多种因素的综合作用结果，产生的效应已经深入区域各方面，它不仅影响着企业之间的关系，也深刻改变了区域发展路径，在经济、社会、技术等方面均产生重要的效应，由此，协调着区域发展的空间格局。

一 企业关系网络的经济效应

对于具有一定实力的本土企业来说，外来企业投资的主要目的是通过配套和完善本土企业生产网络而获取一定经济效应，政府及社会团体通过积极协调转移企业及本土企业社会经济等各种网络关系，使转移企业社会经济行为根植于承接地，形成具有一定地理边界的多元化的关系纽带及形态结构，是一个明显的经济嵌入过程，在经济嵌入过程中，企业间互动发展所产生的经济效应将深刻影响区域整体经济发展能力。无界的企业关系网络是有界的产业集群形成的连接状态，其经济效应遵循循环积累因果原理，即企业关系网络对区域经济发展变化首先产生"初始变化"，然后在其基础上产生"次级强化"，最后产生"上升或下降"态势，而强化或减弱的结果，反过来又影响初始变化即企业关系网络建构及企业互动发展过程。在研究区域范围内，由于汽车企业关系网络建构时间较短，大体处于初期阶段，因此经济极化效应较强，对区域生产总值、实际利用外资和进出口总额均产生了正向影响，并且在若干因素方面还产生了乘数效应。以实际利用外资为例，在关系网络形成之前，其他本土企业的发展 y 带来了外资 c+i，而当奇瑞建厂以来，在充分引进国外大量转移企业之后，本土企业发展 y′带来了外资 c+i′，从研究区统计数据来看，（c+i′）－（c+i）要远高于（y′-y），说明了因素企业关系网络的构建，企业互动效应的增强，极大地增加了某类型经济要素（见图 2-6）。

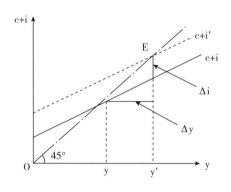

图 2-6　经济乘数效应

二　企业关系网络的社会效应

企业社会责任指的是企业除了考虑利益之外，也要考虑承担其对社会利益考量部分。企业社会责任是企业作为社会主体的贡献意识和服务水平，更反映了企业决策的经济效率以及企业对社会福利的支持。新古典主义者认为，如果一个企业除了获得自身的财富之外没有取得任何社会成就，那它将对社会产生损害。如果从企业转移的世界格局来看，可以将转移企业分为欧美企业和东亚企业，由于欧美企业和东亚企业倡导的文化不同，如欧美企业提倡个人主义、尊崇理性主义、崇尚自由平等，而东亚企业强调集体精神、感性主义以及等级观念重，东亚企业文化可能不利于企业在经济、技术以及社会等方面发展，但是东亚企业的社会责任感要好于欧美企业（见图 2-7）。维克塞尔与林达尔公共品供给模型图假定消费者 M、N 具有相同偏好，MM、NN 分别表示在不同税收价格条件下对公共产品的需求量。MM、NN 交点处的（G^*，H^*）即为均衡税收份额和均衡产出水平。在企业层面，若有东亚企业从提供公共福利项目中得益，欧美企业也会考虑选择社会福利项目的提供，这样就势必存在一个维克塞尔—林达尔均衡状态，使社会福利达到帕累托最优状态。从企业与其他社会主体博弈来看，东亚企业和欧美企业均面临相似的"囚徒困境"，那么高收益就不可能产生，但若企业与其他社会主体将各自处于一个近乎适中的收益水平上，两者通过理性抉择，达到维克塞尔—林达尔均衡，继而达到帕累托最优状态。

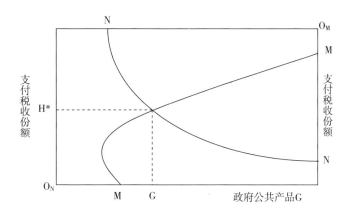

图 2-7　维克塞尔—林达尔公共品供给模型

三　企业关系网络的技术效应

企业互动产生的技术效应是关系网络中企业之间的显性知识和隐性知识在个人、团体及组织间的互动组成的。Hedlund（1994）的知识转换流程模式明确阐释了不同属性的知识在不同主体层次之间的转移，Nonaka（1995）也提出知识创造是显性知识和隐性知识通过内外部综合作用不断地交互，显现出螺旋式增强过程。Gilbert（1996）也提出了新知识是要经历一个复杂的过程如干中学、历史中学、反馈等，强调了知识转移中互动学习过程。随着网络研究的深入，也有部分学者对网络中的学习创新和技术效应进行研究，主要包括三个维度，即结构、关系与认知（Inkper，2005）。首先，网络内部企业之间的结构深刻影响知识传递和转移效果。高新技术企业数量越多，企业间产生知识转移的可能性越大，技术互动效应就越好，同时企业在关系网络中的位置和角色代表了企业对知识资源的导控能力，影响了企业吸收知识的能动性。其次，网络内部企业节点的联系程度与网络密度影响知识传递和转移效果，相关研究表明，网络内部强联系可以有效地促进知识转移，提升互动效应。除了联系强度之外，节点之间的联系时间长短也直接影响知识转移，但是联系持久度也存在明显弊端，企业之间高度信任会造成企业间"集体失明"，阻碍知识转移和互动效应提升。最后，网络内部节点的认知维度主要考虑的是网络内部研发机构能够为企业与企业之间提供知识共享、认同的机会成本，进而影响知识转移和学习创新，需要注意的是组织文化差异越小，学习创新机会就越大，这在不同集群内需要注意区别（见图2-8）。

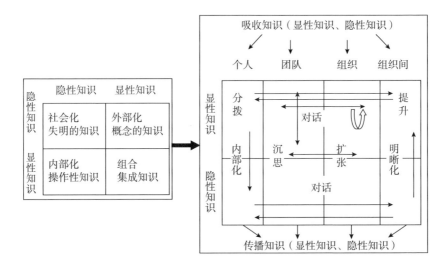

图2-8 企业间知识转换流程

资料来源：Hedlund（1994）；Nonaka（1995）。

第三节 企业关系网络演化机制理论

企业关系网络演化是一个受多种因素影响的复杂过程，主要受到三种作用力的影响：一是企业与外部主体之间的作用力，包括了"政府—企业""市场—企业"之间的作用力；二是企业与企业内部的作用力，包括了企业之间的文化差异、战略导向差异、关系资产差异、学习创新差异等方面；三是外部主体之间的作用力，主要是"政府—市场"间的作用力；最后是多种作用力综合效应共同推动了企业关系网络演化。

一 企业关系网络演化的外部驱动力

（一）"政府—企业"作用力

新经济地理学中的制度转向和关系转向共同强调，在经济全球化时代，地域特色和地域差异并没有终结，但不同的城市和区域在面对全球经济时却存在不同的机会窗口。斯密在《国富论》指出，政府在市场失灵的情况下将发挥积极的作用（Smith，1776），从国内外产业转移实践可知，无论市场机制是否是产业转移的主要驱动力量，产业转移始终离不开政策的干预，政府通过制定区域政策和产业政策来调整地区经济布局，旨在使经济资源在地理空间上和产业间得到最优配置和流动（Cappellen et al.，1999，2003；Shapiro，2005）。企业关系网络是一个综合体，涉及主体既包括本土企业和转移企业，又包括政府、社会团体、科研机构、行业协会等，是一个经济关系、技术合作和社会交流融合的网络，政府在追求政治稳定和经济发展的双重目标情况下，对其制定合理的政策措施以促进其发展。

（二）"市场—企业"作用力

企业与市场的关系或者企业机制与市场机制的关系是资源配置或经济协调的两种基本方式，也是经济学中有待深入研究的一个问题。需要指出的是此处的"市场"指的不仅仅是西方主流企业理论所强调的"价格"，还包括了不同地理尺度下的市场范围。市场从宏观层面可分为全球市场和本地市场，两者是相辅相成的，因此在经济全球化和经济区域化不可逆转的趋势下，论述市场作用时，必须强调全球市场和本地市场的共同作用。企业关系网络构建和演化首先是一个微观现象，市场经济在企业关系网络层面反映的主要是构建主体自主配置节点资源后导致结构在全局意义上的优化，继而产生不同的效益，初期可能表现出强烈的集聚态势，而中后期由于规模不经济也可能表现出离散态势，但并不意味着市场资源在配置上的失衡，总的来说，市场机制是要素配置决策权的微观化，使要素得以在更大的范围内配置。企业和产品通过全球生产链延伸和全球价值链提升实现资源在更广泛界面上的流动,除此之外,企业关系网络同样强调根植性,其中蕴含了复杂系统论的观点,不同企业关系网络发展要遵循不同的自组织规则,这就反映了市场作用的另一方面——本地市场的重要性。

二　企业关系网络演化的内部作用力

(一)"企业—企业"战略导向

企业战略是企业设计用来开发核心竞争力、获取竞争优势的一系列综合协调的导向和行动。伴随全球化发展,中国许多企业走向国际市场,因此重塑本土企业的动态竞争优势就显得非常有必要。企业战略一方面涉及国际战略,由于嵌入全球生产链/价值链能使企业从全球产业网络联系中获取外部资源,因此在全球价值链中搜寻、捕捉、创造价值,拓展世界市场的步伐,从而实现跨越式发展。一方面涉及国内战略,如果从国内产业组织网络和经济发展的角度来看,企业间战略互动不仅促进了本土企业的发展,也提升了不同类型企业之间的网络化水平,进而加速了区域经济和城市化的步伐,同时依附国际战略,新的地方生产网络进一步地融入全球生产体系当中,通过价值链的融合和衔接实现本土企业和区域经济的发展。对于转移企业来说,在承接地嵌入式发展和对地方的根植和黏附,为转移企业的本土化提供契机,从而减少生产或贸易阻碍,提升产品的市场占有率。

(二)"企业—企业"关系资产

企业发展要挖掘地缘、亲缘、业缘等集群的内生因素,捕捉、创造和保持价值,从而实现产业的不断升级。首先,应明确社会经济主体在交往时,容易通过非正式制度寻找某种关系或共同点;其次,较小规模集群内企业联系的纽带一般是亲缘关系,较大规模集群内企业联系的纽带一般是地缘关系,以亲缘或地缘关系为基础形成的社会关系网络有利于产生协同效应,实现利益的内部化,降低协调成本;最后,本土企业关系网络的构建过程是伴随着区域环境和企业转型的,特定的地域环境促使了一些特定的非正式制度产生,为地缘、亲缘、业缘等非正式制度的作用发挥提供了空间。

(三)"企业—企业"学习创新

当前中国企业正在积极探索适合全球化背景下生存与发展的模式与

路径，而通过嵌入全球制造网络中开展全时空的学习与创新是企业自主创新的新起点和重要特色。首先，企业内源技术创新是以充分激发内源技术为核心的，不仅包括技术创新的过程，还包括管理创新的过程，即以构建和提高核心能力为中心，以价值创造和增加为目标，以技术创新为核心，与其他组织功能创新有机结合并协同创新。其次，技术"拿来主义"也是很多企业抢占市场先机的法宝之一，将外源技术组合创新为内部知识，逐步形成自主创新体系。最后，全球价值链上的分工和集成主要体现的是产业升级与企业自主创新的关系。企业为了实现产业升级，倾向于两种战略选择：一是占据全球价值链的某一特定环节形成专业化规模优势，二是对全球价值链中的某些环节进行集成，形成组合的业务模式。

三 内外部作用力的综合效用

市场作用和制度政策两大主要外部要素以及企业文化差异、战略导向、关系资产、学习创新四种内生作用力，并非孤立地作用于企业关系网络，而是存在相互影响、共同产生作用。其中，市场和政府这两只"看不见的手"和"看得见的手"共同保障企业关系网络发展，市场作用决定了转移企业与本土企业资源的流动性和产品的导向性，制度政策则决定了转移企业的根植性与嵌入程度，但需要注意的是，市场同时也给地方政府带来压力和挑战，一方面可能促使地方政府作出更有利于企业网络构建的决定，另一方面地方政府也可能采取保护主义，阻碍外部企业节点对本地市场的攫取。由于企业是关系网络演化最主要的本体，因此市场和政府对企业网络的影响主要是通过企业进行的。企业战略导向决定了企业的经济联系和行为模式演化，企业关系资产决定了转移企业与本土企业社会交往程度的强弱，企业学习创新决定了转移企业与本土企业的技术交流频率大小，企业来源地的文化差异与企业在承接地建厂时间长短直接影响了企业关系网络的发育程度和结构特征。综上所述，企业关系网络只有在内外部影响力共同作用的情况下，才能实现优势化和合理化（见图2-9）。

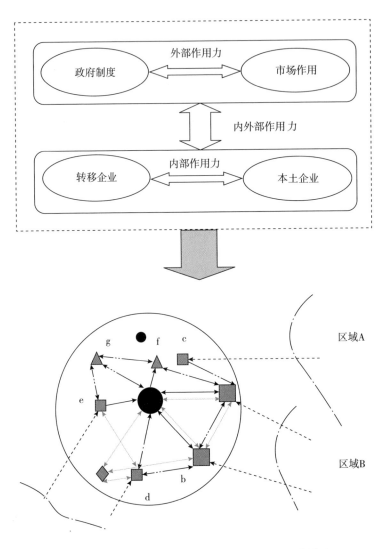

图 2-9 内外部作用力对企业关系网络演化理论影响

第三章

中国汽车制造新企业的
区位选择与影响机制

　　新创企业的区位选择不仅是企业重要的决策活动，也深刻影响中国制造业地理空间格局演变。研究从新经济地理学的尺度转向与关联视角出发，尝试构建"全球环境、区域市场和地方竞争"三位一体的多尺度分析框架，发现：①1998—2012年，中国汽车制造新创企业活跃地区由东部沿海地区向中西部地区转移，尤其是2010—2012年，新创企业呈现向中西部大规模扩散趋势，西部成渝地区逐渐成为新热点区域。②从新创企业区位选择时空综合机制来看，全球环境影响不显著，而区域市场和地方竞争均存在显著影响，其中劳动力、集聚经济、市场潜力与政府政策能促使新创企业成立，而国有企业比重显著则会阻碍新创企业成立。③在时间特征差异上，全球环境表现不显著，地方竞争则始终保持对新创企业的显著影响。区域市场中的劳动力因素影响作用变化说明新创企业区位选择正逐渐从关注劳动力成本转向关注劳动力质量，而集聚经济和市场潜力在多样化和城市化经济的冲击下作用减弱。④在空间特征差异上，全球环境的出口因素在东部地区影响显著，但在中西部地区表现不明显，区域市场中劳动力因素和市场潜力在东部地区影响不显著，而在中西部地区劳动力因素则显著为正，除此之外，外商直接投资、集聚经济、政府政策和国有企业比重对不同区域新创企业区位选择影响大体相同。在经济高质量发展情景下，研究新创企业空间动态变化，不仅能丰富和发展传统区位选择论，还能更好地理解中国正在发生的经济转型和空间重构。

第一节　问题提出

　　企业区位选择是产业集群形成、集聚和扩散的重要过程性因素，而新创企业不仅是区域经济发展和实施技术创新的重要平台，也是欠发达地区发挥地方优势缩小与发达地区差距的主要载体，因此研究区域内产业空间格局变动一个重要问题就是分析新创企业的空间分异及区位选择。新创企业特指处于创立或早期发展阶段的企业形态，是企业决策者利用商业机会通过整合资源创建具有法人资格的新经济实体，并且能够为社会提供产品或服务。在"大众创业、万众创新"的背景下，新创企业可以通过"创造性破坏"过程刺激现存企业，不仅反映了产业区位格局的最新变化，也是提升地区经济实力的重要推动力。20世纪90年代以来，随着中国积极与全球市场接轨，计划经济时期行政指令下所形成的产业格局逐步破碎，市场经济时代的全球环境、区域市场、地方竞争等多种因素共同影响企业的空间分异与区域选择。因此，在经济高质量发展情景下，研究中国新创企业空间动态变化，就必须重视中国特殊的政治体制、社会形态和经济转型等相关要素，这不仅能丰富和发展传统区位论，还能更好地理解中国正在发生的经济转型和空间重构。

　　产业/企业区位一直是经济地理学关注的热点问题之一，具有丰富的研究成果。从研究视角来看，主要集中于制造业空间格局演化、制造业转移格局及影响因素、产业/企业区位调整与重组等，大多数研究集中在宏观行业层面，对企业层面关注较少，尤其是针对新创企业的研究更少；从空间尺度来看，多数学者基于典型城市、省域等单一尺度进行研究，虽能有效解释产业/企业区位选择总体趋势，但对于在时空交互尺度下的企业区位选择仍稍显乏力；从影响因素来看，主要集中于集聚经济、外商直接投资、政府政策以及企业异质性等单个因素，而对多重因素的综合分析稍显不足。同时，以往学者对新创企业动态研究主要集中在经济学、管理学等领域，然而新创企业动态选择是一个典型的空间重构过程，虽然上述领域为新创企业动态研究提供了相对坚实的学科基础，但仍需加强对新创企业动态的空间表现和"空间"在新创企业动态中的作用分析，而地理学则可以为新创企业空间动态研究做出独特贡献。

随着中国积极与全球市场接轨，中国汽车制造业已逐渐从空间疏散状态发展到以长三角地区、珠三角地区、京津冀地区、长江中游地区、成渝地区和东北地区为核心的集聚区。以往学者虽对中国汽车制造业时空格局演变规律做了丰富研究，但对于汽车制造新创企业的空间分异和区位选择研究并不深入。带着对上述问题的思考，研究基于"中国工业企业数据库（1998—2012）"和《中国城市统计年鉴》（1998—2012），在全球化、市场化和分权化的背景下，在对不同层级的地理尺度和尺度间相互依赖性分析的基础上尝试建构"全球环境—区域市场—地方竞争"三位一体的研究框架，拟解决以下两个问题：一是新创企业空间分异特征如何科学表征？二是如何基于多尺度、多因素对新创企业区位选择机制进行分析？

第二节　研究框架构建

"尺度"作为地理学的一个核心问题，是无法回避的具有本体性质的关键问题，一直备受关注，但在 20 世纪 80 年代以前，学者一直将"尺度"与欧式空间中的"距离"联系在一起。20 世纪 90 年代以来西方经济地理学所发生的"尺度转向"则强调了尺度的社会建构性。与空间科学用欧氏距离定义"空间尺度"和将"空间"看作地理过程的平台相比，经济地理学的"尺度转向"更关注尺度的层级、关系、过程和动力的研究。相关学者也相应地提出了"地理尺度是一种关系建构""社会关系是一种尺度建构""尺度重组"等理论视角，正如 Marston（2000）所说：特定的地理尺度可以被看作包括空间、地方和环境的复杂混合体中的一个关系要素，正是它们的交互作用构成了我们生活和研究的地理。通过"尺度转向"和"尺度关联"，进一步发现经济地理学在关注地方的综合、地方之间相互依赖性的同时，进一步强调了尺度生产和尺度重组过程对空间经济动态的重要性，它使经济地理学家既关注全球化影响，也关注区域和空间的影响。通过不同层级的地理尺度和对尺度间相互依赖性的分析,使经济地理学对全球化、区域化、地方化有了更为深入和全面的认识。基于上述理论阐释,研究将影响新创企业区位选择的主要因素分为三个尺度,分别是全球环境、区域市场和地方竞争,通过对不同层级的地理尺度和尺度间相互依赖性的观察,更加深入揭示其影响作用。

一 全球环境与企业区位选择

在全球生产模式由"福特主义"的批量化生产向"后福特主义"的弹性专精模式转变过程中,以"贸易全球化"和"生产专业化"为特征的全球化浪潮导致了空间经济结构转型和世界经济体系重组,使空间经济结构从"产业链"特征向"价值链"特征转变,而以出口和外商直接投资为核心的全球环境将深刻影响新创企业的区位选择。首先,产品出口作为企业联系全球经济体和融入全球生产网络的重要渠道,是反映一个国家或地区参与全球化程度的重要指标。已有研究发现,进出口贸易有利于提高企业生产效率,推动企业的创新,为企业发展带来国际市场优势与创新效应。同时本土企业通过"出口中学习"效应促进生产率提升,带来规模经济或范围经济,同时减少了企业前期创新研发投入成本,吸引新创企业的进入。其次,外商直接投资作为连接世界不同经济体之间的桥梁,是推进经济活动全球化的重要力量,也是全球经济体影响本土企业发展的重要途径。投资初期,外商投资者对东道国的市场和制度等方面缺乏认知,为了避免不确定的经营风险,往往倾向于集聚在已有同类企业的周边,不仅可以共用基础设施、共享市场和专业化劳动力获取集聚经济,而且可以通过前后向产业关联效应、竞争效应和示范效应,促进知识和信息溢出效应,吸引新创企业成立。综上所述,研究初步认为全球环境维度下的出口比重及外商直接投资会正向影响新创企业成立。

二 区域市场与企业区位选择

区域市场对企业区位选择的影响更多的是基于不同的区位条件而实现的,如地方集聚经济、劳动力要素、市场潜力等。首先,地方集聚经济作为影响企业区位选择的一个重要因素,Mdfsarshall认为同类产业的企业集聚在一起,共享投入产品和知识溢出效应,获得集聚效益,其通常也被称为地方化经济。学者研究发现集聚经济对企业区位选择具有显著促进作用，能够吸引新创企业进入，然而一些研究也指出过度集聚会导致经济"拥堵"，不利于新创企业成立，甚至会驱使新创企业选择远离已有企业的区位布局，并进一步触发产业的空间重组。其次，企业区位选择还深受区域劳动力要素的影响。20世纪90年代以来，中国大陆正是凭借低廉的劳动力成本成为世界制造业在全球范围内的战略性转移和结构调整的重要区域之一，但从全球价值链来看，多数企业处于低附加值环节，因此企业为了在市场竞争中获取更多利益，被迫进行"逐底竞争"，不断寻找成本最低地区，廉价劳动力逐渐成为企业区位选择的重要因素之一。然而随着技术提升，企业对劳动力技术提出更高要求，因此为了提升产品质量，就不能一味地追求廉价劳动力，劳动力的质量也成为重要影响因素。最后，传统经济地理学和新经济地理学都共同关注市场需求对企业区位选择的影响，认为市场潜力会影响各地区的产业结构和贸易模式，企业倾向于布局在市场潜力大的区域，即"本地市场效应"。新创企业在选址时，总是试图寻找产品运输成本最小化的区位，而市场潜力恰是评判最优区位的重要因素之一。以往研究发现市场潜力是企业区位选择的重要影响因素，认为市场需求影响各区域的企业区位选择与产业结构，而企业通常倾向于布局在市场潜力大的地区，主要目的是享受本地市场带来的经济效益，从而进一步减少产品成本。综上所述，研究初步认为区域市场维度下的集聚经济和市场潜力能正向影响新创企业成立，而劳动力要素影响作用存在不确定性。

三 地方竞争与企业区位选择

地方竞争对经济活动的区位选择影响难以量化，因此将地方竞争分为市场环境竞争和地方政府竞争两种类型，市场环境竞争更多涉及国有企业占比，而地方政府竞争更多考虑政府政策。首先，20世纪90年代以来，中国向市场化经济转型的过程中，地方政府政策往往会偏向于国有企业，使国有企业和有政治联系的民营企业更容易获得国有银行贷款和土地支持等优惠的条件，而对于其他大量民营企业，地方政府往往会设立或提高企业进入门槛，阻碍市场自由竞争，造成了区域资源配置错乱和市场环境不公平竞争。而国有企业占比直接影响着市场环境公平竞争，使新创企业在与之竞争土地、资本、劳动力等区位要素过程中处于不利地位，影响新创企业的成立。其次，改革开放以来，中国经历了计划经济向市场经济的转型，在经济转型过程中政府的作用对中国的经济空间格局产生深远的影响，经济权力从中央下放到地方，从政府下放到企业，权力下放赋予了地方政府更大的自治权，迫使地方政府为了发展经济，出台更多优惠政策以吸引企业进入。政府政策对经济活动区位的影响分析主要围绕保护市场的财政联邦主义和官员晋升锦标赛理论，Weingast 也认为地方保护主义在初期能够有效地推进地方企业发展和经济增长，而官员晋升锦标赛理论受财政分权和政治集权的影响，认为经济增长是官员晋升的重要考核指标，激励着地方官员在晋升博弈中推动地方经济增长，具有强烈的唯经济发展主义倾向。从世界各经济体和国家政府政策上来看，政府都相信使用税收减免、直接补贴等优惠政策，能够吸引新创企业进入，并促进地区经济发展。综上所述，研究初步认为地方竞争维度下的政府政策能正向影响新创企业成立，而国企比重则会负向影响新创企业成立。

总的来说，改革开放特别是 20 世纪 90 年代以来，在全球化、市场化、分权化的影响下，中国制造业经历了深刻的经济地理格局重构。全球化增强了地区吸引外资的优势，并推动了出口贸易水平上升；市场化减少了要素流动限制，推动各种资源向优势地区聚集；分权化引发了地方保护与区域竞争，上述因素不仅对已存企业产生了重要影响，并且对新创企业也产生了深刻影响。基于此，研究基于经济地理学关系转向和尺度转向，通过对不同层级的地理尺度和尺度间相互依赖性的分析，尝试建构"全球环境—区域市场—地方竞争"三位一体的分析框架，从微观视角讨论新创企业的空间分异与区位选择机制（见图 3-1）。

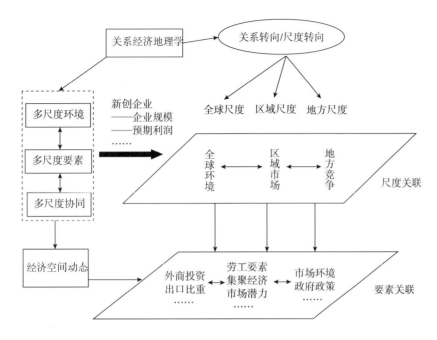

图 3-1　多尺度视角下新创企业区位选择分析框架

第三节　数据来源及研究方法

一　数据来源

研究数据主要来源于"中国工业企业数据库"和《中国城市统计年鉴》。根据中国产业分类标准《国民经济行业分类》（GB/T4754—2002），汽车制造业的三位数代码是 372，主要包括汽车整车制造（3721）、改装汽车制造（3722）、电车制造（3723）、汽车车身及挂车制造（3724）、汽车零部件及配件制造（3725）及汽车修理（3726）6个四位数行业。研究时段为 1998—2012 年，一方面兼顾到数据科学性和可获得性，另一方面考虑到 1998—2012 年是中国汽车制造业发展的关键阶段，其中 2001 年中国加入世界贸易组织，2005 年以来中国汽车的生产和销售数量在世界上排名第 1 位，2008—2009 年国际金融危机等重大事件对汽车产业发展产生了重要影响，也深刻影响了汽车制造新创企业的空间格局及区位选择。

二 变量描述

基于国内外学者对新创企业概念的研究，更多关注的是每年新注册的企业数量，因为其更能反映产业区位格局的最新变化以及企业的成长变化趋势，因此根据"中国工业企业数据库（1998—2012）"中提供的企业开业年份信息，识别出本地区本年度新创企业。具体来讲，因变量为第 i 区和第 t 年新创企业的密度（$NewFirm_{i,t}$），即地级市内汽车制造新创企业数量占全国汽车制造新创企业数量的比值。自变量分为 3 个维度，包括 7 个影响因子，分别是全球环境维度的出口比重与外商直接投资额，区域市场维度的劳动力因素、集聚经济与市场潜力，地方竞争维度的国企比重与比较优势；控制变量则选择企业规模和预期利润。变量名称与预期符号见表 3-1，描述性统计见表 3-2。

表 3-1　　　　　　　　变量名称与预期符号

考察维度	变量名称		预期符号
全球环境	出口比重	（$ExportShare_{i,t-1}$）	+
	外商直接投资额	（$FDI_{i,t-1}$）	+
区域市场	劳动力因素	（$LCost_{i,t-1} \times LQuality_{i,t-1}$）	不确定
	集聚经济	（$Marshall_{i,t-1}$）	+
	市场潜力	（$Perincome_{i,t-1}$）	+
地方竞争	国企比重	（$StateFirmShare_{i,t-1}$）	−
	比较优势	（$Comadvantage_{i,t-1}$）	+
控制变量	企业规模	（$SmallFirmShare_{i,t-1}$）	+
	预期利润	（$ProfitRate_{i,t-1}$）	+

表 3-2　　　　　　　　自变量描述性统计

变量名称	单位	最大值	最小值	平均值	标准差
出口比重	%	99.77	0	4.45	10.88
外商直接投资	万元	9008262.11	0	239416.45	660568.61
劳动力因素	千元/人	157904.68	0	2933.63	7533.49
集聚经济	人/m²	72.91	0	0.92	2.94
市场潜力	元	42944	1176	11137	6205.69

续表

变量名称	单位	最大值	最小值	平均值	标准差
国企比重	%	100	0	15.95	28.31
比较优势	—	1	0	0.22	0.41
企业规模	—	100	0	76.33	42.49
预期利润	%	80.21	−619.23	0.19	0.24

"全球环境"层面选取出口比重（$ExportShare_{i,t-1}$）和外商直接投资额（$FDI_{i,t-1}$）进行衡量。出口比重作为企业参与全球化程度的重要指标，计算方法为城市 i 在 t-1 年的汽车制造业企业出口交货值占城市汽车制造业总产值的比重，若符号为正，则表明企业出口程度较高。外商直接投资额的计算方法为城市 i 在 t-1 年的外商直接投资额，外商直接投资额越高，其对外开放水平越高，投资环境越好，越能吸引新创企业进入，预期符号为正。

"区域市场"层面选取劳动力因素（$LCost_{i,t-1} \times LQuality_{i,t-1}$）、集聚经济（$Marshall_{i,t-1}$）和市场潜力（$Perincome_{i,t-1}$）进行衡量。劳动力因素包括劳动力成本与劳动力质量，劳动力成本（$LCost_{i,t-1}$）计算方法为城市 i 在 t-1 年汽车制造业企业职工的工资和福利总额与城市 i 汽车制造业企业从业人员总数的比重；劳动生产率（$LQuality_{i,t-1}$）用于获取劳动质量，计算方法为城市 i 在 t-1 年汽车制造业总产值与城市 i 汽车制造业企业从业人员总数的比重；相对来说，高成本劳动力质量较高，低成本劳动力质量较低，因此可使用 $LCost_{i,t-1} \times LQuality_{i,t-1}$ 来综合衡量劳动力条件。集聚经济（$Marshall_{i,t-1}$）计算方法为城市 i 在 t-1 年汽车制造业企业从业人员数比上城市 i 总面积，预期符号为正，一定程度上集聚效应越强，越能吸引新创企业进入。市场潜力（$Perincome_{i,t-1}$）的计算方法为城市 i 在 t-1 年的家庭人均可支配收入，预期符号为正，市场潜力越大，越能吸引新创企业进入。

"地方竞争"层面选取国企比重（$StateFirmShare_{i,t-1}$）和比较优势（$Comadvantage_{i,t-1}$）来衡量。当城市某行业内国有企业数量过多时，会使其他企业获得的优势资源变少，不利于新创企业成立，预期符号为负，计算方法是城市 i 在 t-1 年汽车制造业国有企业与汽车制造业企业总数的比值。政府政策作为影响企业区位选择的重要外部因素，可以通过政府补贴、优惠政策吸引企业进入，预期符号为正，由于政府政策无法直接测量，将采用区位熵替代，计算方法为城市 i 在 t-1 年从业人员中汽车制造业产业所占份额与整个国家从业人员中电子信息制造业产业所占份额的比值，将比值大于等于 1 的赋值为 1，小于 1 的赋值为 0。

除此之外，新创企业区位选择还与企业自身属性紧密相关，因此选取预期利润（ProfitRate$_{i,t-1}$）和企业规模（SmallFirmShare$_{i,t-1}$）作为研究变量，但本书重点考虑的是新创企业区位选择的地理空间要素，因此将其作为控制变量进行考虑。预期利润的计算方法为城市 i 在 t-1 年汽车制造业企业利润比上工业总产值，当企业所获得的预期利润越高越有利于吸引新创企业进入，预期符号为正。企业规模计算方法为城市 i 在 t-1 年汽车制造业规模大的企业占电子信息制造业企业数量的比重，比重大于等于 1 的赋值为 1，比重小于 1 的赋值为 0。企业规模大小的定义为从业人数在 50 人以下的企业为小规模企业，反之为大规模企业。

三　模型设定

第一，由于各解释变量的含义和计量单位不同，而且量级相差悬殊，直接进行评价相对困难，因此使用标准化方法进行无量纲化处理来解决参数间不可比的问题。第二，并不是每个城市在每年都有汽车制造新创企业成立，因此因变量新创企业比值是一个典型的左栅格数据。当因变量存在左栅格或右栅格时，可能会违反普通最小二乘法（OLS）回归的线性和正态假设，并可能导致 OLS 系数估计有偏倚，故采用随机效应面板 Tobit 模型。随机效应面板 Tobit 模型既可以处理因变量的新创企业成立率问题，同时也可以控制每个城市无法观察到的个体特征。公式如下：

$$Y = NewFirms_{i,t} = \begin{cases} NewFirms_{i,t}^{*}, & \text{若 } NewFirms_{i,t}^{*} > 0 \\ 0, & \text{若 } NewFirms_{i,t}^{*} \leq 0 \end{cases} \tag{3-1}$$

$$NewFirm_{i,t}^{*} = \beta_0 + \beta_1 ExportShare_{i,t-1} + \beta_2 FDI_{i,t-1} + \beta_3 LCost_{i,t-1} \times$$
$$LQuality_{i,t-1} + \beta_4 Marshall_{i,t-1} + \beta_5 Perincome_{i,t-1} +$$
$$\beta_6 StateFirmShare_{i,t-1} + \beta_7 ComparativeAdvantage_{i,t-1} +$$
$$\beta_8 SmallFirmShare_{i,t-1} + \beta_9 ProfitRate_{i,t-1} + \varepsilon_{i,t-1}$$

式中，β_i 为各要素系数值；$\varepsilon_{i,t-1}$ 表示随机扰动项，利用 Stata15 软

件来完成模型分析。

第四节　汽车制造新企业的空间分异特征

通过计算可知，1998—2012 年，中国汽车制造新创企业成立数量为 3508 个，其中东部地区成立 2074 个，中西部地区成立 1434 个。从图 3-2 中可以看出，新创企业成立经历了三个重要阶段：1998—2004年，新创企业数量较少，年均成立数量约为 128 个，增长率缓慢，其中东部地区新创企业数量为 520 个，所占比重为 58.03%；2005—2009年，新创企业数量呈现快速增长模式，年均新创企业成立数量达到 380个，增长率较高，其中东部地区新创企业数量为 1173 个，所占比重为61.61%；2010—2012 年，新创企业数量出现明显的下降态势，年均新创企业成立数量约为 230 个，其中东部地区新创企业数量为 381 个，所占比重为 53.81%，说明了新创企业区位选择空间主要集聚于东部地区，区域空间差异较为显著。然而仅通过数量分析并不能科学地表征新创企业的微观区位选择和格局特征，因此研究将以地级市为单位，对新创企业成立的空间差异及相关性进行分析。

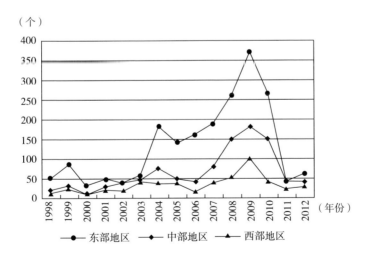

图 3-2　中国汽车制造新创企业变化趋势

新创企业呈现由东部向中西部的递减态势，表现为遍布于东部沿海城市，散落于中部城市，零星分布于西部城市。1998—2004年新创企业成立数量较多的东部地区城市主要包括上海、宁波、北京、台州等，其中上海新成立企业64个，中部地区城市主要包括武汉、长春、十堰、襄阳等，其中武汉新创企业23个，西部地区城市主要包括重庆、柳州、成都等，其中重庆新创企业39个，这一时期新创企业成立总体数量较少，在空间上呈现分散格局。2005—2009年新创企业数量较多的东部地区城市主要包括宁波、广州、上海、潍坊等，其中广州新成立企业96个，中部地区城市主要包括芜湖、长春、十堰、武汉等，其中芜湖新成立企业55个，西部地区城市主要包括重庆、柳州、南充、成都等，其中重庆新成立企业89个，这一时期新创企业数量和分布热点地区都有所增加，主要集中在长三角、珠三角、京津冀、武汉—十堰、重庆—成都与长春—沈阳传统的六大汽车产业集聚区。2010—2012年新创企业数量较多的东部地区城市主要包括宁波、台州、广州、沈阳等，其中宁波新成立企业38个，中部地区城市主要包括芜湖、长春、十堰、合肥等，其中芜湖新成立企业32个，西部地区城市主要包括重庆、柳州、成都、广安等，其中重庆新成立企业20个，这一时期新创企业空间分布出现收缩，西部地区新疆、青海、云南等地退出了汽车制造业，导致新创企业区位选择向东中部集中连片分布。总体来看，新创企业空间格局主要表现出以下三个特征：①新创企业空间区位差异明显，东部沿海城市往往成为新创企业的首选区位，中西部部分区位条件较好的城市也成为新创企业选择地。但随着时间发展，虽然新创企业成立依旧遍布于东部沿海城市，但是活跃地区已开始向中部地区转移，中部地区连片分布态势日趋明显。②新创企业区位选择具有一定的集聚特征，随着西部地区的新疆、青海、云南、内蒙古等多个省份的城市退出了汽车制造行业，中部地区新创企业区位选择热点地区增加，主要选择在东部沿海、长江中部与黄河中部地区集中分布。③新创企业区位选择具有典型"路径依赖"特征，中国已有的六大汽车产业集群（以上海、南京为核心的长三角地区，以广州、深圳为核心的珠三角地区，以北京、天津为核心的京津冀地区，以武汉、十堰为核心的长江中游地区，以成都、重庆为核心的成渝地区和以长春、沈阳为核心的东北地区）成为汽车新创企业的首选区位。

第五节　汽车制造新企业的区位选择机制

为剖析新创企业区位选择影响因素的异质性，探讨全球环境、区域市场与地方竞争三个维度对新创企业区位选择的影响，研究运用Stata15软件进行模型处理。首先，对1998—2012年汽车制造新创企业区位选择的时空综合机制进行分析；其次，重点考察1998—2004年、2005—2009年、2010—2012年三个时间阶段影响新创企业区位选择机制变化；最后，分别从东、中、西部地区不同区域分析新创企业区位选择机制的差异性特征。

一　新创企业区位选择时空综合机制

从新创企业区位选择时空综合机制来看，各因素存在明显差异（见表3-3）。1998—2012年，全球环境维度中外商直接投资系数为0.007，说明地区内外商投资（包括跨国公司和外资企业），由于技术外溢、规模效应等因素虽然在一定程度上可以促进新创企业成立，但影响并不显著。出口比重系数为0.75775，说明了地区参与全球化水平越高，越有利于新创企业成立，但影响也不显著。区域市场维度中，劳动力因素系数为0.06382，在5%水平下显著为正，说明汽车制造新创企业区位选择一定程度上受制于劳动力成本与质量的综合作用，虽然近些年中国汽车制造业为追求利润，被迫进行"逐底竞争"，但汽车制造业是具有一定技术含量的产业，需保证特定劳动力的技术能力，因此新创企业在区位选择时需尽量综合考虑地区劳动力成本与质量。集聚经济系数为0.11565，在5%水平下显著为正，说明新创企业倾向于在同行业地区进行建厂，主要原因是新创企业可以减少交易成本、享受技术外溢和规模经济效应，这也进一步验证了新创企业空间结构为何呈现典型"路径依赖"特征，集中分布在中国原有的六大汽车集群周边。市场潜力系数为0.15601，在1%水平下显著为正，说明消费市场潜力越大，越有利于促进新创企业成立和发展。地方竞争维度中，国有企业比重系数为-0.19106，在1%水平下显著为负，说明国有企业比重大的地区不利于新创企业成立，主要是由于在国有企业比例高的地区，地方政府在制定政策和分配资源时会有所偏向，市场经济环境较差，阻碍市场自由竞争和地区资源的合理分配，会显著降低新创企业成立的可能性。政府政策系数为 0.06595，在 1% 水平下显著为正，说明政府政策的引导和支持有利于汽车制造业新创企业成立，进入政府支持产业名录，就会享受土地价格优惠、贴息贷款、入驻产业园区和现金奖励等多种政策，有助于降低新创企业的成本和风险。

表 3-3　　　　　新创企业区位选择时空特征影响因素回归结果

变量	模型 1			
	全球环境	区域市场	地方竞争	全部要素
出口比重	0.10424 ** （0.017）	—	—	0.75775 （0.165）
外商直接投资	0.28230 *** （0.000）	—	—	0.00676 （0.903）
劳动力因素	—	0.13286 *** （0.000）	—	0.06382 ** （0.048）
集聚经济	—	0.28523 *** （0.000）	—	0.11565 ** （0.081）
市场潜力	—	0.35165 *** （0.000）	—	0.15601 *** （0.001）
国有企业比重	—	—	-0.20766 *** （0.000）	-0.19106 *** （0.000）
政府政策	—	—	0.10741 *** （0.000）	0.06595 *** （0.000）
企业规模	—	—	—	0.31348 *** （0.000）
预期利润	—	—	—	0.01527 * （0.074）
Cons	-0.21405 *** （0.000）	-0.29897 *** （0.000）	-0.18904 *** （0.000）	-0.46987 *** （0.000）
全部观察值数	4545	4545	4545	4545
城市数量	303	303	303	303

注：*、**、***分别代表在 10%、5% 和 1% 统计水平下显著。

二 新创企业区位选择时间特征差异

从新创企业区位选择时间特征差异来看，各因素在不同阶段对新创企业区位选择影响存在显著差异（见表3-4）。在全球环境维度中，出口比重在三个时间阶段的影响均不显著，主要是由于中国汽车品牌整体上在国际竞争能力较弱，出口能力不强，且新创企业主要集中在汽车零部件制造等附加值较低的行业，因此影响并不显著。外商直接投资在三个时间阶段的影响也不显著，主要由于中国汽车制造业多为地方政府重点扶持的产业，虽然外商投资可以带来诸如技术外溢、规模经济等效应，但由于受到客观存在的经济、技术"势差"等和外资企业"俱乐部"特征的影响并未对新创企业区位选择产生显著影响。在区域市场维度中，劳动力因素系数从-0.03974变为0.00366，在不同阶段的影响作用存在差异。1998—2004年，劳动力因素在10%水平下显著为负，系数为-0.03974，主要原因是由于中国汽车制造业在主动嵌入全球汽车生产网络的初始阶段，为减少企业成立成本和追求利润，大多企业倾向于选择劳动力成本较低的区域；2005—2009年，劳动力因素在5%水平下显著为正，系数为0.09744，说明此阶段新创企业区位选择逐渐从关注劳动力成本转变为关注劳动力质量，通过劳动力生产率提高推进企业快速发展；2010—2012年，劳动力因素系数为0.00366，但影响不显著，主要是由于汽车制造业发展到特定阶段，新创企业逐渐兼顾劳动力成本与质量，但在压低劳动力价格时又须确保劳动力质量是一个复杂过程，最优区位选择就变得非常艰难。集聚经济因素在三个阶段影响均显著为正，系数从0.12916降低为0.04761，显著水平不断下降，说明集聚经济对汽车新创企业区位选择影响正逐渐减弱，主要原因在于集聚并不总是能产生正外部性，过度集聚可能会产生拥挤效应和竞争效应而导致集聚不经济，同时相关多样性不仅可以节约运输成本，更重要的是可以学习、交流与合作，在一定程度上削弱了集聚经济的影响作用。市场潜力因素在1998—2004年、2005—2009年两个阶段影响显著为正，2010—2012年影响并不显著，主要由于前两个阶段地区内的市场消费水平影响着汽车的生产与消费，市场潜力大的地区有利于汽车新创企业的发展与生存，2010—2012年人们生活水平提高对汽车制造业新创企业区位选择影响作用下降。在地方竞争维度中，国有企业比重系数从

表3-4　新创企业区位选择时间特征影响因素回归结果

变量	模型2 1998—2004年 全球环境	区域市场	地方竞争	全部要素	模型3 2005—2009年 全球环境	区域市场	地方竞争	全部要素	模型4 2010—2012年 全球环境	区域市场	地方竞争	全部要素
出口比重	0.15082* (0.063)	—	—	0.08837 (0.246)	0.03817 (0.527)	—	—	0.09230 (0.111)	0.05715 (0.370)	—	—	0.05658** (0.011)
外商直接投资	0.35423*** (0.000)	—	—	0.08225 (0.350)	0.35597*** (0.000)	—	—	-0.06512 (0.454)	0.23791*** (0.000)	—	—	0.07814 (0.322)
劳动力因素	—	0.12958* (0.075)	—	-0.03974* (0.061)	—	0.13294*** (0.001)	—	0.09744** (0.011)	—	0.06683 (0.221)	—	0.00366 (0.948)
集聚经济	—	0.53264*** (0.000)	—	0.12916** (0.022)	—	0.12988* (0.067)	—	0.233346** (0.034)	—	0.8788 (0.372)	—	0.04761* (0.064)
市场潜力	—	0.22609** (0.038)	—	0.13148* (0.092)	—	0.39410*** (0.000)	—	0.33095*** (0.000)	—	0.19523*** (0.002)	—	0.9406 (0.186)
国有企业比重	—	—	-0.15910*** (0.000)	-0.20852*** (0.000)	—	—	-0.27533*** (0.000)	-0.29571*** (0.000)	—	—	-0.03016*** (0.000)	-0.12239** (0.031)

续表

变量	模型2				模型3				模型4			
	1998—2004年				2005—2009年				2010—2012年			
	全球环境	区域市场	地方竞争	全部要素	全球环境	区域市场	地方竞争	全部要素	全球环境	区域市场	地方竞争	全部要素
政府政策	—	—	0.18698*** (0.000)	0.09750*** (0.000)	—	—	0.10919*** (0.000)	0.06764*** (0.000)	—	—	0.10721*** (0.000)	0.05978*** (0.005)
企业规模	—	—	—	0.4183*** (0.000)	—	—	—	0.25498*** (0.000)	—	—	—	0.28898*** (0.000)
预期利润	—	—	—	0.6602*** (0.002)	—	—	—	0.06238** (0.011)	—	—	—	0.02285* (0.100)
Cons	-0.32099*** (0.000)	-0.36649*** (0.000)	-0.28339*** (0.000)	-1.212*** (0.000)	-0.13153*** (0.000)	-0.22787*** (0.000)	-0.12137*** (0.000)	-0.44691*** (0.000)	-0.15636*** (0.000)	-0.20973*** (0.000)	-0.16164*** (0.000)	-0.41989*** (0.000)
全部观察值数	2121	2121	2121	2121	1515	1515	1515	1515	909	909	909	909
城市数量	303	303	303	303	303	303	303	303	303	303	303	303

注：*、**、***分别代表在10%、5%和1%统计水平下显著。

-0.20852 变为-0.12239，虽影响作用逐渐下降，但影响显著，说明国有企业对汽车制造业新创企业区位选择的阻力持续存在。而政府政策因素在三个时间阶段里均在 1% 水平下显著为正，主要原因与前文论述基本一致。

三 新创企业区位选择空间特征差异

从新创企业区位选择空间特征差异来看，各因素在不同区域对新创企业区位选择影响同样存在显著差异（见表 3-5）。在全球环境维度中，东部地区的出口因素对新创企业区位选择具有显著正效应，系数为 0.04611，其主要原因是在东部地区出口比例高的外向型城市数量较多，新成立企业常常可以依托当地的进出口公司出口，从而减少企业成立之初在外贸上的交易成本，因此有利于新创企业成立；而中西部地区出口比例高的外向型城市数量较少，主要原因是中西部地区汽车产品市场主要以国内市场为主，对外开放程度相对较低，在一定程度上出口比重并不会对新创企业区位选择产生显著影响。在区域市场维度中，劳动力因素对新创企业区位选择影响不同，东部地区劳动力因素影响不显著，主要原因在于东部地区劳动力数量和劳动力质量都相对较好，新创企业区位选择在兼顾劳动力成本与质量之间的平衡时较难，因此导致上述现象存在；而在中西部地区劳动力因素显著为正，系数分别为 0.05447 与 0.30923，主要原因在于新创企业在中西部建厂更多的是关注区域内的劳动力数量，而对区域劳动力质量关注程度往往不够，因此呈现显著正影响。市场潜力对新创企业区位选择影响也存在异质性，东部地区市场潜力影响系数为 0.01802，但影响不显著，主要由于东部地区经济发展水平较高，各地区人均消费水平较高，对汽车相关产品的销售影响较小，而中西部地区市场潜力因素显著为正，系数分别为 0.33941 与 0.59674，主要由于中西部地区经济发展水平低，城市之间经济水平差异较大，新创企业更倾向于经济发展水平高的城市，人均消费水平越高，市场潜力越大，越有利于汽车新创企业成立。虽然部分因素对影响新创企业区位空间特征差异存在异质性，但仍有若干因素保持一致性，如外商直接投资、集聚经济、政府政策和国有企业比重对不同区域新创企业区位选择影响大体相同。在全球环境维度中，外商直接投资在各区域系数虽为正，但影响并不显著，说明外商直接投资并未促进新创企业

表3-5 新创企业区位选择空间特征影响因素回归结果

变量	模型5 东部地区				模型6 中部地区				模型7 西部地区			
	全球环境	区域市场	地方竞争	全部要素	全球环境	区域市场	地方竞争	全部要素	全球环境	区域市场	地方竞争	全部要素
出口比重	0.02000 (0.493)	—	—	0.04611** (0.030)	0.18902* (0.051)	—	—	0.02987 (0.740)	-0.36446 (0.628)	—	—	0.57665 (0.219)
外商直接投资	0.05349* (0.100)	—	—	0.01541 (0.675)	1.52712*** (0.000)	—	—	0.19427 (0.476)	0.40193 (0.424)	—	—	0.08393 (0.837)
劳动力因素	—	0.02254 (0.426)	—	0.00239 (0.953)	—	0.12731** (0.030)	—	0.05447** (0.050)	—	0.52090*** (0.003)	—	0.30923* (0.067)
集聚经济	—	0.07311* (0.100)	—	0.03254** (0.049)	—	0.53193*** (0.000)	—	0.26461* (0.057)	—	1070422*** (0.007)	—	0.97833* (0.071)
市场潜力	—	0.07625** (0.018)	—	0.01802 (0.662)	—	0.69917*** (0.000)	—	0.33941*** (0.005)	—	0.88137*** (0.000)	—	0.59674** (0.017)
国有企业比重	—	—	-0.13241*** (0.000)	-0.11614*** (0.000)	—	—	-0.28296*** (0.000)	-0.21878*** (0.000)	—	—	-0.19998** (0.039)	-0.28619*** (0.003)

续表

变量	模型5 东部地区				模型6 中部地区				模型7 西部地区			
	全球环境	区域市场	地方竞争	全部要素	全球环境	区域市场	地方竞争	全部要素	全球环境	区域市场	地方竞争	全部要素
政府政策	—	—	0.3745*** (0.003)	0.01749* (0.065)	—	—	0.13910*** (0.000)	0.09951*** (0.000)	—	—	0.24747*** (0.001)	0.15120** (0.018)
企业规模	—	—	—	0.19469*** (0.000)	—	—	—	0.34649*** (0.000)	—	—	—	0.53475*** (0.000)
预期利润	—	—	—	0.05119*** (0.010)	—	—	—	0.01579 (0.686)	—	—	—	0.12795* (0.099)
Cons	-0.04935*** (0.000)	-0.07982*** (0.000)	-0.04025*** (0.000)	-0.16703*** (0.000)	-0.23863*** (0.000)	-0.35730*** (0.000)	-0.19763*** (0.000)	-0.57290*** (0.000)	-0.50550*** (0.000)	-0.90955*** (0.000)	-0.72215*** (0.000)	-1.50441*** (0.000)
全部观察值数	1515	1515	1515	1515	1605	1605	1605	1605	1425	1425	1425	1425
城市数量	101	101	101	101	107	107	107	107	95	95	95	95

注：*、**、***分别代表在10%、5%和1%统计水平下显著。

68

成立。地方集聚因素在各区域系数为正且影响显著，说明集聚经济有利于汽车制造业新创企业成立。在地方竞争维度上，政府政策因素在各区域系数为正且影响显著，系数分别为 0.01749、0.09951 和 0.15120，国有企业比重因素系数为负且影响显著，系数分别为-0.11614、-0.21878 和-0.28619，主要原因与前文论述基本一致。

基于不同时空尺度重点论述中国汽车制造新创企业空间选择机制的差异性，研究发现全球环境、区域市场、地方竞争等相关因素发挥着不同作用，这具有非常重要的现实意义和实践价值，为未来政府制定产业政策和进行产业规划提供了有力支撑。除此之外，研究还关注到了控制变量的作用，发现无论是基于空间尺度和时间尺度，还是基于时空综合尺度，企业规模对新创企业成立均存在显著正影响，说明新创企业仍以中小型企业为主，而大型企业成立不仅受制于上述三个维度的影响，更重要的是还将受制于国家政府的掌控，是一个极其复杂的过程，这将在以后研究中进行重点考虑。企业预期利润对新创企业成立也存在显著正影响，说明企业作为重要的经济体，利润仍是其考虑的最重要因素。同时研究也进行了稳健性检验，发现模型结果稳健，限于篇幅，暂未报告稳健性检验结果。

第六节 小结

研究基于"中国工业企业数据库（1998—2012）"和《中国城市统计年鉴》（1998—2012），以汽车制造新创企业为例，描述并解释了其空间分异特征和区位选择差异。首先，基于演化经济地理学相关思想，从尺度关联和相互依赖出发，提出"全球环境、区域市场和地方竞争"三位一体的多尺度研究框架。其次，采用生态法计算新企业成立率，描述其空间分异特征，发现其活跃地区由东部沿海地区转向中西部地区。在此基础上，通过城市层面的面板 Tobit 模型，考察新创企业成立空间差异的影响因素。结果表明：

（1）1998—2004 年，汽车制造新创企业在东部地区集中连片分布，零星分散在中西部地区；2005—2009 年，中西部地区拥有新创企业的城市数量虽有所增多，但东部地区占全国比重仍保持在 60% 以上；

2010—2012 年，新创企业呈现向中西部地区大规模扩散趋势，西部地区尤其是成渝地区逐渐成为热点区域。总的来说，1998—2012 年，中国汽车制造新创企业活跃地区由东部沿海地区向中西部地区特别是西部地区转移。

（2）从新创企业区位选择时空综合机制来看，全球环境影响不显著，而区域市场和地方竞争均存在显著影响，其中劳动力、集聚经济、市场潜力与政府政策能促使新创企业成立，而国有企业比重显著则会阻碍新创企业成立；从时间特征差异来看，全球环境依然表现不显著，区域市场中的劳动力因素影响作用变化说明新创企业区位选择正逐渐从关注劳动力成本转向关注劳动力质量，集聚经济和市场潜力在多样化和城市化经济的冲击下作用减弱，而地方竞争始终保持对新创企业的显著影响；从空间特征差异来看，全球环境的出口因素在东部地区影响显著，但在中西部地区表现不明显，区域市场中劳动力因素和市场潜力因素在东部地区影响不显著，而在中西部地区劳动力因素显著为正，除此之外，外商直接投资、集聚经济、政府政策和国有企业比重对不同区域新创企业区位选择影响大体相同。

（3）全球环境对中国汽车制造新创企业作用并不显著，说明中国汽车制造企业在没有强大自主品牌的劣势条件下，权力高度不对等使产品交易、技术学习、社会交流等过程显得异常艰难。区域市场对新创企业影响存在显著差异，因此需深刻剖析不同空间、不同阶段的主导因素以促进其合理发展。地方环境影响作用大体保持一致，说明国有企业仍是阻碍地区资源合理分配的主要因素，然而政府政策在一定程度上会弥补市场缺陷，改善市场环境和引导相关产业发展。

第四章

基于汽车产业供应链体系的中国城市网络特征

第一节 问题提出

经济地理学强调城市"区位"是自然与社会综合体，本质上要求城市与其他参照系统共存，因此在科学辨识城市区位状态时，要充分考虑与其他参照系统直接或间接的链接关系及其所组成的网络拓扑结构。然而城市间关系更多地取决于城市"代理人"（city agent），城市"代理人"之间的交易、供应、知识、信息等"流"要素所衍生的拓扑网络关系成为 Friedman"世界城市"假说和 Castells"流空间"理论的重要论点之一。现实中，基于"代理人"的城市网络特征主要包括结构特征与权力等级，然而由于城市节点的根植性及链接特征使"结构特征与权力等级存在错配性"，因此对网络结构特征和权力等级的关系研究不仅契合现实境况，也亟须深化。

以高级生产者服务（APS）和跨国公司（TNCs）作为"代理人"是近年来国内外研究城市网络的主要媒介之一，但其过于强调企业空间组织的垂直关系，不足以全面揭示城市网络的结构特征和权力等级。因此，相继出现了基于物流网络、信息网络、航空网络、高铁网络、知识网络、贸易网络、货运网络、非政府组织等视角研究城市网络的结构特征、演化趋势以及驱动机制。虽然相关成果表明城市网络特征可以通过度中心值、平均最短路径、度关联指数、聚类系数等指标进行表征，但仍无法真实反映节点的网络地位与权力等级，即网络拓扑结构赋予城市节点属性能力的高低差异易于被忽视。带着对上述问题的思考，研究进一步对网络结构与权力等级的关系进行考虑。2011 年，Neal 基于递归思想提出递归中心性（Recursive Centrality，RC）和递归控制力（Recursive Power，RP）方法，后将其更名为转变中心性（Alter-based Centrality，AC）与转变控制力（Alter-based Power，AP）。作为对城市网络中心性再认识与权力测度再深化的新方法，其更加考虑网络链接特征。近年来该方法引起了国外学者的广泛关注，同时中国学者也进行了相关的实证研究，并进一步从网络拓扑结构角度讨论了其对于中国城市网络研究的实用性。2018 年，Derudder 和 Taylor 在对上述研究方法进行系统总结的基础上，提出虽然城市网络分析在时间序列和功能效用层面进行了深入研究，但仍可以被理解为城市间关系的"特殊实践"，因此提出了"连锁网络模型"，倡导利用多重分析方法研究网络平行性和差异性以评估经济现象的地理空间非均衡规律，这与递推理论存在内在关联性，共同成为本书的方法基础。

选取汽车产业供应链体系分析中国城市网络特征，主要基于以下原因：首先，随着中国积极与全球市场接轨，中国汽车制造业已逐渐从空间疏散状态发展到以长三角地区、珠三角地区、京津冀地区、长江中游地区、成渝地区和东北地区为核心的集聚区，相关学者虽然对中国汽车制造业时空格局集聚及演变规律做了丰富研究，但对于"产业—区位"互动影响和测度分析并不深入。其次，20 世纪 90 年代以来，在后福特主义（Post-Fordism）影响下，越来越多的整车企业和零部件厂商趋于独立，开放式采购已成为中国汽车供应链体系的典型特征。原材料供应商、零部件供应商、整车配套厂商、汽配流通商等不同等级的企业往往布局于不同城市并以供应链的方式映射出城市网络，这种网络不仅存在垂直结构特征，也适于讨论水平结构特征。需要说明的是，汽车产业供应链体系仅是城市"代理人"之间的一种特殊情境，并不能将其研究结论进行无限复制和推广并代替和否定其他要素流的相关结论。实际上，基于城市"代理人"之间各类要素流的城市网络更多是互补，而非对立。

第二节 研究方法

一 数据来源

利用"中国汽车工业企事业单位信息大全"和"中国汽车供应商网"筛选出 2012 年汽车产业供应网络关系。不同零部件企业与不同整车企业存在复杂的供应关系，如作为零部件及配件重要供应商的伟世通汽车饰件系统有限公司业务领域主要包括汽车内部饰件、外部饰件、电子电器和雷达安全等，主要为上汽大众有限公司、上海通用汽车有限公司、东风神龙汽车有限公司、东风日产汽车有限公司、长安福特汽车有限公司、北京现代汽车有限公司、奇瑞汽车有限公司等整车企业配套（见表 4-1）。同时由于汽车产品供应链存在较为严格的等级体系，如一级供应商可直接为整车企业供货，而二级供应商更多为一级供应商提供产品，以此类推（见表 4-2）。上述原因共同决定了汽车企业之间势必存在复杂的供应关系，而基于汽车产业供应链体系的中国城市网络也将存在复杂的结构特征和权力等级。

表 4-1　　　　　　　2012 年中国部分汽车工业企事业单位信息

产品系统分类	企业名称	企业驻地	配套对象
发动机零部件	广西玉柴机器股份有限公司	玉林	东风商用、东风柳汽、江淮股份、郑州宇通等
车身零部件	延锋伟世通汽车饰件有限公司	上海	上海大众、东风日产、长安福特、北京现代等
底盘零部件	富奥汽车零部件股份有限公司	长春	一汽大众、上海通用、东风神龙、奇瑞汽车等
通用件产品	江苏盛昌隆联合科技有限公司	徐州	厦门金龙、北京北汽、重庆长安、南京南汽等
电子电器产品	风帆股份有限公司	保定	上海大众、上海通用、一汽大众、北京现代等
汽车用品	安徽通宇电子股份有限公司	合肥	江淮汽车、一汽集团、东风汽车、华晨汽车等

资料来源：根据《中国汽车工业企事业单位信息大全》整理。

表 4-2　　　　　　　中国典型汽车核心企业不同等级供应商信息

核心企业	一级供应商	二级供应商	三级供应商
广州本田汽车有限公司	肇庆本田金属有限公司 本田汽车零部件制造有限公司	无锡福兰德科技有限公司 湖北法雷奥车灯有限公司 广州三叶电机有限公司	信阳银光机械有限公司 扬州瑞鹤零部件有限公司 温州新光机车部件有限公司 常州新科汽车电子有限公司
东风日产汽车有限公司	联合汽车电子有限公司 东风日产乘用车发动机工厂	安徽正鼎控股股份有限公司 株洲齿轮有限责任公司 一汽光洋转向装置有限公司	仪征双环活塞环有限公司 宁波南方减震器制造有限公司 河南斯凯特汽车路管有限公司 威海万丰奥威汽轮有限公司
奇瑞汽车有限公司	东风发动机减震器有限公司 信义玻璃控股有限公司	深圳市宝凌电子有限公司 河北凌云工业集团有限公司 芜湖莫森泰克汽车有限公司	深圳市宝凌电子股份有限公司 南宁八菱科技股份有限公司 哈尔滨齐塑汽车饰件有限公司 江苏中联地毯有限公司

资料来源：根据《中国汽车企业供应商网》http：//www.chinaautosupplier.com/index.html整理。

二　研究方法

（一）网络结构特征

利用 Ucinet 软件，采用社会网络分析法，从等级性、耦合性、通达性、集聚性四个层面讨论网络结构特征，涉及指标主要包括节点度、度关联值、平均最短路径、聚类系数等。

（二）网络权力等级

1. 转变中心性

转变中心性不仅取决于节点自身的联系，还取决于它所链接的其他节点的中心地位。测度公式为：

$$RC_o = \sum_{a=1} r_{oa} \times C_a \qquad (4-1)$$

式中，RC_o 为地区 o 的转变中心性；C_a 为地区 a 的直接链接地区数（度中心性）；r_{oa} 为地区 o 与地区 a 的链接量。

2. 转变控制力

转变控制力充分考虑了间接链接地区的数量对网络权力的影响。测度公式为：

$$RP_o = \sum_{a=1} \frac{r_{oa}}{C_a} \tag{4-2}$$

式中，RP_o 为地区 o 的控制力，r_{oa} 为地区 o 与地区 a 的链接量；C_a 为地区 a 的直接链接地区数。用 C_a 的倒数加权得到地区 o 对地区 a 的网络控制力。

第三节 城市网络结构特征

一 城市网络总体特征

通过对"中国工业企业数据库"中汽车制造业数据的整理，2012 年，汽车制造企业数量为 9501 个（其中汽车整车制造 347 个，汽车零部件及配件制造 9154 个），重庆、上海、宁波、十堰、台州、苏州、天津、芜湖、长春等企业数量位居前列。基于空间自相关分析，发现西南地区、北部沿海及东部沿海的部分城市如成都—重庆、北京—天津、上海—苏州—宁波等的整车企业和零部件企业空间耦合度较好，系数范围主要集中于 0.6—0.8，而长江中游、南部沿海及东北地区的部分城市耦合度较差，系数范围主要集中在 0.3—0.5。汽车产业空间集聚格局仅依靠企业数量的斑块结构并不能得到有效体现，因此将进一步采用规模以上汽车企业的从业人员数量进行分析。2012 年，汽车企业从业人员数量较多的城市主要集中分布于北部沿海的北京、天津、济南，西南地区的重庆、成都，长江中游的十堰、武汉，东部沿海的南京、上海以及东北地区的长春和哈尔滨，基于从业人员数量计算产业集中度和 EG 指数，发现汽车企业的产业集中度和地理集中度都相对较低，分别是 0.4075 和 0.0217，空间分布疏散化态势显著。但值得注意的是，整车制造的从业人员数量空间分布相对均衡，而零部件制造的从业人员数量空间疏散态势显著，主要是由于西北地区的新疆和青海、西南地区的云南等省份的多个城市退出了汽车零部件制造行业，使从业人员空间不均衡现象愈加明显。通过空间自相关分析，发现西南地区、北部沿海、东部沿海及东北地区的部分城市如北京—天津、成都—重庆、长春—哈尔滨、上海—宁波等空间耦合度较好，系数范围主要集中于 0.7 左右，而长江中游、南部沿海的部分城市耦合度较差，系数范围主要集中于 0.4

左右。

虽然通过汽车产业的相关属性数据对中国主要城市格局状况进行了分析，但仍无法反映其内部结构特征。因此，在对"中国汽车工业企事业单位信息大全"和"中国汽车供应商网"中 2012 年相关数据整理的基础上，将整车企业与零部件及配件企业归并到以市域单元为基点的城市序列，选取企业供应关系排名前 25% 的城市节点，建构中国典型城市网络拓扑结构，网络整体表现出"低密度—多核心、高聚类—少趋同"的典型特征。基于汽车产业供应链体系的中国城市网络共有链接较多，但绝大多数强度都较低，其中强度 1—15 的链条共有 4200 余条，占 94.36%，强度高于 15 的链条仅占 5.64%。按照城市间供应链接强度为基准，网络可划分为四个等级：首先，上海—重庆、上海—北京、重庆—十堰等强度均在 50 以上，形成了一级链接，建立了东部沿海（长三角地区）、北部沿海（京津地区）、长江中游地区（十堰—武汉—合肥—南昌）和西南地区（重庆—成都）之间的网络构架。其次，广州—重庆、重庆—武汉、成都—重庆、上海—苏州、上海—宁波等强度均在 20 以上，形成了二级链接，此链接更多的是区域内部网络关系的完善，其中尤以长三角地区表现得更为明显。再次，南京—上海、芜湖—合肥、上海—无锡、天津—长春、长春—大连等强度均在 10 以上，形成了三级链接，进一步优化和完善了区域内外城市间的供应网络。最后，其余城市间的强度均低于 10，构成四级链接。四层链接有效整合了中国原有的六大汽车产业集聚区，但需要注意的是，珠三角地区在网络中的整体链接强度并不高，主要与日系整车和零部件供应商在该区域已基本形成了较为完善的生产体系有关。

二　城市网络特征分解

（一）等级性

网络中节点度最大值为 755，最小值为 13，平均值为 185.75，对网络节点度分布进行曲线拟合，斜率 $|a|$ 为 0.618，说明网络层级性较为显著（见表 4-3）。其中，$C_{上海}$、$C_{重庆}$、$C_{十堰}$、$C_{天津}$、$C_{北京}$、$C_{广州}$、$C_{长春}$、$C_{宁波}$、$C_{苏州}$、$C_{成都}$ 分别是 40、39、38、40、41、39、35、37、39、30，$\sum r_{上海,j}$、$\sum r_{重庆,j}$、$\sum r_{十堰,j}$、$\sum r_{天津,j}$、$\sum r_{北京,j}$、$\sum r_{广州,j}$、

$\sum r_{长春,j}$、$\sum r_{宁波,j}$、$\sum r_{苏州,j}$、$\sum r_{成都,j}$ 分别是 755、720、541、459、447、436、399、371、341、326，十大核心城市分别对应了当前中国的六大汽车产业集聚区，同时长三角地区的南京、杭州、温州、台州和长江中游的芜湖、武汉、合肥、襄阳等城市逐渐崛起形成了第二核心等级，汽车产业集聚区发展不均衡现象相对显著。对于单核心网络，其核心城市地位越突出，非核心城市的路径依赖越强，如果核心城市由于功能障碍或外部袭击而瘫痪，网络脆弱性也将加剧，其中珠三角地区表现得最为明显。广州作为该区域绝对核心节点，整体控制了其他城市如泉州、佛山、福州等的零部件供应，近些年随着汽车产业的转型和升级，珠三角地区面临形势愈加严峻，竞争力逐渐下降。对于多核心网络，核心节点组群在应对障碍和袭击时，会有效地保持结构平衡，形成集聚组团，保证节点联系通畅，其中长三角地区表现得最为显著，上海、宁波、苏州作为区域核心城市，协同应对网络风险，共同获得权力收益。

表 4-3　　　　　　　　　　　典型城市的网络节点度

城市	节点度	城市	节点度	城市	节点度	城市	节点度
上海	755	芜湖	289	常州	102	福州	45
重庆	720	南京	283	青岛	85	沧州	38
十堰	541	武汉	268	泰州	76	丽水	38
天津	459	温州	241	廊坊	75	泉州	37
北京	447	柳州	238	长沙	68	日照	33
广州	436	襄阳	189	扬州	60	随州	32
长春	399	沈阳	188	绍兴	59	聊城	32
宁波	371	合肥	161	保定	59	佛山	31
苏州	341	无锡	149	荆州	54	盐城	29
成都	326	镇江	110	潍坊	54	四平	29
杭州	320	济南	104	烟台	53	德州	22
台州	303	大连	103	嘉兴	51	新乡	13

（二）耦合性

网络中节点链接并不均等，若度值大的节点相互联系，则该网络具有耦合性（度关联指数为正数）；反之，网络具有拮抗性（度关联指数为负数）。通过度关联指数模拟，结果为 0.395，符合同配耦合特征，并具有扁平化趋势。同时，研究进一步发现，网络链接总数为 4458 条，而网络密度仅为 0.32，意味着实际供应链接量仅占理论链接量的 32%，说明城市网络链接疏松，主要原因是汽车供需关系属于典型的"核心—外围"结构，核心企业以整车组装为主，外围企业多以零部件及配件制造为主，同时伴随着模块化生产、弹性生产、柔性生产、大规模定制等生产模式的出现，产品专门化程度得到较大提升，但企业间缺乏必要联系。因此，网络联系扁平化趋势在削弱高层级性带来的路径依赖和区域锁定等潜在危机时，却也强化了核心组群节点与边缘节点间的链接效率。西南地区、北部沿海及东部沿海的部分城市如成都—重庆、北京—天津、上海—苏州—宁波等的企业数量和从业人员空间耦合度都相对较好，而长江中游地区、南部沿海地区及东北地区的耦合度较差，不仅说明汽车产业空间结构的疏密情况，也在一定程度上反映出核心城市内部企业的链接状态。

（三）通达性

网络平均最短路径长度最小值为 0.21，最大值为 6.35，平均值为 3.63，说明网络通达性并不是很好，少部分企业节点的"流"要素传递需要中转 3—4 个节点才能到达网络核心，整体网络平均最短路径较长说明了网络的传输效率和通达性较弱，网络节点在面对功能障碍或外部袭击时，响应速度和结构改变会较为滞后（见表 4-4）。由于汽车产品供应链存在较为严格的等级供应体系，映射到城市空间网络上，部分外围节点需要经过多个城市才能与核心城市产生联系，但主要表现在不同区域之间。值得注意的是，导致网络通达性不畅的主要原因集中在部分外围城市如日照、廊坊、德州、随州、四平等，虽然数量少，但平均最短路径较长，一定程度上削弱了整体网络的通达性。而重庆、上海、十堰、苏州等核心城市的平均最短路径仍然较小，表明上述核心城市能够以较低成本和较快速度实现汽车产品的供应和交易，同时也能促进资金、信息、技术、市场需求等"流"要素的传播蔓延。

表 4-4 典型城市网络节点的平均最短路径

城市	最短路径	城市	最短路径	城市	最短路径	城市	最短路径
济南	6.35	四平	4.55	无锡	3.96	柳州	2.50
泰州	6.32	成都	4.48	佛山	3.96	广州	2.29
保定	6.25	福州	4.48	青岛	3.85	襄阳	2.08
日照	5.97	泉州	4.34	新乡	3.54	长春	1.88
廊坊	5.73	扬州	4.27	沈阳	3.44	芜湖	1.67
南京	5.63	荆州	4.27	镇江	3.33	天津	1.46
大连	5.63	盐城	4.27	杭州	3.33	苏州	1.25
长沙	5.52	常州	4.27	北京	3.13	台州	1.04
德州	5.24	丽水	4.17	武汉	2.92	十堰	0.83
随州	4.90	合肥	4.17	潍坊	2.81	宁波	0.63
嘉兴	4.90	沧州	4.06	烟台	2.81	上海	0.42
绍兴	4.58	聊城	3.96	温州	2.71	重庆	0.21

（四）集聚性

网络聚类系数最大值为 6.244，最小值为 2.016，平均值为 3.526（见表 4-5），表明网络中大部分节点城市与其他城市间均存在联系，几乎没有孤立点，网络聚集效应明显。基于核心城市进行局部聚类系数模拟，发现核心城市之间网络链接较为密切，如上海—重庆、上海—北京、重庆—十堰等链接强度均在 50 以上，广州—重庆、重庆—武汉、成都—重庆、上海—苏州、上海—宁波、北京—天津等链接强度均在 30 以上，而非核心城市间缺乏链接互动，网络效应还未凸显。同时进一步对六大汽车集聚区内的城市网络聚类系数进行模拟，发现成渝地区和珠三角地区的聚类系数最高，东北地区和京津冀地区次之，长三角地区和长江中游地区最低，主要原因是由于成渝地区和珠三角地区内部的供应网络相对封闭，而长三角地区和长江中游地区的供应网络相对开放。从网络结构功能来看，整体聚集程度高有利于小集团成员间形成信任氛围，而非核心城市联系稀疏却有利于外界信息的渗入。需要说明的是，成员之间联系紧密，往往会造成"信任"惯性，并不利于网络效用外溢。

表4-5 典型城市网络节点的聚类系数

城市	聚类系数	城市	聚类系数	城市	聚类系数	城市	聚类系数
重庆	3.258	温州	3.406	青岛	3.033	廊坊	3.875
上海	2.435	武汉	2.987	扬州	5.357	荆州	6.244
宁波	2.906	北京	2.597	南京	2.647	嘉兴	4.335
十堰	2.922	杭州	2.686	聊城	2.365	泰州	4.420
台州	3.395	沈阳	3.660	福州	5.644	随州	3.885
苏州	2.960	烟台	2.978	佛山	5.522	四平	2.478
天津	2.535	镇江	4.623	绍兴	3.412	保定	3.037
芜湖	3.511	无锡	2.990	盐城	4.679	德州	2.264
长春	2.777	合肥	4.208	丽水	4.418	长沙	4.251
襄阳	3.908	潍坊	2.588	大连	3.733	济南	3.357
广州	3.056	成都	4.349	沧州	3.636	新乡	2.016
柳州	4.292	常州	4.477	泉州	2.286	日照	2.827

第四节 城市网络权力等级

基于转变中心性和转变控制力的测度，网络整体存在"高中心性—高权力"的领导核心城市、"高中心性—低权力"的中心集约城市、"低中心性—高权力"的权力门户城市和"低中心性—低权力"的裙带边缘城市四种类型（见表4-6）。城市网络的结构特征与权力等级关系存在显著"悖论"，在网络结构特征中，上海、重庆、十堰、天津、北京、广州、长春、宁波、苏州、成都十个城市作为核心而存在，但基于转变中心性和转变控制力测度，发现广州和宁波属于中心集约城市，而苏州和成都属于权力门户城市，进一步说明转变中心性与转变控制力不仅能更加有效地揭示中国城市网络节点的权力属性，也更符合经济现象的地理空间非均衡规律。基于汽车产业供应链体系的城市网络虽然存在从"高中心性—高权力"领导核心城市到"低中心性—低权力"裙带边缘城市分布的一维分布规律，但同时也存在部分关系非匹配的"高中心性—低权力"中心集约城市和"低中心性—高权力"权力门户城市，这也表明城市节点的网络地位不仅取决于链接城市的数量，还需考虑网络关联特征的空间属性和资本容量。

表 4-6　　基于"转变中心性—转变控制力"的城市类型划分

城市类型	中心—权力特征	城市名称
领导核心城市	高中心性—高权力	重庆、上海、天津、长春、北京、十堰
中心集约城市	高中心性—低权力	宁波、广州、芜湖、杭州、无锡、襄阳、柳州、台州、沈阳、镇江、大连、廊坊、长沙、青岛、烟台
权力门户城市	低中心性—高权力	苏州、武汉、成都、南京、温州、常州、合肥、福州、泰州、济南、日照、四平、泉州、绍兴、潍坊
裙带边缘城市	低中心性—低权力	新乡、德州、沧州、随州、嘉兴、荆州、保定、丽水、盐城、佛山、聊城、扬州

一　领导核心城市

重庆、上海、十堰、天津、北京、长春的转变中心性和控制力都较高，可归为领导核心城市，其中尤以重庆和上海最为典型。从位序上看，$RC_{重庆}$ 为 28353、$RP_{重庆}$ 为 18.64，分别排在第 2 位、第 1 位，$RC_{上海}$ 为 30200、$RP_{上海}$ 为 18.88，分别排在第 1 位、第 2 位，位序差异较小。转变中心性高说明该城市能有效链接到其他更多节点，不仅有利于整合整车企业和零部件供应商的合作信息，也能够利用自身的市场地位推动网络整体发展。转变控制力高则进一步表明核心城市与裙带边缘城市存在较高的链接效率，能有效带动其发展，进而促进网络优化。以上海为例（见图 4-1），与其建立高效链接的城市除了长三角地区的南京、杭州、苏州外，还包括了京津地区的北京、天津，长江中游地区的芜湖，西南地区的重庆、成都，珠三角地区的广州等（网络中链接度大于 20 的有 15 个节点），上述城市不仅是各自区域的核心城市，更与上海市共同形成了中国汽车产业供应链体系网络的基本架构，而且与未建立高效链接的城市如聊城、随州、沧州等也通过间接链接获得了控制其进入网络的特殊权力。然而领导核心城市并未完全锁定中国六大汽车产业集聚区，其中珠三角地区并不存在全国意义上的核心城市，主要原因是日系汽车在该区域内部已基本形成了相对完善的供应网络，因此与外部城市供应链接较为疏散，使之并未获得相称的网络地位和网络权力。

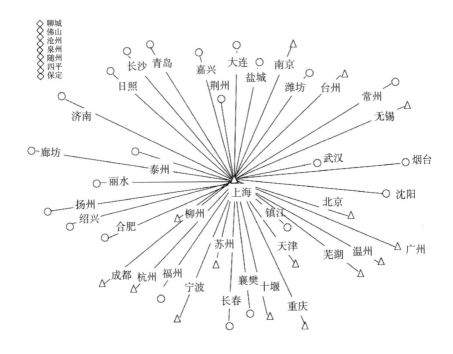

图 4-1　上海与其他城市直接链接情况（三角形节点表示链接度大于 20，
圆形节点表示链接度小于 20，菱形表示孤立点）

二　中心集约城市

以广州、宁波、芜湖、杭州为代表的城市转变中心性较高，但控制力较小，可将其归为中心集约城市。从位序上看，$RC_{广州}$、$RP_{广州}$ 分别排在第 6 位、第 11 位，$RC_{宁波}$、$RP_{宁波}$ 分别排在第 8 位、第 12 位，转变中心性位序明显高于控制力位序。以广州为例（见图 4-2），除了与重庆、上海、北京、天津、十堰、长春等领导核心城市建立高效链接之外，还与柳州、泉州、佛山建立了链接强度大于 20 的网络架构。广州作为珠三角乃至南部沿海地区的主要核心城市，与其他领导城市的链接不仅保证了其转变中心性的稳定性，与区域内部城市如泉州、佛山、福州的链接则更进一步强化了其转变中心性，保证了区域内部汽车产品高效率的交易和集散。对于控制力而言，由于以丰田、本田、日产为代表的日系汽车在该区域内部形成了相对完善的供应网络，与区域外部城市供应链接相对疏散，因而缺乏控制区域外部城市的能力。其他中心集约城市如宁波和杭州基本上服务于长三角地区，芜湖则供应于长江中游地区，上述城市在各自地理空间中均发挥了重要作用，转变中心性较高，但从全国尺度来看，控制力则相对较弱。

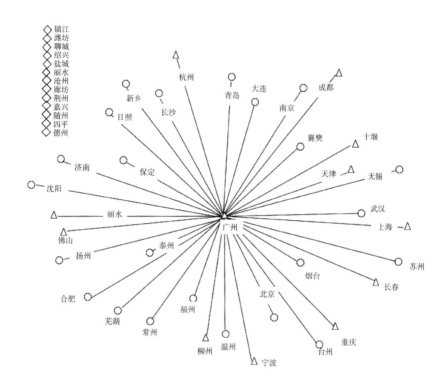

图4-2 广州与其他城市直接链接情况（三角形节点表示链接度大于20，圆形节点表示链接度小于20，菱形表示孤立点）

三 权力门户城市

以苏州、成都、武汉、南京为代表的城市转变中心性较小，但控制力却较高，可将其归为权力门户城市。从位序上看，$RC_{宁波}$、$RP_{宁波}$分别排在第10位、第5位，$RC_{成都}$、$RP_{成都}$分别排在第11位、第6位，控制力位序高于转变中心性位序。以苏州为例，虽然与宁波、上海、南京等长三角内部城市建立了紧密的供应链接，但其转变中心性同样受到上述城市的影响，并未呈现高位序。以苏州为例，中国汽车零部件（苏州）产业基地不仅与区域外部城市如长江中游地区的武汉和芜湖、东北地区的长春、西南地区的重庆、南部沿海的广州、柳州等存在紧密联系，同时也链接了新乡、德州、聊城等较多的低中心性城市，虽然拥有了低中心性城市更多的"守门人"特权，但并未获得资源集聚、扩散中心的相应地位（见图4-3）。对于其他权力门户城市而言，如长江中游地区武汉、十堰、芜湖的"多核"结构、西南地区的重庆、成都"双核"结构，都在一定程度上影响了次核心城市的转变中心性位序，即上述城市虽然拥有更多的守门权力，但并没有获得资源集聚、信息流转、技术交流的绝对核心地位。Neal（2013）曾提出"权力门户城市的空间组织也许没有那么多模式"，然而本书研究发现，虽然在后福特主义影响下，汽车产业存在弹性专精、大规模定制、模块化生产等方式，但空间距离和其他社会资本的影响依然重要，很难将权力门户城市与其他类型城市融合，因此需要将其作为一种单独的"中心性—控制力"组合类型进行分析。

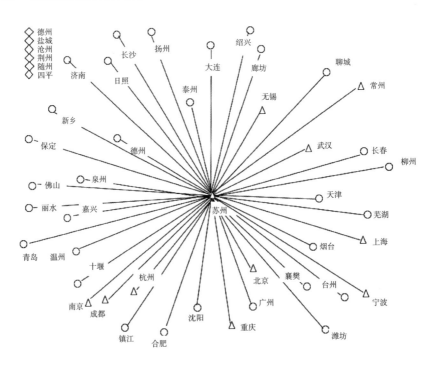

图4-3　苏州与其他城市直接链接度关联情况（三角形节点表示链接度大于20，
圆形节点表示链接度小于20，菱形表示孤立点）

四 裙带边缘城市

以新乡、德州、沧州、随州为代表的城市转变中心性和控制力都较小，可将其归为裙带外围城市。从位序上看，RC新乡、RP新乡分别排在第 48 位、第 46 位，RC德州、RP德州分别排在第 47 位、第 48 位，RC沧州、RP沧州分别排在第 41 位、第 43 位，RC随州、RP随州分别排在第 43 位、第 39 位，位序相对靠后，在汽车供应链接网络中，大体属于被动供应型。

第五节 小结

城市网络是一个复杂多重的系统，研究基于中国汽车产业供应链体系这一特殊情景构建了城市网络拓扑结构，利用社会网络方法评价了城市网络结构特征，同时引入转变中心性和转变控制力定量评估了城市节点的网络权力等级，发现：

（1）基于汽车产业供应链体系的中国城市网络表现出典型的"低密度—多核心、高聚类—少趋同"特征，虽然共有链接较多，但绝大多数强度都较低。网络链接可以分为四个等级：上海—重庆、上海—北京、北京—天津、重庆—十堰等城市建立起了长三角地区、京津冀地区、长江中游地区和西南地区的汽车供应网络一级链接；广州—重庆、重庆—武汉、成都—重庆、上海—苏州等城市形成了二级链接；芜湖—合肥、上海—无锡、天津—长春、长春—大连等城市形成了三级链接；其余城市构成了四级链接。四层链接有效整合了中国六大汽车产业集聚区。

（2）城市网络结构特征与权力等级存在显著"悖论"，即城市节点的网络地位不仅取决于链接城市的数量，还需考虑关联网络的空间属性和资本容量。基于网络结构特征，上海、重庆、十堰、天津、北京、广州、长春、宁波、苏州、成都十个城市属于核心城市，然而通过转变中心性和转变控制力测度，发现广州和宁波属于中心集约城市，苏州和成都则属于权力门户城市，进一步说明转变中心性与转变控制力不仅能有效地揭示中国城市网络节点的权力属性，也更符合经济现象的地理空间非均衡规律。

（3）重庆、上海、天津、长春、北京、十堰等领导核心城市并未完全锁定中国六大汽车产业集聚区，其中长三角地区的网络权力最突出，而以广州为核心的珠三角地区，虽然其转变中心性较强，但由于日系汽车在该区域内部形成了相对完善的供应网络，因而与外部城市供应链接较为疏散，使之并未获得相称的网络权力。

第五章

芜湖汽车转移企业发展
历程及优势

20 世纪 90 年代初，芜湖作为安徽改革开放的重点和突破口，发展十分迅速，尤其是在制造业上，芜湖创出了奇瑞汽车、海螺水泥、海螺型材这样的拳头品牌。本章概述了芜湖汽车转移企业的发展阶段，芜湖承接汽车产业优势条件以及奇瑞供应模式特点和供应商空间格局。

第一节　汽车转移企业发展历程

奇瑞成立之初，零部件供应商并没有自身平台，主要是借用一汽的供应商平台，属于逆向开发。随着公司发展，奇瑞整车出来以后，一些外资品牌也开始对奇瑞施行技术控制，特别是一些已经和国内企业进行合资的外资企业，它要求不允许给国内其他汽车厂家供货，这对奇瑞是一种巨大的压力。面对上述种种压力，芜湖奇瑞科技有限公司成立，目标是开拓并建立自己的零部件供应体系。芜湖奇瑞科技有限公司是集汽车整车及零部件设计、研究、开发，汽车零部件生产加工、销售及售后服务于一体的投资管理公司。目前已初步形成涉及汽车底盘系统、电子电器系统、车身设计、饰件制造、动力排放系统等较为完善的汽车零部件研发生产体系，部分产品已达到国内领先水平，为芜湖成为国家级汽车零部件出口基地做出了卓越贡献，为中国汽车工业的发展提供了有力的支持（见表 5-1）。

表 5-1 奇瑞科技有限公司产品类型

	电子电器系统	车身饰件系统	底盘系统	动力系统	模具及整车开发
产品	汽车空调全系统、汽车组合仪表、GPS、车载电视、汽车灯具、汽车电线束、各类汽车电机、ABS/ESC系统等	汽车内外饰、运动机构、NVH及汽车安全系统,代表产品:汽车保险杠、座椅、摇窗机、门护板、安全带等	转向机(机械、助力)、减震器、制动器(盘式、鼓式)、真空助力器、制动管、动力转向管、底盘模块	全排气系统、排气歧管、涡轮增压器、VVT、CBR、发电机及启动机、塑料油箱	汽车焊装夹具、非标设备开发、汽车自动线及非标设备、汽车行业开发研制自动化设备等
行业地位	处于国内同行业领先地位	处于行业领先地位	国内唯一拥有自主设计、验证、制造整车制动器总成能力的企业	排气系统——国内同行业前三名	在同行业处于领先水平

　　奇瑞科技股份有限公司成立以后,开展了几种合作模式。一是中国汽车最传统的模式——"中外合资"模式,即典型的"以市场换技术"。这个阶段主要的合资企业有美国的 JS、TA、ATK、KB,德国的 DL、BS,加拿大的 MGN,法国的 FLA 等,还包括一些中国香港和中国台湾的公司。虽然在合资当初,奇瑞科技对外来企业提出了要在芜湖建立研发中心的要求,但却很少有把核心技术带过来的企业,他们最多在上海或者其他大城市建立研发中心,主要原因有以下几点:芜湖市场太小,不足以支撑研发中心设立;上海或者北京等国内其他城市已经有研发中心了,不可能再次做出调整;出于自身规划的要求,外资企业不愿意把他们的核心技术让中国企业掌握。虽然上述模式有很多不足,但是对政府是有好处的,提升了政府的形象效应,对今后招商引资有巨大作用,无形中提升了地方的品牌效应。二是"招商引智"模式。"招商引资不如招商引技术,招商引技术不如招商引人才",奇瑞科技从国外吸引已经掌握核心技术的人才或者团队回来,以技术换股份,承诺技术人才履行企业负责人角色,如 BTL、STR、TH 等。芜湖给予比国内其他城市更好的吸引政策,将美国、日本、德国、法国、加拿大甚至国内其他企业的一些优秀人才吸引到芜湖来,让他们从一个工程技术人员转变为工程技术和管理层相结合的企业家,把事业留在芜湖,把核心技术留在芜湖。这种模式和前面的合资模式不一样,在合资模式下成立的公司定位为装配公司,而这种模式下成立的公司定义为衍生公司,公司做强

做大之后，可以给长安、江淮等配套，缺少市场禁锢。三是"多元化"模式，是根据产品类型而定。对一些已经给奇瑞配套的企业，要解决就近配套的问题，由于运输成本很高，需要就近建立自己的供应商。还有就是发挥国有企业招商引资的职能，通过更为优惠的招商政策，吸引不同产品厂商来芜湖配套投资，如从湖北、上海等地方过来的企业，主要都是为了解决就近配套的问题。截至2014年，虽然出现了若干汽车转移企业"外撤"现象，但现仍有规模以上的汽车承接企业120家左右，而其中近半数以上主要分布在芜湖经济技术开发区。根据相关调研和访谈结果，将芜湖汽车承接企业发展历程划分为三个阶段，分别是技术引进阶段（1990—2005）、成本优化阶段（2006—2010）和多元考量阶段（2011年至今）。

一 技术引进阶段

在技术引进阶段，承接汽车企业主要是为了解决核心技术受制于人的问题，以保证供应链安全。1990—2005年，芜湖经济技术开发区共承接27家规模以上的汽车零部件企业，其中国外及中国港澳台企业有19家，占70.37%，国内企业有8家，占29.63%。国外及中国港澳台企业的产品主要涉及汽车电子电器系统如DLCS、DLDZ、BNE、HJ、FLA等企业，产品以汽车仪表、车灯照明、汽车空调为主，还涉及车身饰件系统如HH、ATK、TY、ZY、XY、MKR、MSTK、FZ等企业，产品以减震器、座椅、保险杠、车窗为主。电子电器公司以DLCS为例，DLCS是由德国大陆集团投资设立的，德国大陆集团于1871年在德国汉诺威成立。大陆汽车电子是大陆集团的一个项目，全球领先的汽车零部件供应商之一，凭借一流的核心竞争力、产品和服务在全球汽车零部件供应商中占有有利地位，其拥有绝对核心的汽车电子电器先进技术。在此阶段内，通过引进国内外众多具有重要影响力的企业，为奇瑞生产供应链的安全提供了充足的保障，也为奇瑞的进一步发展打下了坚实的基础（见表5-2）。

表5-2　　　　　　　　技术引进阶段承接企业目录

企业名称	成立时间	来源地	主要产品
HH	1993/8/7	中港合资	前后杠冲压件

续表

企业名称	成立时间	来源地	主要产品
DLCS	1995/8/1	德国	记录仪、供油系统
DLDZ	1995/8/1	德国	轿车仪表
SKF	1996/12/1	瑞典	轴承密封
GFSU	1998/3/28	安徽合肥	汽车零部件
QYYX	1999/10/25	江苏南通	汽车电线束
CYJD	2001/1/5	广东广州	汽车配件、模具
SD	2002/10/25	吉林长春	轿车用方向盘
QF	2002/12/17	浙江、湖北	汽车操控索
ATK	2002/12/25	美国	车身控制器
BNE	2003/4/1	韩国	汽车空调系统
TY	2003/8/14	原来是海外合作，现在归奇瑞	汽车减震器
TA	2003/8/26	美国	汽车零部件
ZY	2003/9/18	中外合资（新加坡）	精密塑胶零部件
ZS	2003/10/10	安徽铜陵	汽车零部件
MRL	2003/10/18	中外合资（德国、意大利）	选速器、车灯
XY	2003/11/25	中国港澳台与境内合资	特种玻璃
HJ	2003/12/1	中国香港	汽车仪表
WX	2003/12/26	浙江	机电产品
MKR	2004/8/1	加拿大、江苏、奇瑞科技	汽车保险杠
KB	2004/8/1	中外合资（美国）	密封件胶管类
YSDY	2004/8/18	中国台湾与奇瑞合资	仪表板
MSTK	2004/9/10	中外合资（加拿大）	汽车天窗、摇窗机
STR	2004/11/18	浙江	汽车转向系统
PT	2004/12/31	中外合资（美国）	汽车焊装夹具
FLA	2005/9/22	外国法人独资（法国）	灯具
FZ	2005/10/9	中外合资（澳大利亚）	座椅零部件

二　成本优化阶段

随着技术引进阶段的发展和完成，汽车零部件供应链条得到充分保障，奇瑞开始考虑成本优化问题，解决采购成本过高的问题。上一阶段主要引进的是国内外具有影响力的大企业，由于核心技术掌握在大企业手中，因此零部件的成本居高不下，这也是困扰奇瑞发展的一个重要问题。随着整车市场竞争的日趋激烈，价格战是经常被使用的手段之一，整车企业必然将价格的降低向零部件供应商转嫁。

奇瑞集团在2008年国际金融危机前后，提出了"全面成本"的概念，对供应商产业成本价格进行适当控制。汽车制造过程有其产业的特殊性，但由于"模块化"和"及时制"对零部件供应商的要求，核心领导企业对配套商的生产布局具有明显吸聚的特点，反映在地理空间上便是企业的空间集聚和生产的网络化。此阶段内，奇瑞除了进一步引进具有核心技术的国外企业之外，更多的是将重心转移到国内汽车零部件企业，使之在芜湖就近设厂，减少产品运输费用，控制运输成本，如浙江RF有限公司、江苏XQ有限公司、上海SW有限公司、河北LYGY有限公司、四川JA有限公司、浙江WX和HX有限公司等都是在这一阶段成立的。此阶段内奇瑞与国内外承接企业联合设立研发中心，如奇瑞汽研院、MKR研究中心、SNT研究所、DMS研究所等也都是于这一阶段成立的（见表5-3）。

表5-3　　　　　　　　　成本优化阶段承接企业名录

企业名称	成立时间	来源地	主要产品
JN	2006/2/22	江苏张家港、博纳尔	汽车电机
RF	2006/4/14	浙江	汽车零部
HL	2006/4/18	外商投资企业与内资合资	汽车转向系统
WE	2006/5/18	美国	汽车止震板
XQ	2006/6/6	江苏	汽车组合仪表
JSZK	2006/10/1	中外合资（美国）	汽车内饰和座椅
TH	2006/11/8	中国港澳台与境内合资	制动管路和空调
SW	2006/11/21	上海	汽车地毯及饰件
JSYH	2006/12/15	中国港澳台与境内合资	汽车座椅
SNT	2006/12/22	中外合资（美国）	驱动系统产品
LYGY	2007/7/1	河北保定	汽车零部件
PX	2008/3/19	中外合资（韩国）	耐高腐蚀性涂层板
DMS	2009/9/1	中外合资（日本）	汽车门铰链

企业名称	成立时间	来源地	主要产品
JA	2010/5/28	四川	汽车底盘系统
ARGD	2010/6/9	福建	汽车照明灯具
ZS	2010/7/13	湖北	汽车零部件
WJ	2010/8/6	浙江	汽车零部件
HX	2010/12/6	浙江	汽车零部件

三 多元考量阶段

经历过技术引进阶段和成本优化阶段后，奇瑞随之审视自身发展问题。奇瑞集团认识到本土汽车企业应选择适当的技术领域，加强与国外汽车企业的联合研发，促进核心研发能力的形成，保证企业可持续发展。在形成核心创新能力的基础上，还可以考虑在国外设立研发中心，利用国外的各种创新资源，积累进行全球研发的经验，为中国汽车企业开拓全球市场做准备。

此阶段内成立的奇瑞科技等关联零部件企业，已经逐步发展成为汽车四大生产系统的零部件战略布局的先期引导，未来也将是奇瑞零部件产业规划发展的重要平台。据奇瑞科技董事长 H 介绍："目前奇瑞科技下属的零部件企业共27家，其中全资4家，控股7家，参股16家，逐步形成了覆盖汽车底盘、电子电器、车身/安全、动力总成等部件系统和汽车装备设计与制造。通过近15年发展，形成年超过70多亿元销售规模的零部件集团，拥有两个国家级实验室、8个省级技术中心，专利总数超1000项，承担21个国家重点技术项目"。随着奇瑞的发展，这些零部件企业在开发能力、试验能力、制造能力、质量能力等方面都有较大的提升，部分零部件企业已成为奇瑞的核心供应商，也成为很多合资整车企业的优势供应商。奇瑞科技大部分零部件企业不但满足奇瑞内部供货需求，还不断开拓外部市场，立足高技术含量，高附加值，优质品牌为主流车型配套的产品布局和定位，先后与多家国内外大型知名主机厂合作。

伴随着企业发展，特别是2010年前后，奇瑞发展陷入困境，因此，奇瑞痛下决心进行转型，而所谓的"转型"就是引进了正向研发的方法，在组织架构以及产品理念等方面都随之做了调整，在原有基础上有的产品反攻，有的产品关闭。再加上此阶段内受全球汽车市场低迷影响，开发区承接的汽车零部件企业并不是很多，主要以国内企业为主，主要来自广东、江苏、浙江以及安徽其他城市（见表5-4）。

表5-4　　　　　　　　　　多元考量阶段承接企业名录

企业名称	成立时间	来源地及属性	主要产品
YC	2011/1/13	广东	汽车装饰材料
TL	2011/2/21	江苏常州	汽车零部件
ZD	2011/6/10	中外合资（日本）	密封件
BTL	2011/8/5	中外合资（德国）	汽车关键零部件
BL	2012/3/23	江苏南通	汽车塑料件
JF	2012/3	广西柳州	动力配件
BLR	2012/3	江苏	塑料五金模具
AK	2012/6	中外合资（美国）	减震器等
NSTLY	2012/9	中外合资	底盘系统产品
BS	2012/11/28	中外合资（美国、澳大利亚）	汽车仪表组及车载娱乐系统
CR	2013/2/6	安徽合肥	汽车零部件
FM	2013/6/3	安徽马鞍山	空气压缩机、汽车取力器等
RC	2013/12/1	中国台湾	电线束
YC	2014/5/5	浙江	精密模具

第二节　芜湖承接汽车产业优势分析

一　雄厚的汽车产业基础

芜湖之所以能够吸引大量汽车转移企业并实现汽车产业的复兴和发展，与其具有扎实的产业基础是分不开的。从洋务运动的恒升机器厂应运而生开始，到20世纪五六十年代七家汽车及装备相关企业注册成立，再到1997年奇瑞汽车股份有限公司成立，现芜湖已跻身国内汽车及零部件出口的基地之一，并以自身的迅猛发展引起了广泛的关注。2006年，芜湖成为国内首个汽车电子产业园，同时芜湖跻身国家八大汽车出口基地。2012 年，《芜湖市汽车及零部件产业发展研究报告》中指出，应将汽车及零部件产业作为首位产业，最终成为具有国际竞争力的产业。奇瑞公司按照汽车整车、零部件、汽车装备、汽车服务业四大路径，重点发展适应市场和满足消费者需求的轿车、新能源汽车、专用车和重型卡车四类产品，着力加强零部件产业的配套能力和产业链覆盖能力，加快提升芜湖作为中部汽车产业核心基地的战略地位，形成布局合理、结构优化、具有较强竞争力的汽车产业新格局。自 2000 年以来，芜湖市汽车产业规模不断壮大，产业创新能力突出，形成了以自主品牌、产业承接和创新发展为根本的汽车产业发展模式，汽车及零部件产业已形成涵盖乘用车、商用车、专用车以及配套零部件的全面的汽车制造体系。自 2011 年开始，奇瑞公司由于转型遇到种种困难，汽车总产量出现了下滑态势（见图 5-1）。

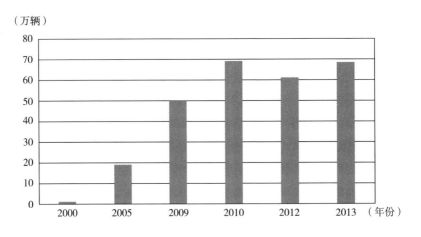

（万辆）

图 5-1　2000—2013 年芜湖汽车产量

二　浓厚的区域创业氛围

历史上芜湖的农业、手工业、商业颇为发达，步入 20 世纪后，芜湖成为安徽现代工业的发祥地，长江流域经济中心之一。根植于地域文化中的企业家精神和区域品牌也是地区经济发展过程中一股无形的力量，从年广久创建的"傻子瓜子"，再到"八大金刚"创奇瑞等轶事的流传，都离不开芜湖海纳百川、自强不息的气魄和芜湖人民勤奋朴实、百折不挠的精神。在调研访谈过程中，我们注意到多数企业负责人是外地人，但是他们对芜湖整体创业环境均保持积极态度。STR 负责人称："总体来说，芜湖创业环境是很好的，一是芜湖开放程度比较高，政府作用比较强；二是在奇瑞体系下，奇瑞本身就是一个金字招牌，本地化没有什么难度"，BNE 负责人称："芜湖政府是很积极向上的。如果非要改正，可以从安全、环保和基础设施建设等方面加以改善"，RH 负责人称："对政府的作为是认可的，有很高的评价。找管委会领导甚至不需要预约，对企业困难的解决有非常积极的态度，从招商引资转为招商选资，投资服务促进闭环管理"等。另外，从国家人社部信息中心数据分析专家、国家统计局芜湖调查队组织开展的"创业富民政策及环境氛围调查评估"活动，芜湖总体评价得分 77.4 分，处于良好靠前位次。

三　优越的区位地理条件

芜湖市交通体系发达，公路、铁路、水路协同发展。市域内建港及工业发展条件优良的一级岸线主要集中在繁昌荻港段、芜湖长江大桥开发区高安段、三山开发区段、无为二坝段和芜湖市区段。截至 2013 年末，芜湖市公路总里程为 9323.80 千米，公路密度为每百平方千米公路长度 151.90 千米，已初步建成承东启西、连南接北的高速公路网。芜湖铁路优势明显，芜宁、芜铜、皖赣、淮南、宣杭五条铁路在芜连接。目前，宁安城际铁路已通车，京福高速铁路、皖赣客运专线、合芜杭客运专线已列入铁道部建设规划。芜湖到南京禄口机场高速公路已经建设、到禄口机场仅 83 千米，合肥骆岗机场 120 十米。上述铁路和站场项目全部建成后，芜湖将成为铁路双十字节点城市，也是全国地级市中拥有最大铁路编组站的城市，从芜湖到南京、上海、武汉、北京，分别为半个小时、2 个小时、3 个小时和 4 个小时。总的来说，芜湖市内部可达性最优地区主要集中于市区及其周边地区，芜湖西部、南陵南部地区内部交通可达性较差；区域外部可达性最优地区与内部可达性格局基本相似，东北部地区明显优于其他地区。

四　特殊的历史因素推动

新经济地理学强调了特殊历史事件将会在产业区形成的过程中产生巨大的影响力，芜湖汽车产业发展在一定程度上具有历史偶然性。1995年芜湖相关领导在欧洲考察汽车工业期间，偶然得知英国福特的一条发动机生产线出售，但是由于当时国家政策对轿车项目的限制，芜湖只能秘密进行，项目启动时的内部代号为"951工程"（即国家"九五"时期安徽头号工程），公开则称为"安徽汽车零部件工业公司（筹备处）"。同年，芜湖代表团在参观一汽时偶然发现了一个老乡尹同耀，曾任一汽大众的车间主任，芜湖方面力邀尹回芜湖主持汽车项目。当尹同耀到达芜湖组建班子时，共有8个人，后来便以"八大金刚"之称列入奇瑞发展史册。1997年奇瑞汽车公司在芜湖经济开发区动工建设，1999年奇瑞的第一台整车落地，2000年四川捷顺有限公司成为奇瑞公司的第一家经销商，奇瑞轿车正式走向市场。之后，由于奇瑞造出来的轿车不合法没有登上国家轿车目录，被国家有关部门要求停产。后经过多方努力，在国家经贸委的协调下，奇瑞进行了加入上汽集团的谈判，这是一个具有"中国特色"完全不平等的谈判，谈判成功给奇瑞带来最大的好处就是给了这个新企业良好的市场形象，随后奇瑞一路迅猛发展，取得现在的成就。回顾发展历史，芜湖汽车项目由偶然性演变成为具有影响力的自主开发企业的最大动力来自"无知"（把做汽车的困难想简单了）和利益驱动，但无知者无畏，"什么都敢想，什么都敢干"的精神却已深入这个企业的组织基因，并且在继续发扬光大。

五　强力的各级政府支持

"敢为天下先"一直是芜湖人造汽车的精神写照，但是奇瑞集团汽车产业的发展也离不开芜湖市、安徽省及国家部委的强力支持，尤为典型的是芜湖市原市委书记詹夏来在奇瑞创始人尹同耀的到来乃至奇瑞公司的创立方面都功不可没（见表5-5）。

表5-5　　　　　　　　政府对奇瑞公司的政策支持

时间	政策措施
2001 年	安徽省、芜湖市政府出面协调，让芜湖 2000 多辆出租车全部更换为奇瑞车型
2003 年	安徽省财政无偿提供奇瑞汽车研发资金 5.6 亿元，分 8 年用完
2004 年	国家科技部向国家开发银行推荐了奇瑞的高科技研发项目，奇瑞获得 143 亿元贷款支持
2005 年	国家发改委将奇瑞汽车产业化和产业技术开发项目纳入专项支持，同时奇瑞也成为第一家进入政府采购名单的自主品牌企业

续表

时间	政策措施
2006 年	奇瑞汽车成为首批授牌的 44 家整车出口基地企业之一
2008 年	奇瑞公司与中国进出口银行签署"战略合作协议",获得 100 亿元贷款用于拓展国际市场
2009 年	奇瑞公司入选"中国经济百强榜共和国 60 年最具影响力品牌 60 强"
2010 年	公司东方之子燃料电池轿车入选工信部《新能源汽车推荐目录》,至此,公司累计 5 款新能源车型入选该目录
2012 年	国家发改委、工信部和财政部联合公布了第八批"节能产品惠民工程"节能汽车推广目录(以下简称目录)。此次奇瑞共有 10 款车型入选目录

第三节　奇瑞汽车供应链分析

汽车零部件产业投入周期长、资金门槛高、经营风险大,因此核心技术缺乏依然是自主品牌零部件企业的短板。据统计,中国汽车零部件产业产值 2013 年为 3 万亿元,但由于企业众多,平均每家企业产值才 1 亿元左右,表现出资金不足、生产规模小、规模效应弱的典型特点,另外在全球化采购、模块化供货等方面,自主品牌企业也明显落后于合资品牌。虽然中国自主品牌汽车企业有种种缺陷,但不可否认的是从 20 世纪 90 年代开始,经历了飞速的发展过程。经过分析,国内自主品牌汽车供应商模式主要表现为四种模式:奇瑞式的培育自主供应商模式、长城式的双线程并轨模式、吉利式的减法升级模式和比亚迪的垂直整合模式。奇瑞当前的发展模式,总体上处于领先地位,已达到培育自主供应商,逐步完成在研发和市场层面的价值链升级。奇瑞对零部件企业产品市场控制能力和关键技术控制能力均处于强势地位,在整个奇瑞产业集群的配套性分析中,可以发现集群原材料采购配套能力(原材料供应主要依靠主机厂家的配套)、技术调试配套能力(关键技术调试仍以母公司或上一级配套商为主)、集群内部供应链配套能力(物流配套服务设施较为完善)和外部配套能力(外部配套仍主要依靠奇瑞公司)也有显著的垄断特色。但需要注意的是,在发展过程中,也应该借鉴和学习国内其他自主品牌汽车企业的发展理念和模式,实现企业升级和核心竞争力的提升。

一 奇瑞汽车生产流程分析

汽车整车生产流程基本分为四个过程，即冲压、焊接、涂装、总装。冲压过程是利用厚度在 1.0—1.2 毫米不等汽车专用钢板的可拉延性，通过大吨位压力机带动冲压模具的动模将钢板拉伸到模具的定模表面，形成一定形状的钣金件的过程。通过切边工序后，将钢板分配到各个冲压机上压制成车身上的各种冲压车身零部件；焊接过程是利用工装夹具将各个零件拼接在一起，再利用点焊或二氧化碳保护焊以及激光焊等焊接方式将其牢牢焊接固定的过程；涂装过程是为了防止车身锈蚀，使车身具有不同特点的外表，首先进行脱脂和磷化，之后进入电泳池进行电泳，然后在某些特殊部位涂抹密封胶，再进行喷涂，烘干后再经过打磨抛光；总装过程是将车身、底盘、内饰等各个部分组装到一起，形成一个完整的车体，其中发动机和变速箱是作为一个动力总成来整体安装的。奇瑞汽车的生产流程也不外乎上述四个过程，在调研中，调研团队集中参观了奇瑞新款车型主要加工基地——奇瑞第 3 工厂、第 4 工厂和第 5 工厂，通过表格进行简单介绍。

表 5-6 　　　　　　　　　　　奇瑞汽车生产流程分析

流程	地点	设备要求	技术标准	主要部件
冲压	第 5 工厂的冲压车间	由数十台大型压力机和机器人手臂组成的自动化冲压生产线	全球顶级的行业水准	左右侧围、四门、前后盖以及顶盖等整车关键的零件
焊接	第 5 工厂焊装车间	点焊焊接和二氧化碳保护焊、三座扫描仪和白光扫描仪	国际领先水准	左右侧围总成、底板总成、前舱总成、顶盖总成等几个焊接总成
涂装	第 3 工厂的涂装车间	工艺设备均由德国杜尔公司承包，车身喷涂采用德国杜尔公司先进的机器人静电喷涂	国内领先水平	车身涂装
总装	第 3 工厂的总装车间	选自国际顶尖的供应商，如电动拧紧机供应商是瑞典阿特拉斯（全球顶尖的拧紧机设备供应商），电器检测设备来自德国 DSA（全球顶尖的电气检测公司）	国内领先水平	车体总装

二 奇瑞汽车供应商空间格局分析

截至 2015 年，奇瑞在国内拥有 10 个生产基地，分别是芜湖、大连、开封、贵阳、临海、哈尔滨、鄂尔多斯、宣城、巢湖、常熟，国内生产基地除了芜湖总厂以外（基本涵盖了奇瑞现有的所有车型），还包括江苏常熟（观致汽车基地）、贵州贵阳（新能源客车基地）、河南开封（开瑞微车和轻卡基地）、内蒙古鄂尔多斯（SUV 和皮卡基地）、辽宁大连（海外出口生产基地）、浙江临海（机械车具）、黑龙江哈尔滨（大型客车），其中大连、开封、贵阳、鄂尔多斯、常熟 5 个生产基地专供海外；奇瑞汽车销售 80 多个国家和地区，覆盖亚、欧、非、南美、北美五大洲，目前海外有 17 个生产基地，分别是越南、巴西、土耳其、意大利、埃及、委内瑞拉、俄罗斯、乌克兰、阿根廷、泰国、马来西亚、中国台湾地区、伊朗、乌拉圭、印度尼西亚、南非、巴基斯坦，主要服务于第三世界国家，其中在南美洲、东南亚以及中东地区的汽车出口总量占总出口量的 90% 以上。随着国家"一带一路"发展倡议的提出，奇瑞汽车的海外市场已覆盖"一带一路"规划的 60 多个国家中的 46 个，在这些市场其销量也占到奇瑞汽车海外销售量的 50% 以上。

当前奇瑞总部的功能主要集中于研发和总装上，同时也进行关键零部件的加工制造，如发动机、变速箱、车身大型件冲压等，而车身其他零部件则主要是由供应商完成。奇瑞汽车从技术引进阶段，到成本优化阶段，再到多元考量阶段，依托自身的发展需求引进了数量众多的外来汽车零部件企业，实现了生产链的延伸和价值链的提升。"奇瑞公司秉承互通、互敬、互助、互信、共同发展的原则，与供应商共存共赢、建立新型合作伙伴关系，不断提升奇瑞供应链的整体层次和采购管理水平，共同打造民族汽车工业，最终实现奇瑞和供应商在市场竞争中的双赢"是奇瑞公司供应链的共同愿景。奇瑞汽车生产链或供应商基本上包括一级整车零部件开发配套供应商、一级动力总成开发配套供应商、主要二级供应商、主要原材料供应商、主要模具供应商和备件供应商，经济技术开发区则集中了 70 余家规模以上的汽车零部件供应商。

从图 5-2 可以看出，奇瑞总部、奇瑞龙山分部和发动机一、二厂，变速箱一、二厂主要集中分布在凤鸣路以西、长江路以东、鞍山路以南和港湾路以北面积约 25 平方千米范围之中。奇瑞供应商秉行"运输距

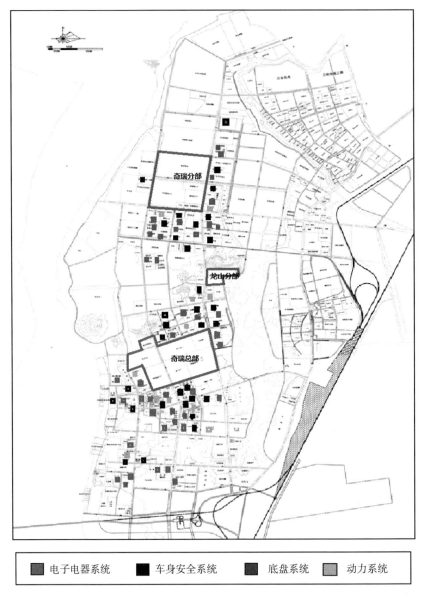

图5-2 经济开发区奇瑞汽车供应商企业空间

离小、产品成本低"的原则基本上布局于奇瑞总部及分部周边,运输距离都在1小时之内,既减少了运输成本,又能便捷地掌握产品信息。从空间结构来看,所有的供应商都集中分布于松花江路—凤鸣湖路以西、银湖北路—长江路以东的区域，呈南北狭长格局。从生产链产品系统来看，车身安全系统和电子电器系统的企业较多，格局也较为集中；其次为底盘系统，企业数量最少的应属动力系统。由于车身安全系统和电子电器系统相对属于产品类型较多的行业，以电子电器行业为例，主要包括了玻璃升降器、刮水器、继电器、喇叭、电线束、调节器、传感器、散热器、导航系统、汽车音响等产品，并且大多以多品种、小批量的生产格局为主，因此企业数量相对较多，区域集聚比较明显，形成了一定规模的产业集群，但是在开发区内除了个别世界 500 强企业之外，大多企业规模都不大，产业集中度也较低，专业化生产处于较低的水平，但与底盘和动力系统企业相比，车身系统和电子电器产品品种繁多是其典型的特点，可以满足消费者及企业总部的需求，市场空间巨大。底盘系统主要由传动系、行驶系、转向系和制动系构成，产品主要包括离合器、制动器等，产品技术和行业门槛进入要求较高，动力系统主要为汽车发动机制造服务，从上文中可知，奇瑞的发动机主要在奇瑞分部的发动机厂制造，其他动力系统供应商主要在总部的质量技术体系下生产进排气系统和发动机上的如催化器、消声器等一些零部件，因此，企业数量较少，但是大多属于技术创新型企业。

第六章

奇瑞汽车企业关系网络结构特征

第一节　问题提出

20 世纪 70 年代末期以来，国内外学术界围绕"产业集群"的争论，形成了侧重点不同的学术流派，其中以 Park 和 Markusen 为代表的第二级城市学派在遵循马歇尔"产业区"理论基础上，更加关注经济、就业、人口快速增长的新兴区域和类型多样化的"新产业区"（New Industrial District），其中尤以轮轴式产业集群最为典型。20 世纪 90 年代以后，随着全球经济格局调整和规则重构，"第四次产业转移浪潮"为中国产业集群升级提供了一扇"区位机会窗口"（Windows of Locational Opportunity），在此情景下涌现的轮轴式产业集群已成为当今中国最重要的集群类型和促进本土企业嵌入全球生产网络（GPNs）和全球价值链（GVC）实现"战略耦合"的重要载体。产业集群基于理论本质在于专业化集聚基础上的地方化结网，因此需要从专业化（Specialization）、地方化（Localization）、集聚（Agglomeration）与结网（Network）四个维度透视产业集群理论，值得注意的是近些年伴随着网络分析作为新研究范式的出现，"网络"作为产业集群的本质特征已经开始引起学者关注。轮轴式产业集群虽以核心企业为主导，但由于外围企业的依附"惯性"容易导致"路径锁定"，从已有经济实践看，由于外围节点地方嵌入不足而导致的"飞地经济"和"候鸟经济"、边缘企业对核心节点"技术权力"依附而导致"低端陷阱"和"贫困增长"等问题都深刻影响了轮轴式产业集群的可持续发展。

企业网络结构类型研究从初期关注内部权力划分过渡到关注内部要素划分，出现了创新网络、合作网络、学习网络、社会网络等类型，不仅丰富了网络类型的划分，更开拓了网络类型研究的新视角；对于企业网络规模而言，学者普遍认为网络规模越大，集群关系资源越丰富，将越有机会实现规模效应，规模较大的集群可以通过密集而无重叠的网络增加集群竞争力和创新绩效，但同时也应清楚地认识到网络规模越大，集群面临的风险越高；网络中心成员扮演着联结其他成员的角色，关键位置能给企业带来更多的寻租能力和增加企业价值，但是过高的中心性往往会导致路径锁定，使边缘企业陷入"技术陷阱"和"权力陷阱"，不利于持续发展。企业网络关系差异关注的焦点是对网络内部社会资源关系质量及强度的考察：关系质量具有典型多维结构特征，企业与供应商、与社会团体等机构的合作质量将深刻影响并能有效地减少交易成本和不确定性，但是网络成员对关系资本的过度强调也容易导致封闭性，增加企业集群出现关系锁定、结构锁定的风险；关系强度可以更加直观地理解网络成员在关系纽带上的差别，Granovetter 最早将关系强度定义为节点交流的关系频率、情感程度、熟识水平和互利模式四个维度，而Lin 将重点放在"关系频率"这一维度上，并倡导用"单一维度"更能有效衡量网络关系的强度，中国学者潘松挺则从企业特殊环境出发，从接触频率、投入要素、协作范畴、利益相关四个维度来测量网络关系，得到了后来研究者的普遍认可。总的来说，通过对企业网络结构维和关系维的系统分析，可以初步理解"网络"作为一个通道，将深刻影响集群信息流动和企业行为，为分析集群结构特征及形成机理奠定了良好的方法论基础。

选择安徽芜湖奇瑞汽车产业集群为研究案例，主要基于以下两方面考虑：一是奇瑞（Chery）是中国通过自主创新成长起来最具代表性的民族品牌汽车之一。依托奇瑞公司，芜湖经济技术开发区自20世纪90年代以来已承接了大量的国内外汽车零部件配套企业，如德国大陆集团、法国法雷奥集团、意大利菲亚特集团、美国江森集团、加拿大马格纳集团、韩国浦项制铁集团、中国香港信义集团、中国台湾万向集团等，实现了在全球生产网络中的"嵌入"，网络结构表现出典型的"全球—地方"关联型特征，被业界称为"奇瑞模式"，在中国具有重要影响力。二是西方经济学界也在同步开展汽车产业集群网络结构的研究，如东亚汽车产业、欧洲汽车产业等，有利于与国际案例之间进行比较分析。根据调研可知，截至 2015 年，奇瑞公司在国内拥有 10 个生产基地，在海外拥有 17 个生产基地，其中销往南美洲、东南亚以及中东地区的汽车出口总量占年总出口量的 90% 以上，但由于各生产基地的企业之间关系数据较难获取，并不能准确地分析企业整体网络结构特征及形成机理。基于此，研究将重点关注芜湖经济开发区内奇瑞汽车集群的企业网络，基于对案例集群跟踪研究，尝试回答两个问题：一是 2014 年奇瑞集群内部企业网络结构特征是什么？二是企业网络建构机理包括哪些，如何进行有效的理论阐释？研究旨在通过"地方典型经验"为提升中国轮轴式产业集群可持续发展能力和国际竞争力产生积极影响。

第二节　研究框架

近年来，经济地理学界对企业网络由"结构主义"视角向"后结构主义"视角的转向直接推动了网络研究从结构特征向建构机制的转变。研究认为新经济地理学开启了传统经济地理学在"关系转向""演化转向"的研究思潮，而关系、演化与新经济地理学的拓展则为集群关系网络建构提供了一种崭新的理论视角。首先，传统经济地理学重点关注"区域空间尺度"问题，相关学者提出了"地理尺度是一种关系建构"的理论视角，认为通过对相异地理尺度及尺度间的相互依赖性研究可以揭示全球化及地方化的互动发展过程和驱动机制。在轮轴式产业集群内部，企业的地理空间集聚（地理临近性）是一种"显性"空间尺度，在核心企业主导作用下，多元行动主体基于地理临近性建构关系网络实现专业化集聚和地方化嵌入，进而搭建"全球—地方"联系通道。其次，新经济地理学的"关系转向"重点关注地方与区域发展中的"关系资产"问题，相关学者也提出了"社会关系是一种尺度建构"等观点来解释企业网络杂合性和空间行动的多重轨迹，导致了经济地理学重新对企业行为的"再发现"和行动者主体对社会嵌入模式的"再认识"。在轮轴式产业集群内部，企业与企业关系归根结底是企业负责人与负责人之间的关系，特别是伴随着企业异质行动者的干扰与身份转变直接导致了网络建构的不确定性，而核心企业负责人的社会关系资产演变（关系异质性）则扮演更加重要的角色；最后，新经济地理学的"演化转向"依托演化生物学、复杂系统理论等，重点关注企业/组织层面、空间系统层面和制度层面的地理创新要素解释来分析经济景观演化。在轮轴式产业集群内部，外围企业往往会由于对核心企业依附而陷入"贫困增长"状态，从而导致"关系锁定"，但在一定条件下，企业可以通过集群知识存量增量与溢出（认知交互性）实现集群关系网络的重新构建。总之，虽然地理临近性为企业间展开"面对面"交流提供了基本条件，但由于产业链、价值链在全球化背景下突破了地理界线，因而关系异质性和认知互动性将扮演更重要的角色。因此，轮轴式产业集群内部企业从单个的区位嵌入的"点"通过彼此联系进而逐步发展为"线"的空间结构形态，最后发展为"网"的空间组织形态，是地理临近性、关系异质性和认知互动性三个维度综合作用的结果。其中，地理临近性是基础条件，关系异质性是关键介质，认知互动性是保障条件（见图6-1）。

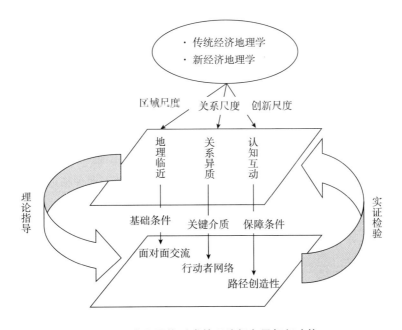

图6-1 企业网络形成的理论视角及框架建构

第三节 研究方法

对调研所获取的企业关系数据和属性数据进行核实和验证处理。主要包括两个步骤：一是生产垂直联系。如果 M 企业认为 N 企业是其上游企业且 N 企业认为 M 企业是其下游企业，则将 M 与 N 间的经济联系赋值为 1；当 M 企业认为 N 企业是其上游企业但 N 企业提供的下游企业名录不包含 M 企业时，则在访谈环节或通过后期电话沟通核实该联系是否存在，如不能得到双方确认则赋值为 0。二是生产水平协作。如果 M 企业认为与 N 企业有生产水平协作关系且 N 企业认为 M 企业也存在生产水平协作关系，则将 M 与 N 间的经济联系赋值为 1；当 M 企业认为与 N 企业存在生产水平协作但 N 企业提供的生产协作企业名录不包含 M 企业时，则在访谈环节或通过后期电话沟通核实该联系是否存在，如不能得到双方确认则赋值为 0。技术合作网络主要考察企业间技术合作的程度，包括哪些企业向特定企业提供生产技术服务，特定企业向开发区内哪些企业提供生产技术服务和贵企业同哪些中介机构、行业协会、研发机构存在上述技术交流情况三种情况；社会交流网络主要考察企业间社会交往能力，主要包括政府主导型、奇瑞主导型和企业自发型三个方面，考察内容主要以特定企业和其他企业一起举行的社会交流等活动，特定企业同哪些中介机构、管理部门、行业协会存在上述社会交流等情况。综合上述分析，研究最终获得企业关系网络内部经济联系、技术合作、社会交流三种 43×43 的对称关系矩阵。由于本章的研究视角集中于分析当前企业关系网络结构特征，因此基于上述关系矩阵，利用社会网络分析软件 Ucinet，建立了 2014 年转移企业间经济联系、技术合作、社会交流的无向无权关系网络图。

由于本书构建的是无向无权网络，因此以下列出的指标测度方法主要针对无向网络。根据研究目的，本书企业网络分析旨在考察网络中心程度、结构特征、聚类特征及识别重要节点，主要通过中心性系数、中心势、核心边缘结构、网络密度、聚类系数、平均最短路径等指标进行分析（见图 6-2）。

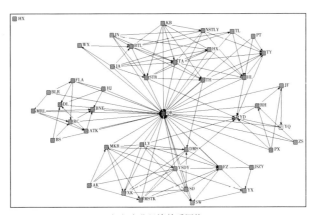

（a）企业经济关系网络

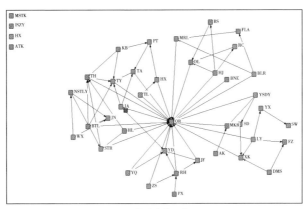

（b）技术合作网络

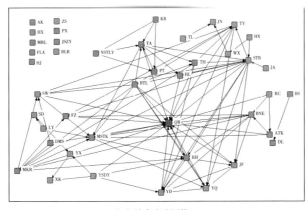

（c）社会交流网络

图6-2 企业经济关系网络、技术合作网络、社会交流网络

一 中心性系数（Centrality Coefficient）

中心性系数是网络分析的主要工具之一，用于反映节点的"网络权力"。测度公式如下：

$$C_D = \sum_i^1 X_{ji} = \sum_i^1 X_{ji}$$

$$C'_D = C_D / n - 1 \tag{6-1}$$

式中，X_{ji} 是 0 或 1 的数值，代表行动者 j 是否承认与行动者 i 有关系，n 是网络中的人数。

因为在社会网络中，每一个图形中节点数不一，社会网单元个体越多，关系数也就越复杂，因此多采用群体中心程度数表征。群体程度中心性最高的图形就是星状图形。在无方向性图形中的星状图形网络的群体中心性是（$n-1$）（$n-2$），所以分母为（$n-1$）（$n-2$），测度公式如下：

$$C_D = \frac{\sum_{i=1}^{n}(C_D^* - C_D)}{(n-1)(n-2)} \tag{6-2}$$

式中，C_D^* 是 C_D 中最大程度中心性，它与其他 C_D 相减所得的差额相加总和。中心性系数为 0 说明该节点是网络中的孤立点，为 1 说明该节点是网络的核心节点之一。

二 中心势（Centralization）

图的度数中心势用来表征网络对核心节点的依赖程度。如果包含 n 个节点的网络中节点度值都一样，比如都等于 $n-1$，说明网络没有什么中心点，没有依赖个别核心节点的趋势；反之，如果节点度值差距越大，说明网络对某些重要节点的依赖性越强，网络中心性越突出。网络度数中心势测度公式如下：

$$CN_D = \frac{\sum_{i=1}^{n}(D_{max} - D_i)}{\max\left[\sum_{i=1}^{n}(D_{max} - D_i)\right]} \tag{6-3}$$

式中，CN_D 为网络度数中心势，D_{max} 是网络中节点绝对度数中心度的最大值，D_i 为任意节点的绝对度数中心度值，分母为企业网络中绝对度数中心度可能最大值与其他节点绝对度数中心度差值之和的可能最大值。CN_D 小于 1 大于等于 0，值越大说明网络对核心节点的依赖最强。

三 网络密度（Network Density）

网络密度是网络联系的稠密程度，用网络实际拥有的联系数与网络理论存在最多联系数的比值来表示。一般来说，关系紧密的团体合作行为较多，信息流通较易，团体工作绩效也会较好，而关系十分疏远的团体则常有信息不通、情感支持太少、工作满意程度较低等问题。测度公式如下：

$$D = 2L/n(n-1) \tag{6-4}$$

式中，D 为网络密度，n 为网络节点数，L 为网络中实际存在的关系或者连线的数量。网络密度值在 0—1，密度越高说明网络内部联系越频繁，全连通网络的密度为 1。

四 聚类系数（Clustering Coefficient）

聚类系数是指与节点 i 存在有效连接的节点 j、节点 k 彼此也有效连接的概率，在企业网络中可以理解为某人的朋友是否也是朋友，反映了节点 i 组织全连通网络的能力。测度公式如下：

$$C_i = 2E_i/K_i(K_j-1) \tag{6-5}$$

式中，C_i 为节点 i 的聚类系数；K_i 为节点 i 和其他节点有效关联数；E_i 为 K_i 个节点间实际存在的有效关联数。

五 平均最短路径（Average Shortest Path Length）

在企业网络中最短路径指从节点 i 到节点 j 所经过的最少连接线数目，平均最短路径是网络中任意两个节点最短路径的均值。测度公式如下：

$$LN = \frac{2}{n(n-1)} \sum_{i<j} d_{ij} \tag{6-6}$$

式中，LN 为网络平均最短路径长度，d_{ij} 为节点 i 到节点 j 间的连接线数目，n 为企业网络中的节点数。网络平均最短路径反映网络中各节点相互联系的通达程度，平均最短路径值越小说明网络节点相互联系越便捷。

第四节　奇瑞产业集群内部企业网络结构特征分析

一　汽车企业行动者网络构建

"关系"研究在经济地理学中的兴起，在理论上既源于经济社会学有关经济生活"网络"和"嵌入"的思想，也源于制度主义经济学对不同尺度空间学习过程和制度作用的认识。然而，关系经济地理学之所以能够在新经济地理学中全面兴起，其中，法国学者 Bruno 和 Michel 所倡导的行动者网络理论发挥了重要作用。行动者网络理论以 3 个概念为核心，即行动者、异质性网络和转译为我们展示了现代社会科学技术实践的本质——由多种异质成分彼此联系、相互构建而形成的网络动态过程。这种从具体的、历史的、实践的维度来理解科学知识的观点，为经济地理学家以"关系思考"建构"关系经济地理学"提供了一种新的方法和理论平台。

本书从企业空间行为角度出发，假设企业的空间扩展、迁移、兼并都是企业与环境相互作用的结果，并且企业在转移过程中，由于承接地集聚经济的存在，而使经济活动的形成空间地方化，而企业空间组织在内外部环境变化的作用下，投射到地理空间上便是企业各职能区位的调整。企业从单个的区位嵌入的"点"通过彼此联系而成为"线"的空间结构形态，"线"的空间结构通过多样行为主体的互动联系最后发展为"网"的空间组织形态。基于此，本节将从行动者来源结构、行动者网络转译过程以及网络建构三个方面分析汽车企业的行动者网络结构特征。

（一）行动者来源结构分析

企业关系网络结网的过程都是由企业来完成的，因此，企业选择对于成功构建自主关系网络至关重要。合适的企业节点可以大大降低合作中的各种协调成本，提高合作效率和网络控制力，不合适的企业节点则会提升合作中的成本，造成网络资源的不合理分配，从而降低企业间的合作效率和网络控制力。由于企业的类型多样，有境外转移企业及国内转移企业之分；技术能力有差别，有高新技术企业和非高新技术企业之分；相互之间的关系不同，包括供应关系、配套关系、服务关系、合作关系、竞争关系等，因此众多企业作为关键行动者发挥的作用并不相同（见图6-3、图6-4、图6-5）。

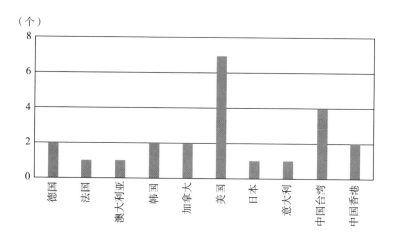

图6-3 国外及中国香港、中国台湾转移企业数量

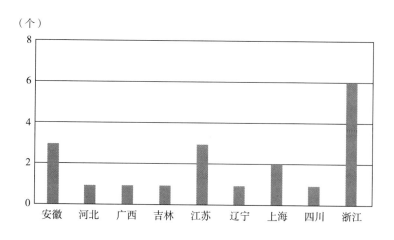

图6-4 国内转移企业数量

从图6-3中可以看出，国外及中国香港、中国台湾转移企业来源地多元化趋势明显，其中不乏众多世界500强企业，如BS、AK、DL、PX、FLA、JS等，另还拥有国际大型企业在开发区内投资的企业，如MRL（意大利菲亚特集团）、NSTLY（美国德尔福集团）、MKR（加拿

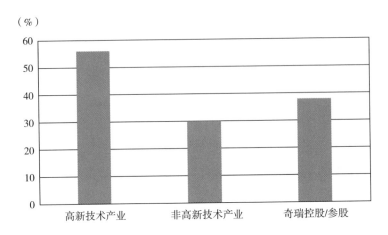

图 6-5　企业技术及奇瑞控股/参股情况

大马格纳集团)、BNE（美国伟世通集团）等，其中美国转移来的企业较多，占国外及中国香港、中国台湾转移企业总数的 30.43%，其次是中国台湾转移来的企业，占国外及中国香港、中国台湾转移企业总数的17.39%。德国、韩国、加拿大、中国香港也有若干企业。总的来说，转移企业总部所在地基本属于发达国家或地区，本身就拥有雄厚的经济实力和研发能力。国内转移企业来源地也比较多元化，其中，从泛长三角地区（浙江、江苏、安徽和上海）转移的企业比较多，比重高达70%，另外，还存在一批从东北地区、西南地区转移的汽车零部件企业。从图 6-5 可以看出，网络内部企业属于省/市高新技术企业占到55%以上，说明网络内部企业还是具备一定的科技研发实力的，同时奇瑞控股或参股的企业接近 40%，说明奇瑞公司在经历过技术引进阶段和成本优化阶段后，开始推行多元化发展战略，一方面优化成本问题，解决采购成本过高，另一方面加强与国外汽车企业的联合研发，促进核心研发能力的形成。

在本土企业关系网络形成过程中，除了关键行动者之外，还有其他行动者，主要包括人类的行动者和非人类行动者。人类行动者主要包括企业家、政府机构、社会团体、研发机构等，非人类行动者包括基础设施、社会文化、制度厚度等要素。

企业家作为企业的负责人，直接影响和决定企业未来的发展方向。

在调研过程中，我们了解到大多数的企业家都是技术工人出身，有很多企业家是从国内外著名的汽车公司来的，其中从中国第一汽车集团公司来的就占有相当大的比重，从对企业负责人的访谈中可以找到端倪，QR集团H总称："招商引资不如招商引技术，招商引技术不如招商引人才，奇瑞科技从国外吸引已经掌握核心技术的人才或者团队回来，他们出技术，我们出资金，以技术换股份，成立公司，如伯特利、世特瑞、通和等。给予比国内其他城市好的吸引政策，将美国、日本、德国、法国、加拿大甚至国内其他企业的一些优秀人才吸引到芜湖来，让他们从一个工程技术人员转变为工程技术和管理层相结合的企业家，把事业留在芜湖，把核心技术留在芜湖"；地方政府在扶持协调各企业关系和培育地方关系网络中应发挥重要作用，通过访谈可知，大部分企业负责人对芜湖市及经开区管委会的作为都有高度评价，"找管委会领导甚至不需要预约，对企业困难的解决有非常积极的态度，从招商引资转为招商选资，投资服务促进闭环管理"；社会团体既包括行业协会，也包括社会公众对转移企业的接受程度，开展全程对接服务。建立群众代表与开发区、工业园区、城市新区和重点项目企业每月走访联系制度，为招商引资、承接产业转移项目提供人力资源开发、劳动合同签订等一系列服务。网络内部科研机构以及内部企业与之相联系的科研单位主要包括三种类型，一是企业研究院，包括奇瑞汽车工程研究院以及部分企业技术研发中心；二是产业创新中心；三是高校科研机构，如安徽工程大学、合肥工业大学、华中科技大学、西安交通大学、复旦大学等。

基础设施是国民经济各项事业发展的基础，特别是远离城市的重大项目和基地建设，更需优先发展基础设施；社会文化环境是指企业所处的社会结构、社会风俗和习惯、信仰和价值观念、行为规范、生活方式、文化传统、人口规模与地理分布等因素；地方制度厚度可以定义为包括机构之间相互作用与协同、多个主体的集体认同、共同产业目的，以及分享的文化规范与价值四个方面的有机结合。正是"厚度"建立了信任关系的合法性、激发了企业家精神、巩固了产业的地方根植性；政策环境与政府机构息息相关，良好的政策环境可以吸引外来企业，反之亦然。

（二）行动者网络转译及建构

转译是一个实体引导其他实体朝其所期望的目标前进而必须经过的路径，并最终说服其他行动者被征召和动员进网络。行动者网络理论通过平等地看待人和非人行动者，将多方利益相关者的不同利益取向和行为方式在其运行环境背景和条件下通过转译建构起一个动态稳定的异质行动者网络。如果具备较大的网络异质性，更可能存在弱关系和结构洞，网络异质性程度高的企业，具备较强的资源整合能力，网络异质性程度较低，企业之间容易形成集体性思维模式。在本土企业关系网络形成过程中，除了关键行动者之外，还有其他行动者，行动者网络的构建并不是原有预定的行动者简单组合，而是每个行动者在网络中的重新安排。1986 年，Callon 提出了五个转译的关键环节，分别为问题呈现、强制通性点、利益赋予、征召动员、解决异议。此外，还应设立一个强制通行点 OPP，是指核心行动者的问题成为实现其他行动者目标或利益的必经之点。行动者网络的转译和构建过程如图 6-6 和图 6-7 所示。

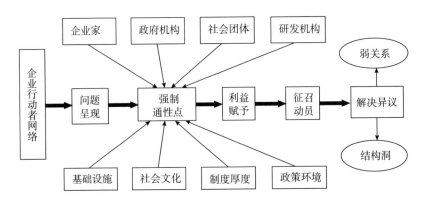

图 6-6　企业行动者关系网络的转译过程

总的来说，此阶段的企业行动者网络，主要将国家和地方的政策作为支撑，以奇瑞集团为关键行动者，依赖现有的关系网络，平行或自上而下对其他异质行动者进行征召。其中，既包含人类行动者及团体、组织，也包括多种类型的非人类行动者。如何更好地将力量叠合，即更好地将政府与市场力量结合、市场与社会力量结合、不同市场主体力量结合起来，充分调动各类行动者的积极性，协调作为地方关系网络与全球生产链及价值链的冲突，都将是一个值得继续研究的问题。

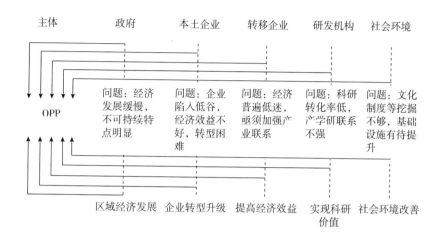

图6-7 企业行动者关系网络行动者与强制通行点

（三）企业行动者网络特点

通过上述分析，结合图6-8企业行动者网络图，可以发现汽车企业行动者网络存在以下典型特征：

1. 行动者主体多元化明显

本章研究的是转移企业与本土企业关系网络的建构及演化，因此关键行动者理应包含众多转移企业，从上文分析可知，国内外转移企业都呈现来源地多元化的趋势。境外转移企业如美国企业占国外及中国港台转移企业总数的30.43%，国内转移企业如泛长三角地区企业比重高达70%。由于客观存在的异质社会文化背景，企业在进行行动者网络构建时，会出现不同程度的问题，需要加以重视。

2. 转译过程复杂化

行动者网络主体除了包括关键行动者之外，还包括人类行动者（企业家、政府机构、社会团体、研发机构等），也包括非人类行动者（基础设施、社会文化、制度厚度等要素）。由于行动者多元化，其面临的问题也各有不同，因此在设定OPP和实现转译过程中目标区间也存在异质性，需要进行适当调整以保证行动者网络结构的完善。

3. 网络结构稳定性较差

异质性的行动者在企业关系网络建设过程中发挥了重要的作用，但这一网络并非固化的，表现为异质行动者的进入、退出与身份转变，是异质性行动者及其相互作用所构成的具有一定权力关系与动态变化的行动者网络空间，正是由于行动者网络是一个充满利益争夺和协商的动态连接，所以企业关系空间的重构也是一个持续的过程。

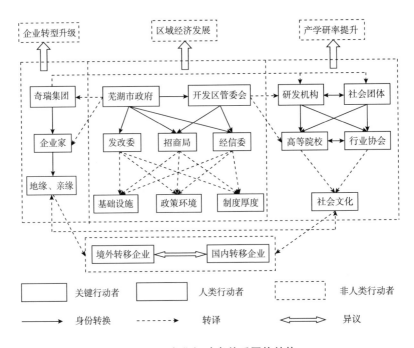

图 6-8　企业行动者关系网络结构

企业关系网络结构特征主要包括网络中心性、网络结构及网络发育程度等方面。网络中心性可以有效地确定网络的节点权力和网络对核心节点的依赖程度，网络结构可以有效表征核心节点和边缘节点的距离，用以说明各节点相互联系的通达程度。网络发育程度可以很好地说明网络内部联系程度以及全连通网络的能力。因此，本节将利用上述三个主要指标分别测度经济关系网络、技术合作网络和社会交流网络的结构特征。

二 经济关系网络结构特征

(一) 网络中心性分析

通过 Ucinet 分析可知,2014 年芜湖企业经济关系网络总体中心度达到 85.54%,说明 QR 占据了绝对核心的地位,对其他转移企业有着紧密的经济联系。但是从表 6-1 可以看出,汽车本土企业内部网络节点度值差距显著,最高值为 41,最低值则为 0。网络节点总和为 290,而平均值仅为 6.71,标准差为 5.807,网络节点值小于或等于平均值的比例达到 58.14%,说明企业经济关系网络联系性程度还是比较低的。

表 6-1 汽车企业经济关系网络节点度值

企业名称	节点值	企业名称	节点值	企业名称	节点值
QR	41	HX	7	MRL	5
TA	11	MSTK	7	PX	4
BTL	10	NSTLY	7	JF	4
YD	10	SD	6	HJ	4
YSDY	10	JN	6	YX	4
STR	9	XK	6	WX	3
LY	9	RC	6	PT	3
HL	9	RH	5	ZS	3
MKR	8	AK	5	YQ	3
FZ	8	SW	5	JSZY	3
TY	8	BNE	5	BS	3
TH	8	ATK	5	BLR	3
DMS	8	TL	5	HX	0
JA	7	DL	5	—	—
KB	7	FLA	5	—	—

节点度值具有分层现象,度分布概率近似呈现"右倾斜长尾"特征,说明企业经济网络发育并不平衡,少数节点掌握着较大的网络权力,大部分节点度值不高,比较依赖网络中的核心节点。网络中节点度名列前茅的除了 QR 之外,还有 TA、BTL、YD、YSDY、STR、LY、HL等配套企业。由于 QR 是整个企业关系网络的下游企业,所以 QR 占据

了绝对的核心地位。由于近些年 QR 关注于模块平台搭建，上述企业基本上属于在各自模块平台中规模较大、实力较雄厚类型，一方面它们生产的产品不仅仅只趋向于某种主要产品，也涉及更多其他基本的生产元件，因此为网络内部下游企业供货较多；另一方面，由于自身生产规模较大，在供货忙季，需要与不同企业之间进行代工、转包等经济联系，因此从水平生产协作角度来看，它们与网络内其他企业生产具有更紧密的联系。但值得注意的是，虽然上述企业规模较大，但高度值并不意味着它们拥有很强的"网络权力"，事实上在经济网络中真正拥有话语权的还是 QR。由此可知，在 2014 年企业关系网络中 QR 发挥着网络核心作用，但随着汽车生产模块平台的逐步搭建，企业经济联系网络表现出了一定的多中心网络特征。

总的来说，企业经济关系网络表现出"强核心—弱联系"的总体特征，这主要取决于其汽车零部件产业自身特性和芜湖汽车承接产业发展历史。QR 自 1997 年成立以来，飞速的发展使之成功地实现了从"通过自主创新打造自主品牌"第一阶段向"通过开放创新打造自主国际名牌"第二阶段的转变，进入全面国际化的新时期。在自身发展的过程中，QR 通过自身的影响力，不断地吸引国内外汽车零部件企业来芜投资和生产，而自身仅作为整车组装厂而存在。芜湖汽车承接产业的历史虽然从 1990 年已经开始，但在奇瑞成立之前，始终处于低潮阶段，但随着奇瑞的飞速发展，特别是 2000 年以后，通过技术引进阶段、成本优化阶段和多元考量阶段的过渡，奇瑞成功地引进了包括诸多世界500 强在内的国内外汽车零部件企业，如 TA、BTL、YD、YSDY、HL、TY、TH、FLA、BS、AK 等。虽然承接企业数量较多，但是由于上述企业来芜时间较短，再加上遇到的种种困境，因此现阶段网络内部联系较疏散。但我们可以看到，随着奇瑞模块化平台的搭建和政府对外来企业优惠政策的进一步落实，承接企业之间也开始在内部寻求生产合作以达到降低生产成本和提高经济效益，未来企业之间的经济联系将更为紧密，经济关系网络也将逐步从控制性关系网络过渡为模块化关系网络。

（二）网络结构分析

通过对网络进行核心—边缘结构和模拟数值分析发现（见图6-9），在企业经济关系网络中处于绝对核心地位的企业有六个，分别是

QR、YD、FZ、STR、TA、TH，处于次核心（半边缘）地位的企业有七个，分别是 MSTK、TY、MKR、HL、BNE、DMS、BTL，边缘区的企业有 30 个，其中边缘区企业占网络内部企业总数的 69.77%，实际数据和模拟数据相关系数为 0.812，拟合较好，因此分析结果可信。通过计算可知，核心区密度为 0.340，边缘区密度为 0.064，核心到边缘的密度为 0.026，边缘到核心的密度为 0.10。

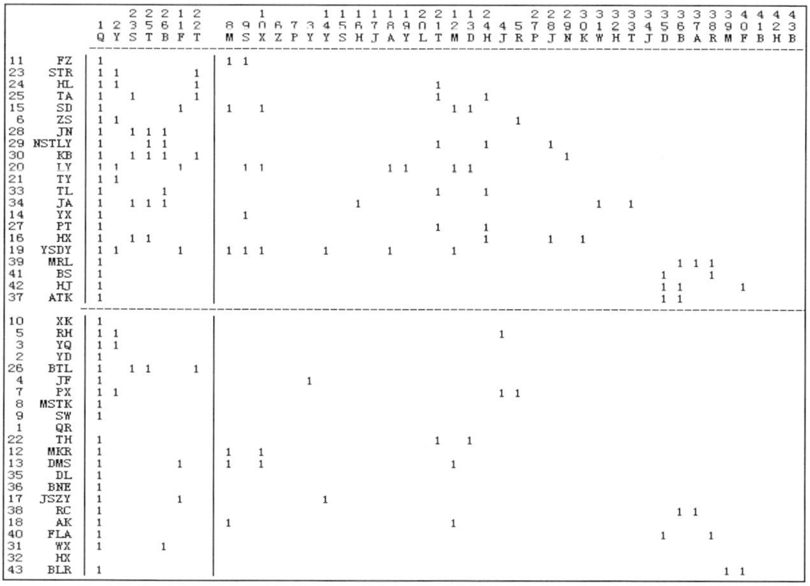

```
                2 2 2 1 2       1             1 1 1 1 1 2 2 1 1 2         2 2 2 3 3   3 3 3 3 3 3 4 4 4
                1 2 3 5 6 1 2       8 9 0 7 3 4 5 6 7 8 9 0 1 2     4 5 7 8 9 0 1 2 3   5 6 7 8 9 0 1 2 3
                Q Y S T B F T       M S X Z P Y Y S H J A Y L T M D H J R P J N K W H T J D B A R M F B H B
11   FZ        1 1                   1 1
23   STR       1 1                                                                                1
24   HL        1 1                   1
25   TA        1   1   1                           1   1
15   SD        1 1                                   1       1
6    ZS        1 1                   1
28   JN        1   1 1 1
29   NSTLY     1     1 1                             1           1                 1
30   KB        1   1 1 1 1                 1 1
20   LY        1 1                           1 1
21   TY        1 1                                     1
33   TL        1   1
34   JA        1   1 1 1               1                                 1   1
14   YX        1                     1
27   PT        1                                               1   1
16   HX        1   1 1
19   YSDY      1                   1 1 1                           1
39   MRL       1                                                               1 1 1
41   BS        1                                                               1   1
42   HJ        1                                                               1 1
37   ATK       1                                                               1 1

10   XK        1
5    RH        1 1
3    YQ        1 1
2    YD        1
26   BTL       1   1 1               1
4    JF        1                           1
7    PX        1                                       1 1
8    MSTK      1
9    SW        1
1    QR        1
22   TH        1                       1       1   1
12   MKR       1                       1 1
13   DMS       1       1           1 1             1
35   DL        1
36   BNE       1       1
17   JSZY      1       1
38   RC        1                                                             1 1
18   AK        1                       1           1                         1 1
40   FLA       1                                                         1   1
31   WX        1     1
32   HX        1
43   BLR       1                                                                           1 1
```

图 6-9　企业经济关系网络核心—边缘结构

一般来讲，网络节点值与网络结构的关系是紧密相连的，网络节点值越高，企业核心地位越明显，网络节点值越低，企业边缘化程度越高，但两者仍有根本的不同，即网络结构能更好地反映企业群体的核心程度。通过对企业经济关系网络结构的分析发现，只有少部分企业较好地融合到当地的经济关系网络中，绝大部分企业还没有很好地融合到汽车本土企业经济关系网络中。造成上述现象的原因主要有：一是处于核心地位的企业，除了 QR 是整车组装、YD 是动力/装备系统核心企业、TY 与 MKR 基本属于车身系统（内件与外饰）核心企业之外，其他企业如 DMS、FZ、STR、TA、TH、TY、HL、BTL 等企业除了生产主导产品之外，还要生产大量的汽车元件产品，TA 的汽车底盘元件铸造、FZ 的汽车座椅零部件、TH 的制动软硬管、STR 和 HL 的转向器元件、DMS 的电子元件等，上述企业在汽车生产的四大系统里，无论是生产过程的上下游联系和水平联系中，均发挥重要的作用，因此在网络结构中起到了重要的核心作用。二是处于边缘地位的企业，除了少部分大型跨国公司投资的企业如 DL、BS 等外，它们供货目标单一（只为奇瑞供货），与网络内其他企业并无太多的经济联系，还有一部分企业由于进入时间较短和本身的规模较小，正在逐渐开拓内部市场联系与合作，现阶段并未表现出明显的核心作用。除了典型的"核心—边缘"结构之外，汽车本土企业经济关系网络结构还有明显的板块化态势，即动力装备板块、车身安全板块、底盘板块和电子电器板块分工比较明显。汽车四大生产系统具有不同的行业属性，其生产技术、生产模式、供货方式等多有不同，因此在板块内部企业联系较多，但各板块之间，除了极少数企业生产元产品之外，其他企业联系较少。

为了验证上述论述，本节引入中介中心性，在结构洞理论中，中介性越高的人就越能掌握信息流。从表 6-2 可以看出，TH、DMS、BTL、HL、FZ、TA、STR 等企业中介中心性值较大，说明除了在网络内部的一些核心企业之外，生产汽车元件的企业越能占据"桥"的位置。

表 6-2　　　　　　　　**企业经济关系网络中介中心性值**

企业名称	中介值	企业名称	中介值
TH	74.33	TY	2.83
DMS	65.20	MRL	2.50
BTL	24.83	RH	2.00
HL	17.42	ATK	2.00
FZ	16.70	NSTLY	1.83
TA	16.25	YSDY	1.20
STR	12.25	MKR	1.20
RC	5.00	YQ	1.00

企业名称	中介值	企业名称	中介值
KB	4.25	JN	0.83
FLA	3.50	TL	0.83
HX	3.33	YX	0.50
JF	3.00	AK	0.20

（三）网络发育程度分析

虽然芜湖汽车产业已有十余年的发展历史，但其企业关系网络构建还不完善，网络连通能力亟待加强。通过分析可知，企业经济关系网络总体密度为0.168，这说明网络中节点间的相互联系比较稀疏。企业经济网络连通能力不强的另一个表现是，大多数企业接近中心度的值较大，通过分析可知，网络内企业节点平均接近中心度的均值为29，而大于等于均值的占65.12%，只有34.88%的企业小于接近中心度的均值（见表6-3），说明虽然各企业与核心企业之间存在一定的联系，但联系程度并未达到相对紧密状态。

表6-3 企业经济关系网络接近中心度值

与中心距离	企业名称
<均值（29）	QR、TA、BTL、YD、YSDY、STR、HL、LY、MKR、FZ、TY、TH、DMS
≥均值（29）	IA、KR、HX、MSTK、NSTLY、SD、JN、RC、XK、RH、AK、SW、BNE、ATK、TL、DL、DL、FLA、MRL、PX、JF、HJ、YX、WX、PT、ZS、YQ、JSZY、BS、BLR、HX

为了衡量网络内部各企业间的网络发育程度，引入聚类系数的概念。聚类系数被形象地理解为测度某个体的朋友是否也都是朋友的指标。通过分析可知，企业经济关系网络的平均聚类系数为0.502，程度相对较高，说明其他节点企业与核心企业之间存在一定的联系，相互之间并不是陌生的。而从汽车四大生产系统来看，底盘系统企业之间联系最为紧密，其次为电子电器系统和车身安全系统企业，而动力装备系统企业联系最弱。

表 6-4   企业经济关系网络若干企业聚类系数

企业名称	聚类系数	企业名称	聚类系数
QR	0.127	TH	0.571
TA	0.600	DMS	0.607
BTL	0.533	JA	0.619
YD	0.289	KB	0.762
YSDY	0.489	HX	0.627
STR	0.611	MSTK	0.414
LY	0.556	NSTLY	0.367
HL	0.472	SD	0.400
MKR	0.514	JN	0.302
FZ	0.536	XK	0.104
TY	0.536	RC	0.533

总的来说，芜湖汽车企业经济关系网络总体发育不完善，但各生产系统内部联系程度相对较好，主要基于三方面原因：一是网络发育深受核心企业发展影响，整车组装企业虽然与各配件企业联系比较多，但是还没有达到相对紧密的状态，特别是伴随着 2011 年开始的奇瑞转型，不少企业都将眼光瞄准外部市场，在访谈中也发现不少实证案例。如 RH 公司称："2007 年之后盈利，2010 年后开拓外部市场，2011 年进入合资和外资品牌，客户结构主要包括奇瑞占 25%，福特占 30%，捷豹路虎占 15%，日系品牌占 15%，国内自主品牌北汽、长城、广汽占 15%"；STR 公司称"原来主要依托奇瑞，因为奇瑞是我们发展基础，但是伴随着奇瑞近几年的转型和产销量下降，我们将目光瞄准外部市场，现在众泰、广汽、北汽，这些外部市场加起来比奇瑞要大，外部市场约占 65% 以上，奇瑞占 35% 左右"。FZ 公司称："从 2003—2008 年都是亏损的，2008 年以后，企业通过开源和节流实现转变。'开源'——黄总（2008—2013）来了以后，每一年都会把握一个新产品。'节流'——因岗设人，人岗匹配，重新设定薪酬。管理（采购这一块），我们设定招标形式，水平和质量相同的情况下，我们利用最低价。依托奇瑞，奇瑞是我们发展基础，但是目前众泰、广汽、北汽等这些外部市场加起来比奇瑞要大"。二是转移企业间

的联系普遍较弱，国内转移企业往往倾向于同本土企业或其他国内转承联系，但境外转移企业更愿意建立自己的"个人俱乐部"，境外转移企业与地方企业间的联系相对较弱，这种局面不利于集群的转型升级和突破性发展。三是网络发育深受产业特征和同业竞争影响。汽车四大生产系统本身具有不同的行业属性，其生产技术、生产模式、供货方式等多有不同，因而各系统内部联系要远远好于系统之间的联系。同时随着奇瑞模块化平台的搭建，各系统内的转移企业之间也开始在内部寻求生产合作以达到降低生产成本，网络关系也将逐步向模块化关系网络发展。

三 技术合作网络结构特征

（一）网络中心性分析

通过 Ucinet 分析可知，企业技术合作关系网络总体中心度达到 49.54%，低于经济关系网络的中心度。从表 6-5 可以看出，企业技术合作内部网络节点度值差距明显，最高值为 23，最低值则为 0。网络节点总和为 136，而平均值仅为 3.163，标准差为 3.396，网络节点值小于或等于平均值的比例达到 69.77%，说明企业间技术合作网络联系性程度较低（见表 6-5）。

表 6-5　　　　　　企业技术合作网络节点度值

企业名称	节点值	企业名称	节点值	企业名称	节点值
QR	23	KB	3	WX	2
TH	6	PI	3	Z3	2
TY	6	JN	3	TL	2
YSDY	6	MRL	3	BS	2
YD	5	JF	3	YX	2
RH	5	HX	3	AK	1
JA	4	MKR	3	BNE	1
STR	4	HL	3	PX	1
TA	4	BLR	3	SW	1
DL	4	SD	2	ATK	0
XK	4	YQ	2	MSTK	0
BTL	4	RC	2	HX	0

企业名称	节点值	企业名称	节点值	企业名称	节点值
HJ	4	FZ	2	JSZY	0
LY	4	DMS	2	—	—
NSTLY	3	FLA	2	—	—

节点值具有分层现象明显，分布概率呈现近似"右平行长尾"特征，这说明企业技术合作网络发育也不平衡，极少数节点掌握着较大的网络权力，大部分节点度值不高，但是相似性却比较明显，部分企业基本上同属相似等级结构。网络中节点度名列前茅的除了 QR 之外，还有 TH、TY、YSDY、YD、RH、JA、STR、TA、DL、XR、BTL、HJ、LY 等配套企业。奇瑞公司的技术核心来源于奇瑞汽车工程研究院，奇瑞公司从成立之初，便注重科技研发能力的培养。在调研期间，对汽研院陈安宁院长进行了访谈："现在自主品牌绝大多数仍以逆向开发体系为主，奇瑞当初也是这样做的。逆向开发体系最主要的特点是参照成功产品，不需要做前期的市场定位，只要全部模仿和照抄就行了。但是自 2011 年以来，公司领导层从企业可持续发展角度出发，提出要摆脱逆向开发，逐渐构筑正向开发的概念和平台，这也是我们交了很多的学费才走了这一步。公司确定的正向开发体系和层次主要包括以下几个方面：首先确定战略、思路、体系，然后确定具体的技术和产品。我想要强调的是，构筑正向开发体系，一定要实行平台化协作，不是从一个个零部件做起，是从系统做起"。从访谈资料可以看出，奇瑞自 2011 年转型开始，便逐渐开始构建正向研发平台。在构建平台过程中，更加注重与零部件企业之间的技术交流和合作，虽然时间较短，但仍取得了较为明显的效果。如果从汽车生产系统来讲，各生产系统内部的技术交流与合作要高于不同生产系统之间的交流合作，这主要是由零部件产业特性决定的，四大生产系统本身就具有不同的技术范式和模板，因此不同行业交流起来比较困难，同行业之间交流无形之中也会相应地减少技术隔阂。

对于境外转移企业来说，技术合作排名靠前的企业，境外转移企业数量较少，说明由于企业发展战略、企业文化等方面的原因，境外转移企业同网络内其他企业的技术交流很少，自身形成了"技术黑箱"，将核心技术留在母国，在芜湖建立的研发中心技术人员一半以上也是从母公司带来的，他们不愿意让本土企业掌握其核心技术，因此对集群整体的技术创新帮助不大。对于国内转移企业来说，他们本身的技术实力并不是很雄厚，因此更愿意与高新技术企业进行交流和合作，以学到真正的核心技术，但是由于境外转移企业的技术壁垒等因素，同时技术作为企业的内生元素，几乎绝大多数企业都会树立排外和自我保护意识，因此国内转移企业的技术学习过程举步维艰。在访谈中得到证实，TY公司负责人称："实话来讲，目前我们公司技术水平属于中等偏下，和外资企业相比我们是有差距的。但是国内目前合资企业的核心技术都不在国内，都是在外方，可以这么说，国内合资企业都是组织生产，国外把图纸绘制好以后，国内企业面临的主要是怎么去实现这个产品。减震器的人才是十分缺乏的，国外的挖不到，国内的技术水平都差不多。"LY公司负责人称："我们企业与开发区一些国外来的企业相比最缺乏的就是人才，特别是研发人才，真正有研发实力且研发投入比较大的企业还是很少，跟外国企业在研发方面的投入不可同日而语，因此我们要直接面向国外市场，学习他们的先进技术，但遗憾的是没有哪家企业想让我们学习，我们知道跟谁学，但是不知道该怎么学。"

（二）网络结构分析

通过对网络进行核心—边缘结构和模拟数值分析发现（见图6-10），在企业技术合作网络中处于核心地位的企业有三个，分别是QR、TH、YSDY，处于次核心（半边缘）地位的企业有六个，分别是YD、TY、DL、STR、LY、RH，边缘区的企业有34个，其中边缘区企业占网络内部企业总数的79.07%，实际数据和模拟数据相关系数为0.774，拟合较好，因此分析结果可信，这充分说明大部分转移企业还没有很好地融入技术合作网络中。通过计算可知，核心区密度为0.278，边缘区密度为0.013，核心到边缘的密度为0.031，边缘到核心的密度为0.106。

通过对企业技术合作网络结构的分析发现，只有少部分企业较好地融合到当地的网络中，绝大部分企业还没有很好地融合到汽车本土企业技术合作网络中。造成上述现象的原因主要有：一是处于核心地位的企业，QR拥有以汽车工程研究院为核心的技术研发中心，作为整车组装

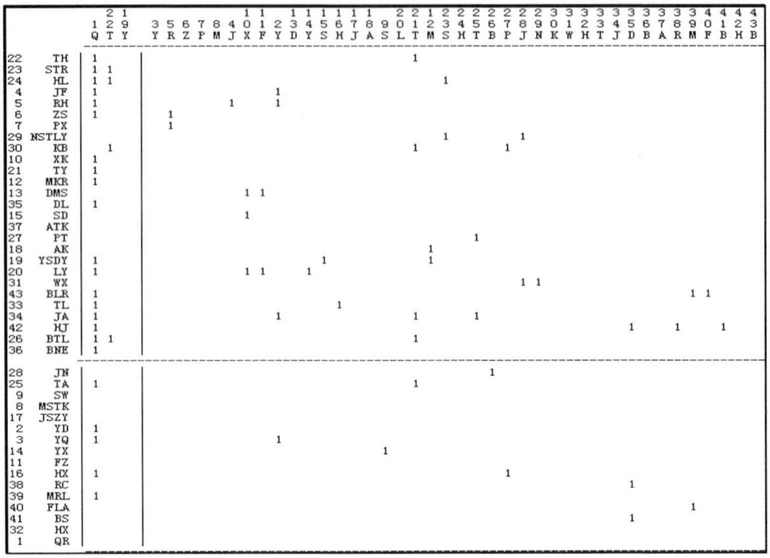

```
              2 1         1 1   1 1 1 1 1   2 2 1 2 2 2 2 2 2 2 3 3 3 3 3 3 3 3 4 4 4
              Q T Y   3 5 6 7 8 4 0 1 9 2 1 4 5 6 7 8 9 3 0 2 4 5 6 7 8 9 0 1 2 3 4 5 6 7 8 9 0 1 2 3
                      Y R Z P M J X F Y D Y S H J A S L T M S H T B P J N K W H T J D B A R M F B H B

22  TH        1                                             1
23  STR       1 1
24  HL        1 1
 4  JF        1                           1
 5  RH        1                   1       1
 6  ZS        1           1   1
 7  PX                    1
29  NSTLY
30  KB          1                                     1
10  XK        1                                   1       1
21  TY        1
12  MKR
13  DMS                              1 1
35  DL        1
15  SD
37  ATK
27  PT                                         1
18  AK                                               1
19  YSDY      1
20  LY                          1   1       1
31  WX                                                      1 1
43  BLR                                                                       1 1
33  TL        1
34  JA                          1               1           1
42  HJ        1                                                       1   1       1
26  BTL       1 1
36  BNE       1

28  JN
25  TA
 9  SW
 8  MSTK
17  JSZY
 2  YD        1
 3  YQ        1
14  YX                              1
11  FZ
16  HX
38  RC                                                                 1
39  MRL
40  FLA                                                                 1       1
41  BS        1
32  HX
 1  QR
```

图 6-10　企业技术合作网络核心—边缘结构

企业，在前期整车开发流程中，通过对关键零部件典型断面、CAS 面、零部件 3D 设计、油泥模型等技术要求与控制，与零部件众多企业在各方面存在实质性的技术指导与合作。YSDY 本身是一家以设计、开发、制造、销售塑料制品为主营业务的企业，是安徽省高新技术企业，它同时参与设计和制造非金属制品的模具、检具和夹具，产品主要为奇瑞等知名汽车制造公司配套，因此企业本身与其他零部件企业存在多方位的技术交流和合作。TH 是合资经营的汽车零部件生产企业，是完全按照经济规模建立的汽车管路系统生产基地，公司融合了国际先进技术及经验，装备有生产所需的实验及检测设备，拥有自主研发、生产、销售汽车管路、空滤、传感器的能力，作为汽车零部件的原产品，也与其他零部件企业存在技术合作。二是处于次核心（半边缘）地位的企业，本身属于高新技术企业，它们或者是国内具有重要影响力的汽车零部件企业，如 YD、TY、LY 等，或者是国外拥有核心技术的企业，如 DL 等，由于先期进驻芜湖为奇瑞配套时，签订了技术合约，虽然核心技术并没有完全带进来，但是在发展过程中，建立了自身的研发中心，也与其他零部件企业存在若干技术合作。三是处于边缘地位的企业，大部分的境外转移企业,它们拥有核心的技术并且不愿与网络内其他企业共享技术成果,因此与网络内其他企业并无太多的技术联系,一部分国内转移企业由于受制于境外转移企业的技术壁垒,同时奇瑞总部也没有起到很好的协同调节作用,再加上进入时间较短和本身的技术实力有限,现阶段并未表现出明显的联系作用。

(三)网络发育程度分析

通过分析可知,企业技术合作网络总体密度为0.079,说明网络中节点间的相互联系稀疏,连通水平处于低水平状态,从图6-2可以看出,虽然很多节点与核心节点具有联系,但是这些节点之间却鲜有联系。技术合作网络连通能力不强的另一个表现是,大多数企业接近中心度的值比较大,即到达核心节点"距离"较远,存在连通能力不强的问题,通过数据分析可知,网络内企业节点接近中心度的均值为42,而大于等于均值的占84.42%,只有15.58%的企业小于接近中心度的均值(见表6-6)。

表6-6　　　　　　　　企业技术合作网络接近中心度值

与中心距离	企业名称
<均值(42)	QR、YSDY、TY、TH、YD、TA、XK、DL、STR、RH、BTL
≥均值(42)	JF、MRL、JN、MKR、FZ、SW、BS、NSTLY、RC、FLA、HX、SD、YX、DMS、YQ、ZS、HL、MSTK、PX、WX、HX、TL、JA、KB、BNE、ATK、JOZY、AK、LY、IIJ、DLR

同样,为了衡量网络内部各企业间的网络发育程度,引入聚类系数的概念。通过分析可知,企业技术合作网络的平均聚类系数为0.254。从表6-7可以看出,网络节点度相对较高的企业,其聚类系数往往也小于网络平均聚类系数,这也就意味着众多企业节点与核心节点企业联系的节点间相对比较陌生。

表6-7　　　　　　　企业技术合作网络若干企业聚类系数

企业名称	聚类系数	企业名称	聚类系数
QR	0.040	BTL	0.250

续表

企业名称	聚类系数	企业名称	聚类系数
TH	0.223	HJ	0.220
TY	0.233	LY	0.083
YSDY	0.167	NSTLY	0.167
YD	0.250	KB	0.167
RH	0.200	PT	0.000
JA	0.333	JN	0.167
STR	0.250	MRL	0.133
TA	0.250	JF	0.500
DL	0.250	HX	0.167
XK	0.083	MKR	0.167

总的来说，企业技术合作网络整体表现出发育不完善、联系比较稀疏和网络整体处于低水平连通状态。这主要基于三方面原因：一是技术的特性。在技术转移过程中，技术特性以及由技术特性所带来的交易成本的高低，也都直接影响着技术转移的程度、特点与模式选择等方面，其中包括隐含性、复杂性、累积性和不确定性等。因此，技术及技术交易的特性也就直接导致了技术内在的保护性和排外性。二是境外转移企业"个人俱乐部"效应。在技术经济和学习创新时代背景下，技术交流、合作和学习已经成为企业间相互联系的重要内容，具有技术权力优势的企业通过对核心技术的掌握和控制，可以有效地影响周边的网络成员。但是由于上述的技术及技术转移特性，国外企业并不想让国内企业学到真正的核心关键技术，它们宁愿与国外同等技术水平的企业进行技术交易，也不愿意以金钱的方式出卖自身核心技术。三是国内外转移企业技术级差效应。正是因为国内外企业存在较大的技术级差，因此并不能完全进行技术积累过程和实现结构化或半结构化的学习过程，这是需要重点关注的问题。

四 社会交流网络结构特征

（一）网络中心性分析

通过 Ucinet 分析可知，企业社会交流关系网络总体中心度为36.41%。从表6-8可以看出，企业内部网络节点度值差距并不十分明显，最高值为 19，最低值则为 0。网络节点总和为 190，平均值为 4.419，标准差为 4.432，网络节点值小于或等于平均值的比例达到 60.46%，说明企业社会合作网络联系普遍处于一种低水平状态，并且相互联系程度较低。

表 6-8   **企业社会交流网络节点度值**

企业名称	节点值	企业名称	节点值	企业名称	节点值
QR	19	FZ	5	TL	1
STR	15	ATK	4	JA	1
MSTK	11	DMS	3	DL	1
BTL	11	RC	3	FLA	1
RH	10	KB	3	BS	1
TA	9	YX	3	AK	0
MKR	9	NSTLY	3	HX	0
YD	9	HL	3	PX	0
BNE	9	PT	3	JSZY	0
TY	8	XK	2	ZS	0
YQ	8	JN	2	MRL	0
TH	7	HX	2	HJ	0
SW	7	LY	2	BLR	0
JF	7	WX	2	—	—
YSDY	5	SD	2	—	—

本土企业社会交流网络主要包括三种形式：一是奇瑞主导型。网络节点度比较高的企业绝大多数属于奇瑞控股与参股企业如 STR、MSTK、BTL、RH、TA、YD 等，在奇瑞相关领导和工会的协调下，这些企业会时常展开一系列参观互访、文化体育、联谊座谈等社会交流活动，一方面带动了整个奇瑞集团的活力，另一方面也增加了相关企业的熟悉程度。二是政府主导型。经济开发区管委会以政府的名义召集相关企业座谈，企业在政府座谈之时，会在私下进行一系列的交流活动，这类活动虽然有政府主导，但还是表现出较为明显的缺陷，参会企业基本上属于大中型企业，忽视了小型企业，并且参会企业人员基本上属于公司领导

阶层，而普通员工没有机会参加。三是企业间自主交流型。这种类型的活动属于典型的"小团体"活动，主要表现在同生产系统企业之间交流得多，不同生产系统企业交流较少；转移企业之间国内与国内交流较多，国外与国外交流较多，而国内与国外交流较少。如 YQ 与 JF 属于动力装备系统，并且属于国内转移企业，因此交流较为频繁，TY 和 STR 也表现出此特点，而 MSTK 和 RH 虽然不属于统一生产系统，但是都来自中国台湾，因此它们之间交流也较多。

通过对节点度分布分析发现，节点度值具有明显分层现象，节点度分布概率近似呈现低斜率的"右倾斜长尾"特征，这也说明了企业社会合作网络发育不平衡，虽然有少数节点度较高，掌握着较大的合作网络权力，但是大部分企业节点度值并不高。

（二）网络结构分析

通过对网络进行核心—边缘结构和模拟数值分析发现（见图6-11），在企业社会交流网络中处于绝对核心地位的企业有十个，分别是 QR、YD、YQ、SW、RH、FZ、MKR、MSTK、TY、STR，处于次核心（半边

```
              1 1 2 2 1       1 1   1 1 1 2 1 2 1 2 2 2 2 2 2 3 3 3 3 3 3 3 3 4 4 4
      1 2 9 5 1 2 8 1 3       0 7 4 4 5 6 7 8 9 0 6 2 3 4 5 6 7 8 9 0 1 2 3
      Q Y Y S R F M M T S     X P J Y S Z J A Y L H T D H T B P J N K W H T J D B A R M F B H B
22 TH   1 1
23 STR  1 1 1 1 1     1 1         1                   1
18 AK   1                           1 1
25 TA   1             1 1           1   1
 5 RH   1 1 1
37 ATK  1                                                         1
38 RC   1                                                         1 1
20 LY           1                 1
30 KB           1                             1   1   1
12 MKR    1 1 1                     1
21 TY   1 1 1 1
19 YSDY 1 1       1                 1   1
36 BNE  1 1           1 1
26 BTL    1 1 1       1 1 1 1
13 DMS  1     1         1
 3 YQ   1 1
 7 PX
 8 MSTK 1 1 1                 1
14 YX
10 XK
11 FZ   1
 1 QR
 2 YD   1
24 HL   1                   1
 4 JF   1 1 1
 6 ZS
27 FT                                             1
28 JN                                             1
29 NSTLY                                       1 1
 9 SW   1         1
31 WX                                        1
32 HX                                        1
33 TL
34 JA           1
35 DL
15 SD               1
16 HX           1                                         1
17 JSZY
39 MRL
40 FLA                                                1
41 BS                                                  1
42 HJ
43 BLR
```

图 6-11　企业社会交流网络核心—边缘结构

缘）地位的企业有五个，分别是 BTL、TA、BNE、TH、JF，边缘区企业有 28 个，其中边缘区企业占网络内部企业总数的 65.12%，实际数据和模拟数据相关系数为 0.801，拟合度较好，因此分析结果可信。通过计算可知，核心区密度为 0.353，边缘区密度为 0.012，核心到边缘的密度为 0.066，边缘到核心的密度为 0.057。通过对企业社会交流网络结构的分析发现，只有少部分企业较好地融合到当地的网络中，绝大部分企业还是没有较好地融合到汽车本土企业社会交流网络中。

核心区和次核心区节点度较高的企业主要包括两种类型的企业：一是奇瑞控股或参股下的境外转移企业，以 MSTK、BTL、TA、RH、BNE 等企业为代表，它们进驻芜湖时间较早，与奇瑞及其他企业形成了较为良好的社会交往关系，虽然交往过程中仍存在不少文化、制度以及管理理念等社会障碍，但经过企业和政府的积极协调，已取得良好进展。从对 BNE 企业负责人访谈中可以看出上述特征："社会交流还是很强的。企业相互交流很多，像亚奇、通和、天佑、伯特利、莫森泰克、埃泰克。博耐尔在社会交流中处于核心地位。从公司管理团队来讲，每个人都有很多想法，在我们公司中有想法可以尝试。我们有一个劳动仲裁委员会，其他企业都是没有的。我们企业在社会责任这一块做得也很多，慈善已经作为一个常态化趋势。"二是奇瑞控股或参股下的国内转移企业，以 STR、YD、YQ 等为代表，由于不存在社会文化或者制度等差异，因此在奇瑞总部的协调下，积极发展与其他企业的社会交流。从 STR 企业负责人访谈可以看出："由于较少存在文化或制度上的差异，所以与国内其他地方过来的企业交流还是比较多的，社会交流以企业工会为平台，在奇瑞总部和开发区管委会推动，主要是体育、参观互访等活动，也以研讨会的形式做过企业交流。"

边缘区节点度低的企业也主要包括两种类型：一是奇瑞不控股或参股的国外大型企业，以 DL、BS、AK、PX 等代表，它们基本上属于世界 500 强企业，企业本身已经拥有较为完善的管理理念和企业文化，这种管理理念和企业文化与国内企业文化差异较大。它自身本就是一个小团体，再加上它仅仅负责为奇瑞提供最终端的零部件，因此与其他企业交流较少，最多的就是和母国来的企业共同进行联系活动。在访谈中也发现，一些跨国公司已经意识到问题了，正在努力改变这种现状。从对

DL访谈内容中可以看出上述特征："说实话，我们确实与芜湖当地的企业交往很少，我们员工上下班专车接送，并且很少为员工争取机会开展企业联谊会，这也是我一直在思考和关注的问题。可能是企业档次比较高，我们的员工可能不喜欢与别的企业进行交往吧。其实我们公司国外人并不多，主要是科研和财政上的，但是我发现国内员工不喜欢与他们交流，可能有语言上的障碍吧。其实芜湖的文化具有深厚的底蕴，我们不可能改变它以适应我们公司的文化需求，因此我们今后一方面通过各种培训机会让中方职员接受跨国公司和国外文化的文化理念和价值，另一方面也要将一些本地民俗纳入跨国公司的行动中去，从而消解文化适应上的紧张和矛盾。"二是奇瑞不控股或参股的国内转移企业，以ZS、JA、HX等企业为代表，它们不属于奇瑞控股或参股的企业，同时本身规模较小，社会影响力也较小，因此与其他企业的社会交流就很少。

（三）网络发育程度分析

通过分析可知，企业社会交流网络总体密度为0.1103，说明网络中节点间的相互联系稀疏，社会交流处于较低水平状态，虽然很多节点与核心节点具有联系且不少企业已经逐渐开始打破生产系统界限进行交流，但仍有部分节点企业之间鲜有联系。社会交流网络连通能力不强的另一个表现是，大多数企业接近中心度的值比较大，即到达核心节点"距离"较远，存在连通能力不强的问题，通过数据分析可知，网络内企业节点平均接近中心度的均值为39，而大于等于均值的占72.09%，只有27.91%的企业小于接近中心度的均值（见表6-9）。

表6-9　　　　　　　　　企业社会合作网络接近中心度值

与中心距离	企业名称
<均值（39）	QR、YD、YQ、JF、RH、MSTK、FZ、SW、MKR、TY、TH、STR
≥均值（39）	HL、TA、XK、JN、YX、PT、BNE、NSTLY、ATK、SD、DL、WX、AK、JSZY、DMS、PX、ZS、LY、YSDY、HX、TL、KB、BTL、JA、RC、MRL、FLA、BS、HJ、BLR、HX、

为了衡量网络内部各企业间的网络发育程度，引入聚类系数的概念。通过分析可知，企业社会合作关系网络的平均聚类系数为0.284。

从表6-10可以看出，网络节点度相对较高的企业，其聚类系数虽然小于网络平均聚类系数，但是差距却很小，说明众多企业已经开始与核心节点建立起社会交流联系，但是由于时间较短，并未处于明显的网络化状态。

表6-10　　　　　　企业社会合作网络若干企业聚类系数

企业名称	聚类系数	企业名称	聚类系数
QR	0.170	TH	0.333
STR	0.181	SW	0.333
MSTK	0.227	JF	0.405
BTL	0.300	FZ	0.300
RH	0.211	ATK	0.417
TA	0.194	DMS	0.500
MKR	0.250	RC	0.500
YD	0.292	KB	0.300
BNE	0.236	YX	0.167
TY	0.321	NSTLY	0.500
YQ	0.393	HL	0.500

社会交流网络内部中介节点异质性比较特殊，存在少数节点度值较低企业的中介作用较强的现象。之所以能够成为相关网络的中介节点，最主要原因是部分节点扼守在两组关联较少节点相互联系的必经之路上，虽然度值不高但中介作用却十分突出。以HL为例，虽然HL的节点度值比较低，但是它属于奇瑞控股的外来转移企业（中国香港），从美国转移来的KB等许多非奇瑞控股或参股的企业正在逐步通过它建立起与TH、STR、BTL、QR等公司的社会交流网络，因此可以预测，在未来几年，HL在网络内的节点度值一定会有大幅度的提升。与HL情况相似的还有DMS、NSTLY、RC等。

奇瑞汽车集群网络经历了三个阶段，分别是技术引进阶段的"松散型网络"、成本优化阶段的"紧凑型网络"和多元考量阶段的"开放型网络"，但由于历史阶段的企业关系数据不能有效收集，导致网络结构特征不能准确分析，因此本书重点考察2014年产业集群的企业网络结构特征。由于侧重关注企业网络的经济属性、技术属性和社会属性三个关键性问题，因此研究将分别从产业联系网络、创新合作网络、社会交流网络三个方面展开。

五　企业关系网络结构特征比较

基于网络中心性、网络结构以及网络发育程度三个指标测度企业经济联系、技术合作、社会交流三种网络的结构特征。基于以上的初步分析，可以发现，三种网络结构特征既存在异质性，也存在相似特征，那么，企业关系网络的结构异质性表现在哪些方面？三种网络的相似程度究竟有多高？本节将做重点分析。

（一）网络结构特征异质性

本章在分析企业关系网络结构时，主要从网络中心性、网络结构特征和网络发育特征三个角度出发，本章也将分别从以上三个方面详加阐述三大关系网络的异质性。

从网络中心性来看，经济关系网络总体中心度达到 85.54%，说明 QR 占据了绝对核心的地位，对其他转移企业有着紧密的经济联系。经济关系网络中节点度名列前茅的除了 QR 之外，还有 TA、BTL、YD、YSDY、HL、TY、TH 等配套企业。但值得注意的是，虽然上述企业节点值高并不意味着它们拥有很强的"网络权力"，事实上在经济网络中真正拥有话语权的还是 QR；技术合作关系网络总体中心度达到 49.54%，企业节点值具有分层现象明显，说明企业技术合作网络发育也不平衡，极少数节点企业掌握着较大的网络权力，大部分企业度值不高，但是相似性却比较明显，部分企业基本上同属相似等级结构，但随着境外转移企业生产规模的进一步扩大，它们会在本地建立新的技术研发中心，这将会带动更多企业之间开展技术交流和合作，势必也会形成多中心技术核心，因此未来企业关系网络将会表现出多中心网络特征；社会交流关系网络总体中心度仅为 36.41%，网络节点值小于或等于平均值的比例达到 60.46%，说明企业社会合作网络联系普遍处于一种低水平状态，并且相互联系程度较低，中心性并不明显。本土企业社会交流网络主要包括三种形式，分别是奇瑞主导型、政府主导型和企业间自主交流型，而本章仅分析了奇瑞主导和企业间自主交流，缺少对政府主导下社会交流的分析，但在现实情况下，政府主导下的社会交流占据很大的比重，因此企业间社会交流网络表现出上述特征。

从网络结构特征来看，企业经济关系网络中处于绝对核心地位和次核心地位的企业有 13 个，边缘区的企业有 30 个，其中边缘区企业占网络内部企业总数的 69.77%。造成上述现象的原因主要有：一是处于核心地位和边缘区的企业性质和生产能力差异显著，二是汽车不同生产系统具有不同的生产技术、生产模式和供货方式等，所以不同系统间企业联系较少；技术合作网络中处于绝对核心地位和次核心地位的企业有 9 个，边缘区的企业有 34 个，其中边缘区企业占网络内部企业总数的 79.07%。主要原因如下：一是处于不同地位企业的技术研发能力差异较大，奇瑞和 500 强企业研发能力较强，其他企业研发能力较弱。二是由于技术的隐含性、复杂性、累积性和不确定性等特点，再加上境外转移企业"个人俱乐部"效应，国内外转移企业间合作较少；社会交流网络中处于绝对核心地位和次核心（半边缘）地位的企业有 15 个，其中边缘区企业占网络内部企业总数的 65.12%。处于核心地位的企业一般属于奇瑞控股或参股的国内外转移企业，在奇瑞总部的协调下，积极发展与其他企业的社会交流。处于边缘的企业一般是奇瑞不控股或参股国内外转移的企业，世界 500 强企业的管理理念和企业文化与国内企业文化差异较大。它自身本就是一个小团体，因此与其他企业交流较少，而对于其他企业本身规模较小，社会影响力也较小，因此与其他企业的社会交流就很少。

从网络发育特征来看，总的来看，虽然芜湖汽车产业已有十余年的发展历史，但其企业关系网络构建还不完善，网络连通能力亟待加强。首先，经济关系网络总体密度为 0.168，技术合作网络总体密度为 0.079，社会交流网络总体密度为 0.1103，经济关系网络密度最大，技术合作网络密度最小，这与企业之间连通水平相关。其次，网络连通能力不强的另一个表现是大多数企业接近中心度的值较大，经济联系网络、技术合作网络和社会交流网络内企业节点平均接近中心度大于等于均值的分别占 65.12%、84.42% 和 72.09%，占比都较高，说明虽然各企业与核心企业存在一定的联系，但是联系并未达到相对紧密状态。最后，企业经济关系网络的平均聚类系数为 0.502，技术合作网络的平均聚类系数为 0.254，社会合作关系网络的平均聚类系数为 0.284，都相对较低，这也就意味着众多企业节点与核心节点企业联系的节点间相对比较陌生。企业经济关系网络发育不完善，但各生产系统内部联系程度相对较好，主要基于三方面原因：一是网络发育深受核心企业发展影响，二是转移企业间的联系普遍较弱，三是网络发育深受产业特征和同业竞争影响；企业技术合作网络整体表现出发育不完善，联系比较稀疏和网络整体处于低水平连通状态，主要基于三方面原因：一是技术的特性，二是境外转移企业"个人俱乐部"效应，三是国内外转移企业技术级差效应；转移企业社会交流网络发育特征主要基于三方面原因：一是企业社会交流的方式，二是社会交流组织者不同的行动力，三是社会交流网络内部中介节点异质性比较特殊，存在少数节点度值较低企业的中介作用较强的现象。

（二）网络结构特征相似性

为了分析网络结构的相似性，本章尝试通过建立模型定量测度网络相似性。由于本章研究的是在一个特定区域范围内企业间的网络关系，因此在一定的意义上来讲就是将距离较近或相似程度较高的点聚在一起的过程，网络内部节点具有较高的连接密度，可以看作彼此距离较近或相似程度较高的一个判据。

假设存在网络 M 与 N，网络 M 有 X_1 个节点和 Y_1 条线，其顶点集为 X = $\{X_{11}, \cdots, X_{1m}\}$，线集为 Y = $\{Y_{11}, \cdots, Y_{1m}\}$，网络 N 有个 X_2 节点和 Y_2 条线，其顶点集为 X = $\{X_{21}, \cdots, X_{2m}\}$，线集为 Y = $\{Y_{21}, \cdots, Y_{2m}\}$，这里只考虑简单网络，即无向无权网络。假设网络 M 与 N 的节点完全一致，但网络中的连接关系可能不同，因此节点连接数越多，它出现在其余节点的星形邻域子图的次数也越多，为相应点对的相似性带来的信息量越小。反之，如果一个节点只有少数的几个连接，则为相应的点对带来的相似性信息量越大。基于上述考虑，网络局部相似性度量 S_{MN} 为：

$$S_{MN} = \frac{\sum_{i \neq j}^{n} \sqrt{(M_{ij-N_{ij}})}}{X(X-1)} \tag{6-7}$$

式中，S_{MN} 为网络 M 与 N 的相似性，M_{ij} 为 M 网络中节点 i 与 j 之间的联系，N_{ij} 为 N 网络中节点 i 与 j 之间的联系，X 为节点个数。S_{MN}

介于 0 与 1 之间，值越小，说明相似度越高。

通过计算，可以得到 2014 年汽车企业经济联系、技术合作和社会交流关系网络任意两者间的相似度（见图 6-12）。由此可知三种网络的相似程度总体表现出"经济联系—社会交流>经济联系—技术合作>社会交流—技术合作"的特征。

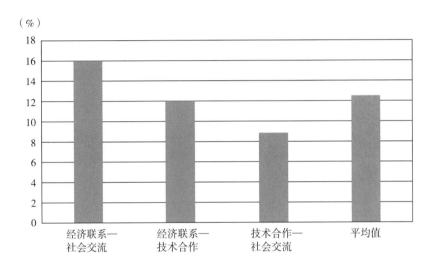

图 6-12 企业关系网络相似度

芜湖汽车转移企业集群内，多数企业来芜湖投资都是为了直接为奇瑞提供零部件，因此都与奇瑞有着密切的经济联系，而企业的社会交流和地域嵌入同样反映了经济联系的观点，即一种制度、组织结构或管制上的行为部分影响和决定了一个行动者的经济行为。经济行动者会嵌入那些能够吸引经济活动和具有社会动力的地方，并在一些情况下受到这些地方已有经济活动和社会动力的约束。经济联系既可以促进社会交流，社会交流也可以促进经济联系更加紧密，因此社会交流网络与经济联系网络的结构最为接近。从上文分析中可以看出，网络内部几乎所有的企业都与奇瑞有着紧密的经济联系，并且不同企业之间也存在不同程度的经济联系。同样，对于社会交流而言，网络内部奇瑞控股或参股的企业也与奇瑞之间存在更多联系，并且在奇瑞平台上，这些企业之间也更有机会进行直接的社会交流，因此芜湖汽车本土企业关系网络内，经济联系—社会交流的相似性程度最高。

经济联系尤其是产业前后向联系也是技术传递的重要渠道，经济前后向联系传递的不仅仅是产品流通关系，还存在技术尤其是缄默知识的传递；同样，经济水平联系传递的也不仅仅是产品的水平分配，还存在技术的共享。奇瑞本地采购的需要使转移企业间建立一定的产业联系，而基于这些产业联系，双方会主动或被动地出现一些技术的交流或传递，因此经济联系网络和技术合作网络也表现出了较强的相似性。

技术合作网络与社会交流网络的相似度最低，说明在企业关系网络中企业间技术合作和社会交流间存在较强的异构性。企业在技术合作过程中，企业技术的特性以及由技术特性所带来的交易成本的高低，都直接影响着技术合作的程度、特点与模式选择，因此，技术的特性也就直接导致了技术内在的保护性和排外性，同时企业之间的技术合作主要发生在企业核心研发人员的学习交流与互动中，而在开发区内并不存在仅有技术研发人员参与的社会交流。相反，开发区内社会交流主要是由政府或者奇瑞公司组织开展的，政府组织社会交流活动参加对象主要以企业管理层为主，奇瑞公司组织社会交流活动主要普及底层生产工人，因此，企业管理层或者普通员工参与社会交流的频率要高于企业技术研发人员。还要注意的是，对于境外转移企业，技术研发人员几乎有一半是从母国而来，本身存在社会文化、风俗习惯、组织管理等方面的差异，他们也较少参加网络内企业之间的技术交流活动。

六 奇瑞产业集群内部企业网络结构特征分析

（一）网络中心性突出，但联系性较弱

网络中心性系数是评价团体中节点作用的重要指标之一。产业联系网络中心性系数为85.54%，节点度值差距十分明显，最高值QR为41，最低值HX则为0，标准差为5.807，说明QR扮演了绝对核心地位，与其他外围企业均存在紧密的产业联系。除此，TA、BTL、YD、YSDY、HL、TY、TH等企业的节点值也较高，但值得注意的是，虽然上述企业节点值高并不意味着它们拥有很强的"网络权力"，事实上在网络中真正拥有话语权的还是QR，表现出"强核心—弱联系"特征；创新合作网络中心性系数为49.54%，节点度值差距同样显著，最高值QR为23，最低值MSTK、ATK、HX、JSZY则为0，标准差为3.396，同时企业节

点值分层现象明显。另外，TH、TY、YD、RH、JA、STR、TA、DL、BTL、LY 等少数节点度值也较高，但基本上都是生产子系统的核心企业，表现出"次核心—弱联系"特征，但随着境外转移企业在承接地建立技术研发中心，将会带动更多企业开展技术交流合作，势必形成"多中心"结构；社会交流网络中心性系数仅为 36.41%，最高值为 19，最低值则为 0，标准差为 4.432，网络节点值小于或等于平均值的比例达到 60.46%，说明企业社会合作网络联系普遍处于一种低水平状态，中心性并不明显，表现出"弱核心—弱联系"特征。企业社会交流主要包括三种形式，分别是奇瑞主导型、政府主导型和企业自主交流型，本书重点分析了奇瑞主导型和企业自主交流型，相对弱化了政府主导型研究，最主要的原因是政府主导下的社会交流方式多以定期召开相关企业家座谈会为主，更多的是反映企业对政府的诉求，而对企业之间的社会交往影响不是很大（见表6-11）。轮轴式产业集群本质上是产业链上下游环节以"信任"和"契约"为基础的网络组织，上述分析验证了轮轴式集群内部核心企业节点值大和中心性显著的典型特征。但需要注意的是，集群内部核心企业的最终产品主要由外围节点供应基本零部件，外围节点由于追求最低成本而采用生产分工协作等模式，直接导致了产业联系网络中心性更加显著和联系性更为明显。相较来说，创新合作网络和社会交流网络中的中心性和联系程度都稍显薄弱。

表 6-11　　　　　　　　企业节点在集群网络中节点值

企业名称	节点值			企业名称	节点值			企业名称	节点值		
	产业联系	创新合作	社会交流		产业联系	创新合作	社会交流		产业联系	创新合作	社会交流
QR	41	23	19	HX	7	3	2	MRL	5	3	0
TA	11	4	9	MSTK	7	0	11	PX	4	1	0
BTL	10	4	11	NSTLY	7	3	3	JF	4	3	7
YD	10	5	9	SD	6	2	2	HJ	4	4	0
YSDY	10	6	5	JN	6	3	2	YX	4	2	2
STR	9	4	15	XK	6	4	2	WX	3	2	2
LY	9	4	2	RC	6	2	3	PT	3	3	3

企业名称	节点值			企业名称	节点值			企业名称	节点值		
	产业联系	创新合作	社会交流		产业联系	创新合作	社会交流		产业联系	创新合作	社会交流
HL	9	3	3	RH	5	5	10	ZS	3	2	0
MKR	8	3	9	AK	5	1	0	YQ	3	2	8
FZ	8	2	5	SW	5	1	7	JSZY	3	0	0
TY	8	6	8	BNE	5	1	9	BS	3	2	1
TH	8	6	7	ATK	5	0	4	BLR	3	3	0
DMS	8	2	3	TL	5	2	1	HX	0	0	0
JA	7	4	1	DL	5	4	1				
KB	7	3	3	FLA	5	2	1				

（二）网络"核心—边缘"结构显著，但差异较大

通过对企业网络的"核心—边缘"结构进行模拟（见图6-13），发现产业联系网络中处于核心地位的分别是QR、YD、FZ、STR、TA、TH等13个企业，而边缘区的企业达到30个，核心区密度为0.340，边缘区密度为0.064，"核心—边缘"结构显著。核心企业中除了QR是整车组装、YD是动力/装备系统核心企业、TY与MKR是车身/安全系统企业之外，其他如DMS、FZ、STR、TA、TH、TY、HL、BTL等企业虽不是主要核心企业，但其主导产品包括了大量的汽车零部件元件，其在企业垂直联系和水平联系过程中均发挥了重要作用。处于边缘地位的企业，由于进入承接地的时间较短和本身规模较小，现阶段与集群内部其他企业并无太多的生产联系；创新合作网络中处于核心地位的分别是QR、TH、YSDY、YD、TY等9个企业，边缘区企业有34个，核心区密度为0.278，边缘区密度为0.013，"核心—边缘"结构也相对显著。处于核心地位的企业如QR、YSDY、TH等由于自身研发实力较强，已建立了研发中心，同时与其他企业存在技术交流情况，而处于边缘地位的企业大多数属于境外转移企业，并不愿意与网络内其他企业进行技术交流和共享成果，逐渐形成了典型的"个人俱乐部"现象；社会交流网络中处于核心地位的分别是QR、YD、YQ、SW、RH等15个企业，边缘区企业有28个，核心区密度为0.353，边缘区密度为0.012，

说明社会交流网络中核心企业较多，"核心—边缘"结构并不显著。处于核心地位的企业如 MSTK、BTL、STR、YD、YQ 基本属于奇瑞控股或参股企业，进驻芜湖时间较早，与其他企业已形成了良好的社会关系，而处于边缘地位的企业大多数是奇瑞不控股或不参股企业。轮轴式产业集群龙头企业和生产子系统的核心企业共同形成了企业网络的核心部分，而次核心企业及外围企业共同构成了企业网络的边缘部分，但随着时间发展，企业网络的"核心—边缘"结构是将发生变化的，且核心区密度和边缘区密度也处于演变过程之中。

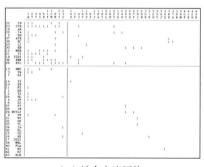

（a）产业联系网络　　　　　　　　（b）创新合作网络

（c）社会交流网络

图 6-13　企业网络的核心—边缘结构

（三）网络节点联系疏散，发育程度较低

评估网络发育程度需要重点考察网络密度和节点聚类系数，网络密度可以从整体上辨识企业网络发育程度，而节点聚类系数可以深入分析网络节点联系状况（见表6-12）。通过分析可知，产业联系网络密度最大，为 0.168，社会交流网络密度次之，为 0.1103，而创新合作网络密

表 6-12　　　　　　　　　部分企业节点聚类系数值

度值排序	网络类型			度值排序	网络类型		
	产业联系节点/系数	创新合作节点/系数	社会交流节点/系数		产业联系节点/系数	创新合作节点/系数	社会交流节点/系数
1	QR/0.122	QR/0.140	QR/0.170	12	TH/0.571	BTL/0.270	TH/0.333
2	TA/0.600	TH/0.223	STR/0.181	13	DMS/0.607	HJ/0.220	SW/0.333
3	BTL/0.533	TY/0.233	MSTK/0.227	14	JA/0.619	LY/0.083	JF/0.405
4	YD/0.289	YSDY/0.167	BTL/0.300	15	KB/0.762	NSTLY/0.167	FZ/0.300
5	YSDY/0.489	YD/0.250	RH/0.211	16	HX/0.627	KB/0.167	ATK/0.417
6	STR/0.611	RH/0.200	TA/0.194	17	MSTK/0.414	PT/0.026	DMS/0.500
7	LY/0.556	JA/0.333	MKR/0.250	18	NSTLY/0.367	JN/0.167	RC/0.500
8	HL/0.472	STR/0.250	YD/0.292	19	SD/0.400	MRL/0.133	KB/0.300
9	MKR/0.514	TA/0.250	BNE/0.236	20	JN/0.320	JF/0.500	YX/0.167
10	FZ/0.536	DL/0.250	TY/0.321	21	XK/0.104	HX/0.152	NSTLY/0.500
11	TY/0.536	XK/0.038	YQ/0.393	22	RC/0.533	MKR/0.160	HL/0.500

度最小，仅为0.079，不足全连通网络的十分之一，说明奇瑞产业集群虽然经历了技术引进、成本优化、多元考量等阶段，但网络建构仍不完善，网络成员特别是不同生产系统之间的企业联系疏散，连通能力亟待加强。产业联系网络的平均聚类系数为0.502，但创新合作网络和社会交流网络的平均聚类系数仅为0.254和0.284，意味着众多边缘节点与核心节点联系都较为陌生。基于对2014年集群内部企业之间产业联系、创新合作、社会交流网络中排名前22位企业节点的聚类系数分析可知，在网络中扮演核心角色的企业聚类系数相对来说都较小，甚至部分节点的聚类系数是0。产业联系网络中的节点聚类系数程度相对较高，说明与核心企业相联系的外围节点之间存在一定的联系，相互之间并不陌生，如果从奇瑞汽车的四大生产系统来看，电子电器系统和车身安全系统企业联系较为紧密，而动力装备系统企业联系最弱；创新合作网络中节点聚类系数程度较低，主要是由于境内外转移企业客观存在的技术"势差"，更易形成"个人俱乐部"现象，部分企业不能完全进行技术积累过程和实现结构化或半结构化的学习过程；社会交流网络中节点聚类系数程度也相对较低，同时在网络内部中介节点异质性比较特殊，存

在少数节点值低而中介作用较强的现象如 HL、DMS、NSTLY 等。20 世纪 90 年代后期，外商投资和国内产业转移所形成的轮轴式产业集群在发展过程中由于部分企业根植性较弱，并未实现有效"嵌入"，形成了典型的"飞地经济"和"候鸟经济"，直接导致了产业集群内部企业网络发育不健全，但随着部分转移企业根植性增强，企业与承接地基于"社会嵌入""网络嵌入""地域嵌入"等通道，势必会促进企业网络发育，企业节点的聚类系数也将进一步提升。

第五节　奇瑞产业集群内部企业网络形成机理

奇瑞集群内部企业网络建构是一个受多种因素共同影响的复杂过程，既包括了企业地理空间临近性，又包括了社会关系资产异质性和技术关联所导致的认知互动性。基于此，研究从问卷结果和访谈内容出发，重点探讨企业网络的形成机理。

一　地理临近性：地理接近与面对面交流

从韦伯强调的内部规模经济到马歇尔强调的外部规模经济，产业活动的地理集聚性均发挥了核心作用，而地理接近与面对面交流是经济地理学与"新经济地理学"解释经济主体发展的共同出发点，也是解释奇瑞集群关系网络形成机理的一个重要视角。基于调研可知，奇瑞公司总部、龙山分部和发动机一、二厂，变速箱一、二厂主要集中分布在凤鸣路以西、长江路以东、鞍山路以南和港湾路以北面积约 25 平方千米范围之中，而转移企业秉行"运输距离小、产品成本低"原则，基本上布局于奇瑞总部及分部周边，集中分布于松花江路—凤鸣湖路以西、银湖北路—长江路以东的区域，运输距离大概在 1 小时范围之内。如果从奇瑞汽车的四大生产系统来看，由于车身安全系统和电子电器系统属于"小而多，专而精"行业，企业数量较多且空间区位较为集中，企业间由于联系频繁而导致网络发育较为成熟，而底盘系统企业和动力及装备系统企业不仅数量较少且空间区位较为分散，企业之间联系疏松导致了网络发育不成熟。总之，地理临近性为企业面对面交流和企业网络形成提供了最基本条件，通过若干访谈资料也可得到进一步证实，如BNE 企业称："因为距离较近，所以企业相互之间交流情况很明显，像我们公司和 YQ、TH、TY、BTL、MSTK、ATK 等都时常有交流"。

二 关系异质性：关系资产与行动者网络

奇瑞公司成立的最大动力来自"无知"（把做汽车的困难想简单了）和利益驱动（汽车当时是高暴利产业）。从最初"八大金刚创奇瑞"奠定的传统社会关系资产到现阶段随着企业交往能力增强而引发的新型关系资产，均在企业网络建构过程中发挥了重要作用。从问卷结果可知，企业之间除了地缘关系外，还存在部分企业负责人是同学或同事等关系，"企业拥有社会关系资产的交往意愿"选择"高"和"较高"的企业占到88%，说明了关系资产对关系网络构建的重要作用（见图6-14）。虽然企业及其他行动主体通过行动者网络也从根本上推动了企业网络的发展，然而行动者网络并不是原有行动主体的简单组合，而是每一个行动者在新网络中的重新界定。当前奇瑞汽车产业集群内部的行动者网络主要是以国家和地方政府的相关政策作为保障，以奇瑞总公司为关键行动者，平行或自上而下对其他异质行动者（供应商、物流商、劳动中介机构、技术研发机构）进行征召，但这一网络并非固化的，是异质性行动者及其相互作用所构成的具有一定权力关系与动态变化的行动者空间网络。总之，企业网络形成的中介通道就是企业负责人之间拥有的社会关系资产，企业拥有社会关系资产越多，就越容易形成紧密的关系网络，反之亦然。从图6-2（c）中可以看出奇瑞控股或参股企

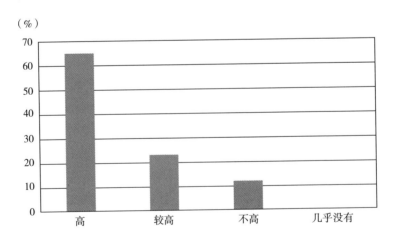

图6-14 拥有关系资产的企业交往频率

业的联系状况要好于"飞地"企业之间的联系状况，其主要原因就是控股或参股企业比"飞地"企业拥有更多的社会关系资产。因此，为了促进企业网络健康持续发展，须加强企业负责人之间的交流，同时也要进一步拓展企业负责人与政府机构、行业协会、社会团体等的关系。

三 认知互动性：技术关联与路径创造性

汽车产业是技术密集型产业，四大生产系统（汽车动力装备系统、车身安全系统、底盘系统和电子电器系统）虽然拥有相异的行业技术规范，但仍存在明显技术关联性。如汽车动力装备系统主要由机体、冷却系、制动系、润滑系、燃料系和点火系等组成，而制动系与底盘系统相关，点火系则与电子电器系统密切相关，因此不同生产系统企业之间存在技术交流的可能性与客观性。通过调研可知，集群内部企业总体研发实力较强，其中国家级高新企业和省级高新企业占60%以上，存在能够有效地进行学习创新和路径创造的基础和条件，同时集群内部企业倾向于进行创新合作的意愿较强，企业愿意进行技术交流与合作的主要原因是力图提高产品质量和提升区域影响力，不愿意进行技术交流与合作的主要原因是防止内部核心技术泄露和避免同行企业恶性竞争（见图6-15）。在企业网络形成过程中，企业通过内源技术创新、外援技术创新和基于全球价值链分工集成的创新等各种形式进行学习创新和路径创造，推动产业链上下游的信息进一步扩大，特别是与其他生产系统核

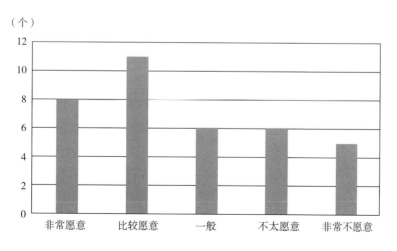

图6-15 企业间技术学习及合作意愿

心企业进行信息沟通和战略合作，会显著提升集群间企业的技术合作联系。从图 6-2（b）中可以看出，境外转移企业之间的技术交流与合作联系情况要好于境内企业，并且境内外转移企业之间的技术交往较少，最主要的原因是境内外企业客观存在的"技术势差"，将深刻影响企业技术积累过程和结构化或半结构化学习过程，这是需要重点关注的问题。

第六节　小结

基于对奇瑞汽车集群的实地调研，深度刻画了 2014 年企业网络的结构特征，利用问卷结果和相关访谈资料分析了企业网络的形成机理，主要结论如下：

（1）企业网络中心性较为突出，网络结构呈现显著"核心—边缘"模式，说明核心企业 QR 拥有绝对的"网络权利"，是外围企业发展的"助推器"和集群创新的"技术领袖"，在企业网络的形成过程中发挥重要作用；企业网络整体发育层次较低，差异性较大，说明集群内部企业间交往仍以产品垂直及水平协作为基点，虽然企业间存在社会交流现象但程度相对较弱，同时汽车生产系统技术差异及"小团体""俱乐部"等现象也导致了企业创新合作网络发育不成熟。

（2）企业网络形成是地理临近性、关系异质性、认知互动性等多种因素综合作用的结果。其中，企业的地理空间临近和面对面交流为企业网络形成提供了基本条件，企业负责人的关系资产和多元经济主体的行动者网络为企业网络形成提供了介质条件，不同生产系统企业间的技术关联性和正向研发平台需求的技术路径创造性为企业网络形成提供了保障条件。

（3）通过对汽车企业关系网络结构特征的分析发现：企业行动者网络复杂多变。随着异质行动者的进入、退出与身份转变，行动者网络空间均发生深刻变化，行动者网络是一个充满利益争夺和协商的动态连接；企业关系网络结构异质性显著。网络中心性突出，但差异较大；网络结构虽都呈现核心边缘结构，但程度差别显著；虽然网络发育都不完善，但连通能力仍有差别。

　　本书也存在若干未解决的问题，需要深入思考，主要包括以下三点：一是由于企业调研较为困难，存在太多不确定性，因此调研对象未能包括经济开发区奇瑞汽车集群所有的零部件转移企业，同时构建的无向无权网络也不能反映连接强度差异。二是企业网络是一个动态过程，奇瑞公司自1997年成立以来，已经历了"技术引进—成本优化—多元考量"的阶段，在不同发展阶段，企业网络结构将发生什么样变化，有何空间表现，这是后期亟须解决的关键问题。三是2015年奇瑞公司初步完成"转型"，模块化平台和正向研发平台的搭建将进一步影响企业网络的结构特征变化，在此背景下，如何深入探析企业网络未来趋势以及企业角色变动都是值得深入思考的问题。

第七章

奇瑞汽车企业网络角色
辨识及形成机理

第一节 问题提出

产业集群作为某一行业内的竞争性企业以及与其互动关联的合作企业、专业化供应商、服务供应商、相关产业厂商等聚集在特定地域的现象，本身包含了企业同质性和异质性的对立统一。同质性企业集聚带来的专业化外部规模经济称为"马歇尔外部性"，与其不同的是，"雅各布斯外部性"更加强调异质性企业带来的外部规模经济，两种外部性并非相互排斥，均对地区产业发展具有重要的现实意义。近年来，随着演化经济地理学的发展，不少学者意识到如何基于"权力""技术""制度"等要素重新梳理与整合产业集群路径依赖与路径创造的对立统一显得尤其重要，其根本原因是产业集群内部企业异质性作为"黑箱"的客观存在，这不仅深刻作用于企业间贸易行为，而且对企业区位选择的行为机制差异化也产生了重要影响。因此，探求企业角色异质性不仅可以有效地分析企业间及企业与不同空间尺度环境相互作用，而且能科学地对产业集群演化动力和区域经济发展方向提供实证参考。

20世纪90年代中期开始，随着企业层面微观数据的逐步开放，企业异质性问题引起经济学界、管理学界等广泛关注，使寻求解释企业间差异及其经济意义成为可能。以Melitz为代表的经济学家开创的企业异质性与资源配置效率分析引发了异质性企业贸易理论（新新贸易理论）研究进入"黄金十年"，虽然其更多关注的是由于生产率差异而导致的企业异质性，但在一定程度上仍弥补了传统贸易理论和新贸易理论的"行业间完全对称且同质"的逻辑缺陷。以 Teece 为代表的管理学家则从企业动态能力视角出发，基于整合、知识演变、技术、学习等视角，认为企业"惯例"通过响应环境变化来实现企业间整合、协调与重构，虽然隐含着由于路径依赖而产生的"惯性陷阱"问题，但它提出的"分阶层"理解企业动态能力以及异质性问题可为本书奠定坚实的理论基础。企业作为产业集群研究最基本的单元，企业动态能力变化所导致的角色异质性直接影响集群可持续发展，因此从动态内生的角度考虑企业如何在复杂变化的环境中获得持续竞争优势是当前研究中亟须加强的。虽然目前经济地理学对企业异质性的理论和实证研究较弱，但如何有效借鉴其他学派理论并放置于产业集群研究范畴之内，仍是值得学者深入思考的关键理论问题。

本书选择奇瑞汽车产业集群为样本，主要基于以下原因：一是依托奇瑞汽车股份有限公司，芜湖经济技术开发区自 20 世纪 90 年代以来承接了大量的国内外汽车零部件转移企业，如德国博世（BS）集团、美国塔奥（TA）集团、法国法雷奥（FLA）集团、意大利菲亚特（FYT）集团、韩国浦项制铁（PX）集团、中国香港信义（XY）集团、中国台湾莫森泰克（MSTK）集团、上海尚唯（SW）公司等，境内外转移企业数量约占 80% 以上，形成了典型的以本土企业为核心，以转移企业为外围的"外嵌式"轮轴产业集群，"核心—边缘"结构显著，企业角色异质性明显。二是西方经济学界也在同步开展汽车产业集群企业网络角色研究，如日本、捷克、巴西等汽车产业等，有利于与国际案例之间进行比较分析。研究尝试回答两个问题：一是案例集群的企业角色异质性如何进行有效识别？二是企业角色异质性如何进行有效理论阐释？研究尝试建构企业角色异质性的理论分析框架，并力图通过"地方典型经验"为理解产业集群提供重要的参考视角，服务于我国企业地理学的理论创新。

第二节　研究框架

一　理论模型

产业集群理论本质在于专业化集聚基础上的地方化结网。近些年，"网络"作为产业集群的本质特征已引起广泛关注，集群网络内部企业角色异质性研究也成为值得探索的关键科学问题。Glückler 和 Doreian 指出，经济地理学家对企业角色异质性分析虽然经历了从探索性到演绎性的过程，但目前仍存在诸多问题。相比于传统研究方法，Prota、Glückler 和 Panitz，Kirschbaum 和 Ribeiro 等学者构建的 Blockmodeling 理论模型为推动企业角色异质性认知做出了重要贡献。Blockmodeling 理论模型利用递减演绎模式将集群网络内部繁杂的企业角色归并为有限的几种，通过结构性等价标准方法和规则性等价标准方法进一步剖析微观层面的企业联系和宏观层面的网络结构，是当前利用社会网络方法分析企业角色最有效的理论指导方法。相比于传统分析方法，Blockmodeling 理论模型不仅强调企业节点的结构特征，更加突出节点之间联系的重要作用，认为每一种活动都可以定义为两个行动者主体之间的联系方式，因此，节点位置和联系活动就共同组成了企业角色系统。虽然每一个产业集群网络都可能包含诸多相似位置，但由于节点联系活动不一致，企业角色也将存在较大异质性，假设在某网络中，A 和 B 作为供应商提供给 C 商品，供应商 D 利用相同方式提供给 E 商品，如果采用结构性等价标准，5 个企业节点可以划分为 4 种角色类型，分别是 AB、D、C、E，但如果根据规则性等价标准，有可能只存在两种角色类型，分别是 ABD、CE（见图 7-1）。通过分析可知，结构性等价标准可以通过定量方法获得，如网络中心、阿基米德距离、中介中心、聚类系数等，但规则性等价标准必须通过企业深度访谈等定性方法获取企业节点之间真实的联系状况。需要指出的是，Blockmodeling 理论模型虽然可为探究企业角色异质性提供方法指导，但由于实际过程相对繁杂，因此纯理论方法描述过程不具备准确性。因此，在针对特殊问题时，采用定量和定性相结合进行角色异质性识别是非常必要的。

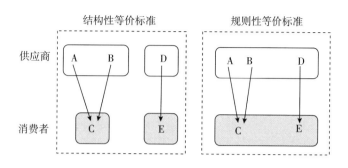

图7-1 不同等价标准约束下的企业角色异质性识别理论方法模型

二 研究框架

企业作为全球化背景下"产业—地域"的空间修复交互活动的主体，在实践上与全球/地方生产网络的构建和演化上具有高度的关系建构性、情景敏感性、路径依赖性、集聚经济性和尺度相关性。20世纪90年代以后，"第四次产业转移浪潮"所引发的以外商投资和产业转移为主导的"外嵌式"轮轴集群已成为当今中国最重要的产业集群类型，也成为促进本土企业嵌入全球生产网络和全球价值链实现"战略耦合"的重要载体。虽然产业集群内部企业受多种因素影响，系统阐述其角色异质性显得较为困难，但经济地理学界的已有研究仍做出了积极有益的探索。基于价值链视角，部分学者提出全球价值链通过跨国公司实现生产过程在地理界线的跨越，而处于价值链顶端的领先企业则掌握着生产网络的进入权、代理权和组织管理权等；基于战略关系视角，部分学者认为技术外溢、资本积累、品牌推广、信息获取、市场控制等战略因素共同影响企业网络特征以及角色定位；基于嵌入视角，部分学者将不与本土企业发生任何联系的跨国转移企业定义为"外来者俱乐部成员"，在供应链园区投资中的龙头企业则往往会成为俱乐部的核心；基于网络特征视角，部分学者将操纵团队的对内、对外信息，并且具备强大的"网络权力"和处于结构洞位置的视为守门员（gatekeeper）。虽然已有方法在识别典型企业角色时比较有效，但要深入研究集群网络内所有企业角色异质性显得乏力，并且在判断方法上多以定性为主，缺少定量测度。同时，以Glückler、Doreian、Turkina等为代表的经济地理学者进一步指出，当前对企业角色异质性研究大体基于全球价值链（GVC）和全球生产网络（GPNs）视角，忽视了地方生产网络和地方性的概念，针对这一问题，Turkina 等认为最主要的原因是较难获取企业间在固定区域及跨区域联系的大规模实证数据。

基于上述分析，研究认为有必要进一步建构和完善企业角色异质性的理论框架。企业动态能力作为战略管理领域研究的一个重要理论工具，学者可以在实证研究中进行具体化操作以具备可实现性，因此本书将在企业动态能力理论整合和重新定位的基础上，基于地方网络和区域发展的互动情景，将经济地理学关注的价值链、企业战略、地方嵌入和网络结构等视角共融，重构企业角色异质性的理论分析框架。首先，企业动态能力理论强调企业属性属于企业的"零阶"能力，而企业属性特征则是决定企业价值链最根本的要素之一，价值链及价值体系这种连续性的非地域空间生产结构在一定程度上映射了规模等级和供应层级。企业属性特征包括了企业来源地及文化、企业规模、企业产品类型等众多要素，共同影响和决定了企业节点在价值链中的位置以及不同企业节点之间的联系程度。其次，企业动态能力理论认为企业所处的经济制度、社会体系、文化环境等差异直接影响到企业能否快速地对外界环境变化做出反应而改进、更新、重构和重新创造资源的行为向导是其"一阶"能力。针对跨国公司而言，其地方嵌入本身具有典型的"非自动性"和"非自主性"特征，嵌入模式深受多方主体如跨国公司母公司、子公司、地方政府与地方企业互动博弈的影响，基于不同的嵌入模式及程度，企业角色异质性也较为突出。再次，企业动态能力理论进一步突出了企业战略导向的重要作用，强调发展企业"二阶"核心能力的关键是以企业战略目标为导向整合企业资源与能力。在现实情况下，企业发展的不同阶段，其资金、技术、知识等方面的积累程度不同，而与此相应的企业战略也有很大不同，企业角色也将表现出极大异质性。最后，虽然企业动态能力理论并未涉及产业集群网络特征，但"网络"作为产业集群的本质特征已引起学者的广泛关注。现实中，无论是基于企业属性，还是基于战略导向和嵌入模式，最终都将作用于集群网络的整体结构，因此可以选取阿基米德距离、结构洞、中介中心性指数表征企业网络"权力"、社会资本等对角色异质性的作用。研究认为企业属性特征为企业角色异质性奠定了权力基础，战略导向为企业角色异质性奠定了关系基础，地方嵌入为企业角色异质性奠定了社会基础，网络特征为企业角色异质性奠定了结构基础（见图7-2）。但需要注意的是，企业角色不是静止不变的，而将随着作用机制程度不同而发生转变。

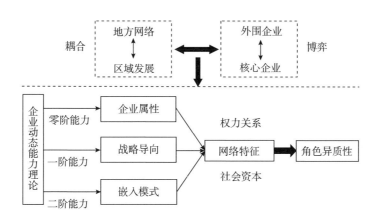

图7-2 企业角色异质性理论分析框架

第三节 研究方法

转移企业网络角色指转移企业在承接地与区域外部力量交互所形成的全球—地方生产网络中所处的位置及所具有的网络作用。虽然很少有学者系统阐述这一问题，但已有相关研究在企业网络角色判别和分析方面做出了有益探索，但遗憾的是研究方法过于依赖转移企业社会属性，缺少定量的测度和分析，同时上述分析方法在细致识别一个产业集群内所有转移企业的角色时显得相对乏力。因此，为弥补上述研究的不足，本章将综合多种识别标准，采用定性、定量相结合的方法，同时通过对典型企业的案例分析，判别转移企业网络角色。

一 定量方法

（一）中介中心性系数

对于企业角色的判别，本章将引入中介中心性系数。中介中心性系数是衡量一个人作为媒介者的能力，也就是占据在其他两者快捷方式上重要位置的人。如果一个网络有着严重的切割，形成一个个分离的组件，这就是所谓的"结构洞"。如果有一个人在两个分离的组件中间形成了连带，也就是所谓的"桥"。测度公式如下：

$$C_B = \sum_{i<j}^{1} n_{ij}/n_{ij} \qquad (7-1)$$

标准化无方向性图形公式如下：

$$C'_B = \frac{2\sum_{i<j}^{1} n_{ij}/n_{ij}}{(n-1)(n-2)} \qquad (7-2)$$

群体中介性公式如下：

$$C_B = \frac{\sum_{i=1}^{n}(C_B^* - C_B)}{[(n-1)^2(n-2)]} \qquad (7-3)$$

式中，n_{ij} 是行动者 j 到达行动者 i 的捷径数，n 是网络中的人数。

（二）阿基米德距离

如果网络 m 和 n 是结构同型，则 $X_{mk}-X_{nk}$ 及 $X_{km}-X_{km}$ 结果为 0，网络 m 和 n 中的任意节点与其他节点 k 的关系差额的总和就是阿基米德距离，其公式如下：

$$D_{mn} = \sum_{k=1}^{g} \sqrt{[(X_{mk}-X_{nk})]^2 - [(X_{km}-X_{kn})]^2} \qquad (7-4)$$

换句话讲，网络结构越相似，m 和 n 对所有企业网络节点 k 的关系相减二次方总和就会越接近于 0。然后在 UCINET 中，将阿基米德距离矩阵转化为柱状图，再从柱状图去判断节点群化。把距离最接近的节点归为一类，距离小的柱状长度越短，距离大的柱状长度越大，最后根据不同数量结构职位的划分进行角色判定。

二　定性方法

借鉴和参考已有研究对转移企业网络角色的认识（Dicken et al.，2001；文嫣等，2005；景秀艳，2009；Wei et al.，2010；潘峰华等，2010；赵建吉，2011；Guo et al.，2011；潘少奇，2015），转移企业网络角色的分析采用了多种识别标准，包括价值链环节、网络权力、结构位置、嵌入视角等，不同研究可能有选择地采用了一种或几种识别标准。但已有方法在辨别典型企业时比较有效，如果深入分析网络内所有企业的角色显得相对不足，并且定性研究多，而定量研究少。本章将在企业中介中心性指数和阿基米德距离定量分析的基础上，根据企业属性判断和访谈资料，按照"群体划分—关系强度—结构位置—属性辨别—权力特征"的角色判定步骤。在"群体划分—关系强度—结构位置"上采用定量研究，在"属性辨别—权力特征"上采用定性分析，然后进行综合判别。

本章将转移企业在转移企业关系网络中的角色分为 6 种。需要注意的是，若干企业在关系网络中扮演的可能不止一种角色，而是多种角色的综合体，因此需要进行综合分析。

（1）核心成员。在企业关系网络中，核心成员与其他企业有较为紧密的联系。企业节点度值最高，中介中心性可能较高，也可能较低，同时企业都具有较强的技术合作能力和社会交流能力，主导和影响着企业关系网络的构建和治理。需要注意的是有若干核心企业可能属于其他企业类型。

（2）中介成员。中介企业存在的主要原因是部分节点扼守在两组关联较少节点相互联系的必经之路上，存在度值高且中介中心性指数高和度值不高但中介中心性指数高的两种情况，因此少数节点度值较低的企业也属于中介企业。中介企业既可能是国内转移企业，也可能是境外转移企业。

（3）外来俱乐部成员。该类型企业基本不与国内转移企业发生联系，但与区域内部的核心企业关联密切，由此构成了基于转移企业的"外来者俱乐部"。该类型企业具有较高的"技术权力"，企业节点度值和中间中心度值可能较高，如果不基于连接对象区分很容易将其误判为网络领导核心或主要成员。

（4）守门人。根据 2015 年国家发展改革委员会国际合作中心研究丛书系列之《谁在误导你的决策——无处不在的守门人》，本章认为，守门人企业是一个团体的对外代表，控制着对外协调的门槛，具备三个主要特点：一是守门人企业和国内外转移企业都具有较密切的合作，操纵了团队的对内对外信息；二是守门人企业具有较强实力，包括经济实力、技术实力和社会交往能力，换句话讲，守门人企业应具备强大的"网络权力"；三是守门人企业一般处于结构洞位置。

（5）边缘成员。边缘企业与核心企业联系较为稀疏。在企业关系网络中，企业节点度值较低，中介中心性既可能较低，也可能较高。在关系网络结构中，企业处于边缘地位，同时并不具备较强的技术合作能力和社会交流能力。需要注意的是若干边缘企业也可能属于其他企业类型。

（6）孤立点。网络孤立点企业与已有研究所描述的"沙漠中的教堂""飞地经济"类似，这些转移企业基本不同周边任何转移企业发生产业联系，只与核心企业发生一定的联系，企业网络分析中它们的节点度值低甚至为0。

第四节　转移企业角色辨识及特征分析

一　转移企业在网络中角色辨识

第六章采用中心性系数、中心势、网络密度、聚类系数、平均最短路径等指标，分析了企业经济关系网络、技术合作网络和社会交流网络结构特征，并深入分析了三大网络结构的异质性和相似性。本章将在已有分析的基础上，结合中介中心性指数、阿基米德距离和定性分析方法，同时结合典型案例，详细判别国内外转移企业在三种关系网络中的角色，并对转移企业角色特点进行分析。关系网络中企业角色分析和判别主要步骤是：①在UCINET软件中利用阿基米德距离方法展示企业如何分群，这种方法只能初步从企业两两节点间的距离上进行划分，免不了出现误差，因此需要采取再次验证。②根据中间中心度和企业度值及节点位序，进一步修正和判定企业的角色。③虽然通过步骤一和步骤二，可以得到企业角色在定量分析上的相关结论，但在转移企业关系网络中，由于转移企业具有不同的"权力"可能导致不同的转移企业还可能居于不同的网络位置。针对上述情况，本章将选取某些典型企业，通过调研时获取的访谈资料即典型案例方法进一步来验证。

（一）转移企业在经济关系网络中的角色

首先，将相关企业属性数据进行分析，得出企业经济关系网络柱状图（见图7-3）。用柱状图最大的好处就是具有比较高的任意性，可以自我判断出几个典型角色。从图7-3中可以看出，32（HX）除了与奇瑞有单向的经济联系之外，基本上与其他企业生产不存在任何经济关系，因此属于孤立点企业。企业角色基本上仍是以汽车四大生产系统进行的划分，各生产系统内部企业角色较为一致，因此只能做面上分析，并不能深入判断其特殊角色。单纯利用阿基米德距离和柱状图是不完善的，因此研究将从企业中介中心性、节点位序以及企业核心—边缘结构加以证实和分析。

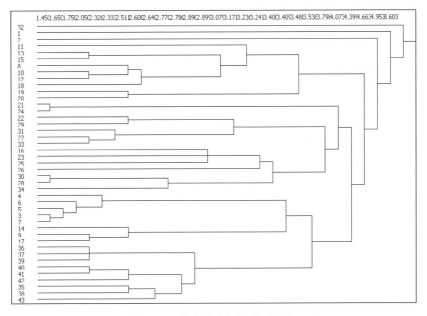

图 7-3 汽车企业经济关系网络

在网络分析中，企业节点度可以较好地反映企业关系网络关系强度特征，而中间中心度和核心—边缘分布则可以很好地反映企业节点在网络结构位置。首先根据转移企业在经济关系网络所有节点中的度值位序及中间中心度值位序制作象限图（见表 7-1、图 7-4）。从图 7-4 中可以看出，TA、BTL、YD、YSDY、STR 等企业无论从企业节点度位序还是企业中间中心度都居于前列，而 PX、JF、HJ、YX、WX、PT、ZS、YQ、JSZY、BS、BLR、HX 等企业落于最后，其他企业都处于中游。从企业核心边缘结构也可以发现，具有前列的企业基本上都属于核心企业，居于核心地位，其余企业基本上都处于边缘区地位。因此 TA、BTL、YD、YSDY 等 11 个企业都属于核心成员。

表 7-1　　　　　经济联系网络中转移企业度值及中间中心度位序

名称	节点位序	中间位序	名称	节点位序	中间位序	名称	节点位序	中间位序
QR	1	1	HX	16	19	MRL	31	21
TA	2	6	MSTK	17	20	PX	32	38
BTL	3	4	NSTLY	18	18	JF	33	27
YD	4	2	SD	19	31	HJ	34	29
YSDY	5	3	JN	20	32	YX	35	28
STR	6	10	XK	21	33	WX	36	42
LY	7	7	RC	22	13	PT	37	41
HL	8	5	RH	23	23	ZS	38	40
MKR	9	17	AK	24	39	YQ	39	36
FZ	10	8	SW	25	30	JSZY	40	37
TY	11	12	BNE	26	22	BS	41	35
TH	12	9	ATK	27	24	BLR	42	34
DMS	13	11	TL	28	25	HX	43	43
JA	14	14	DL	29	16	—		
KB	15	26	FLA	30	15	—		

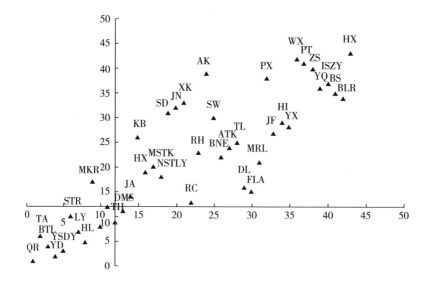

图 7-4　经济联系网络中转移企业度值及中间中心度位序

对于中介企业而言，如前文所述，中介企业存在度值高且中介中心性指数高和度值不高但中介中心性指数高两种情况。从表7-1和图7-4可以看出，TA、BTL、YD、YSDY、STR、LY、HL、FZ、TY、TH属于度值高且中介中心性指数高的中介企业，DMS、FLA、JA属于度值不高但中介中心性指数高的中介企业。

对于外来俱乐部企业，需要从企业关系属性数据入手加以判别。外来俱乐部企业基本上针对国外或中国港澳台投资的企业，从表7-2可以看出，国外或中国港澳台投资的企业共有22家。本章将企业关系网络中国外或中国港澳台投资的企业连接度分解为与国内转移企业连接度和与国外或中国港澳台转移企业连接度。外来俱乐部企业指的是基本上与国内转移企业没有关系，与国外或中国港澳台转移企业联系比较强的企业（见表7-2）。总的来说，在经济关系网络中，国外/中国港澳台企业之间的联系程度高于与国内企业的联系程度的比例达到82.61%，在所有国外/中国港澳台企业中属于绝对的外来俱乐部企业有JSZY、AK、PT、DL、ATK，且存在部分相对的外来俱乐部企业，如MSTK、TH、KB、BNE、FLA等。从汽车生产系统来看，车身/安全系统和电子电器系统的外来企业更容易形成外来俱乐部团体，这主要是由于上述两系统国外/中国港澳台企业较多，并且其与国内转移企业存在着较大的生产实力差距。

表7-2　经济关系网络中国外/中国港澳台转移企业联系度分解

名称	国内	国外/中国港澳台	名称	国内	国外/中国港澳台
RH	4	1	BTL	3	6
PX	3	1	PT	0	2
MSTK	1	5	NSTLY	2	4
FZ	3	4	KB	1	5
MKR	4	4	DL	0	2
DMS	3	5	BNE	1	3
JSZY	0	2	ATK	0	4
AK	0	3	MRL	2	2
TH	1	4	FLA	1	3

名称	国内	国外/中国港澳台	名称	国内	国外/中国港澳台
HL	3	4	BS	0	2
TA	3	7	HJ	1	2

对于守门人企业而言，它是一个团体的对外代表，控制着对外协调的门槛。根据守门人企业的三原则，本章认为 TA、YD、BTL 及 YSDY 扮演了守门人企业角色。YD 属于动力及装备系统企业，YSDY 属于车身/安全系统企业，TA 和 BTL 则属于底盘系统企业，上述四个企业不仅与区域内国内外转移企业具有较密切的合作，而且还具备强大的"网络权力"，同时上述四个企业与区域之外的汽车零部件企业联系也较为紧密，即它们处于区域外部企业和 QR 之间的结构洞位置。在调研访谈中，也得到了相关证实。以国内转移企业 YD 公司为例："由于企业实力比较雄厚，基本上占奇瑞动力及装备系统供货的 70%以上。虽然和区域内其他动力模块的企业没有太多的联系，但是与外部企业的联系还是比较多的。在产业链上下游上，需要不同类型的企业为我们供货，但是由于其他企业存在这样或那样的问题，并没有进入奇瑞供应商行业，换句话说，他们也只有通过我们企业，才能为奇瑞供货，才能和奇瑞产生经济联系。"以境外转移企业 BTL 公司为例："我们公司始建于 2004 年，2010 年被评为最具竞争力中国汽车零部件百强企业，旗下有唐山伯特利、迪亚拉公司等公司，另外还有鄂尔多斯、重庆和大连分公司。主要产品包括各种制动器、真空助力器、ABS、ESP 等，主要客户除了奇瑞之外，还有一些包括国内的长安汽车、北京汽车、上海通用汽车、宇通客车、江淮汽车、吉利汽车和国外的美国通用汽车、沃尔沃汽车等。由于企业自身实力雄厚，许多零部件原产品也需要由不同的企业为我们供货，他们也只有通过我们企业，才能进入奇瑞的供货圈子"。

综上所述，企业经济关系网络中，42 家国内外转移企业均扮演着不同的角色，有些企业甚至扮演着两到三种角色。中介企业基本上仍以核心企业为主，而外来俱乐部企业则以边缘企业为主，守门人企业主要从核心企业和中介企业遴选而来。其中，核心企业和中介企业基本上一致，这说明在经济关系网络中，核心企业无论是从自身生产地位还是协调不同企业间生产关系方面均保持较强的实力，但仍存在若干自身生产地位不高但协调性较强的企业，以 FLA 为例，芜湖 FLA 汽车照明系统有限公司致力于奇瑞汽车车灯产品部件及系统总成的研发、生产、销售，虽然现在在经济关系网络中企业度值较低，但已经逐步和其他生产系统特别是电子电器生产系统的企业搭建起良好的企业生产协作关系，可以预测，FLA 必将成为经济关系网络中的核心企业。TH 则表现出典型的 3 角色同构类型，它不仅扮演了核心企业角色，还扮演着中介企业和外来俱乐部企业的角色。TH 成立于 2006 年，是一家以汽车传感器、压力传感器、变速箱电子零部件、温度传感器、发动机电控零部件等为主要产品的专业生产加工的公司，由于 TH 主要以元零件为主，因此它在协调生产系统内境外转移企业生产方面扮演了重要的角色，同时在经济关系网络中，也占据了重要的地位。但是，应该认识到，TH 和国内转移企业并未建立良好的协作关系，需要进一步加强。

（二）转移企业在技术合作网络中的角色

首先，将相关企业技术合作属性数据进行分析，得出企业技术合作网络柱状图（见图 7-5）。结合图 6-3 和图 7-5，8（MSTK）、17（JSZY）、37（ATK）、32（HX）四个企业在技术合作网络中，基本上与其他企业没有任何技术合作关系，因此属于孤立点企业。从图 7-5 还可以看出，由于技术特性、境外转移企业"个人俱乐部"效应以及国内外转移企业技术级差效应等影响，企业技术合作网络发育不成熟，极少数节点掌握着较大的网络权力，但是企业角色相似性却比较明显。需要注意的是，不同生产系统企业角色也存在较为典型的相似性。

根据转移企业在技术合作网络所有节点中的度值位序及中间中心度值位序制作象限图（见表 7-3、图 7-6）。从表 7-3 和图 7-6 可以看出，TH、TY、RH、STR、TA、DL、XK、BTL 等企业无论从企业节点度位序还是企业中间中心度都居于前列，而 WX、TL、BS、AK、BNE、PX、SW、ATK、MSTK、HX、JSZY 等企业落于最后，其他企业都处于中游。从企业核心边缘指数和空间结构也可以发现，排在象限前列的企业基本上都属于核心企业，其余企业基本上都处于边缘区地位。因此，TH、TY、RH、STR、TA 等八个企业属于核心成员，而 WX、TL、BS、AK

等企业大体属于边缘企业。

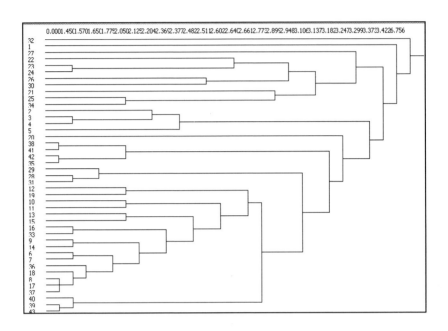

图 7-5　汽车企业技术合作网络

对于中介企业而言，同样存在度值高且中介中心性指数高和度值不高但中介作用高两种情况，因此少数节点度值较低的企业也属于中介企业。从表 7-3 和图 7-6 可以看出，QR、TH、TY、RH、STR、TA、DL、XK、BTL 属于度值高且中介中心性指数高的中介企业，JN、HX 则属于度值低但中介中心性指数高的中介企业。

表 7-3　　技术合作网络中转移企业度值及中间中心度位序

名称	节点位序	中间位序	名称	节点位序	中间位序	名称	节点位序	中间位序
QR	1	1	KB	16	19	WX	31	36
TH	2	8	PT	17	30	ZS	32	26
TY	3	4	JN	18	5	TL	33	38
YSDY	4	16	MRL	19	21	BS	34	37
YD	5	15	JF	20	31	YX	35	14

名称	节点位序	中间位序	名称	节点位序	中间位序	名称	节点位序	中间位序
RH	6	3	HX	21	9	AK	36	29
JA	7	20	MKR	22	13	BNE	37	27
STR	8	7	HL	23	22	PX	38	28
TA	9	6	BLR	24	32	SW	39	39
DL	10	11	SD	25	23	ATK	40	40
XK	11	12	YQ	26	33	MSTK	41	42
BTL	12	2	RC	27	35	HX	42	43
HJ	13	17	FZ	28	24	JSZY	43	41
LY	14	18	DMS	29	34	—		
NSTLY	15	10	FLA	30	25	—		

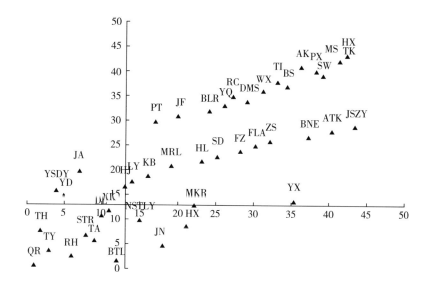

图 7-6　技术合作网络中转移企业度值及中间中心度位序

技术合作网络中的外来俱乐部企业基本上针对国外或中国港澳台投资的企业,将企业技术合作关系网络中外或中国港澳台投资的企业连接度分解为与国内转移企业连接度和与国外或中国港澳台转移企业连接度(见表 7-4)。总的来说,在技术合作关系网络中,国外/中国港澳台企业存在着企业孤立点如 MSTK、JSZY、ATK 等,国外/中国港澳转移企业之间的联系程度高于与国内转移企业的联系程度的比例达到81.82%，在所有国外/中国港澳台企业中，属于绝对的外来俱乐部企业有 PX、MKR、AK、HL、KB、MRL、BS 等，属于相对的外来俱乐部企业有 FZ、DMS、PT、DL、FLA、HJ 等。从汽车生产系统来看，车身/安全系统、底盘系统和电子电器系统的外来企业都存在外来俱乐部团体，由于上述转移企业大都属于世界 500 强企业或零部件供应商 500 强企业，本身拥有较强的技术实力，在寻求技术合作伙伴时，基本上定位于同等水平的企业，而国内转移企业显然没有达到这个水平，因此，国外/中国港澳台转移企业之间合作较多，而与国内转移企业合作较少。

表 7-4   技术合作网络中国外/中国港澳台转移企业联系度分解

名称	国内	国外/中国港澳台	名称	国内	国外/中国港澳台
RH	3	1	BTL	2	1
PX	0	1	PT	1	2
MSTK	0	0	NSTLY	2	1
FZ	1	1	KB	0	3
MKR	0	2	DL	1	2
DMS	1	1	BNE	0	0
JSZY	0	0	ATK	0	0
AK	0	1	MRL	0	2
TH	4	1	FLA	1	1
HL	0	2	BS	0	2
TA	2	1	HJ	1	2

对于技术守门人企业而言，除了具有突出的技术权力外，还应该与区域内部企业有较密切的技术合作关系。一般而言，企业关系网络中的核心企业因为突出的技术权力和占据结构洞位置的连接优势比较容易成为技术守门员。对于一些外来者俱乐部成员也可能具有很高的中间中心度，但由于它们向地方企业传递技术的中介作用有限，并不认可它们的技术守门员身份。通过分析可知，本章认为 TY、TH、RH、TA、STR 扮演了技术守门人角色，但是通过调研访谈，发现 TY 本身的技术实力处于中等偏下的水平，并不具备较强的"技术权利"，因此只有四个企

业扮演了技术守门人角色。以国内转移企业 RH 为例："公司由奇瑞和国资委出钱成立，净资金仅十几亿元，由于国内刚起步时没有技术，因此秉着合资时寻求性价比，首先选择了中国台湾公司，解决了技术上从零到一的过程。下一步从一到十，由于中国台湾方不能满足发展要求，寻求日本合作方，包括富士、宫津、狄原三大自有模具厂，最终选择富士合作，正好 2008—2009 年国际金融危机，富士进入企业重组阶段，借助这个时机以及奇瑞主机厂品牌的影响与富士成立技术合作公司，并有项目合作叫富士瑞鹄，现在由瑞鹄控股，有很大的帮助，但是仅仅以技术合作为主。2013 年之后，通过外资品牌合作，包括库卡、阿盖尔等，进行技术项目合作，分 AB 角进行生产。在于日本合作之后已经进入中国冲压模具第一梯队，在全球上能够满足大众化需求，福特有 9 个国家的客户全部由瑞鹄这边定点采购。目标是全球核心供应商，服务于最顶级的品牌。在全国可以排到前三，省内仅有江淮模具厂可以比较，江淮规模相当于瑞鹄的一半，客户以江淮为主。国内强于瑞鹄的仅有一汽模具（有德国大众平台优势，可以和德国奥迪直接对话交流，可以进行不计成本的研发，人才队伍更大更平稳）和天汽模具（上市公司，体制灵活度、资源能力、经济有优势）"。以境外转移企业 TA 为例："我们 2002 年在芜湖设立工厂，经过十多年的发展，依托本身强大的技术实力，我们已经与许多国内外转移企业建立起了技术合作关系，当然了，主要是指导性的作用，许多区域外的底盘系统企业也要通过我们来搭建与奇瑞的关系"。

综上所述，企业技术合作网络中，国内外转移企业均扮演着不同的角色，但表现出中介企业基本上仍以核心企业为主，而外来俱乐部企业则以边缘企业为主，守门人企业主要从核心企业和中介企业遴选而来的特征。与经济关系网络不同的是，在技术合作网络中，守门人企业更多，说明境外转移企业更多的是相互之间发生技术合作，较少和国内转移企业产生联系。典型企业以 RH 为例，不仅扮演了核心企业的角色，同时也扮演了中介企业和守门人企业的角色，由于在上文中已经通过访谈内容对 RH 进行分析过，在此不再赘述。除了 RH 公司，TH 也扮演了上述三个角色，其形成原因基本与 RH 一致，在此也不做详细分析。另外还有许多企业扮演了两种角色，总的来看，在技术合作网络中，企业扮演的角色更为复杂。

（三）转移企业在社会交流网络中的角色

对企业相关社会交流属性数据进行分析，得出企业社会交流网络柱状图（见图7-7）。从图6-4和图7-7可以看出，AK、HX、MRL、FLA、HJ、ZS、PX、JSZY、BLR等企业基本上与网络内其他企业不存在社会交流关系，因而属于孤立点企业。本章将社会交流划分为三种情况，分别是奇瑞主导型、政府主导型和企业自发型，因此可以判定企业在社会交流时，角色类型相似的应该较多，从图7-7中可以看出相同"距离"的企业较多，可以证实上述假设。

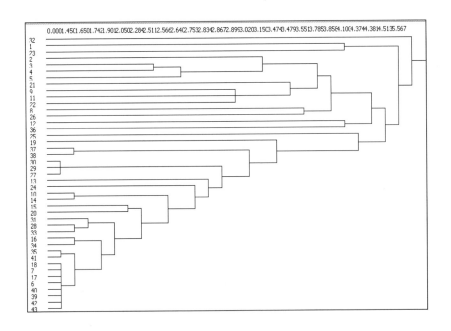

图7-7　汽车企业社会交流网络

根据转移企业在社会交流网络所有节点中的度值位序及中间中心度值位序制作象限图（见表7-5、图7-8）。从表7-5和图7-8中可以看出，QR、STR、MSTK、RH、TA、MKR、YD、BNE、TY、YQ、TH、SW等企业无论从企业节点度位序还是企业中间中心度都居于前列，而TL、JA、DL、FLA、BS、AK、HX、MRL、HJ、ZS、PX、JSZY、BLR

表 7-5 社会交流网络中转移企业度值及中间中心度位序

名称	节点位序	中间位序	名称	节点位序	中间位序	名称	节点位序	中间位序
QR	1	1	FZ	16	23	TL	31	34
STR	2	2	ATK	17	16	JA	32	35
MSTK	3	4	DMS	18	20	DL	33	32
BTL	4	18	RC	19	24	FLA	34	31
RH	5	5	KB	20	26	BS	35	33
TA	6	3	YX	21	12	AK	36	39
MKR	7	7	NSTLY	22	25	HX	37	37
YD	8	11	HL	23	21	PX	38	38
BNE	9	6	PT	24	27	JSZY	39	36
TY	10	10	XK	25	29	ZS	40	43
YQ	11	14	JN	26	30	MRL	41	40
TH	12	8	HX	27	28	HJ	42	41
SW	13	9	LY	28	22	BLR	43	42
JF	14	17	WX	29	15	—		
YSDY	15	19	SD	30	13	—		

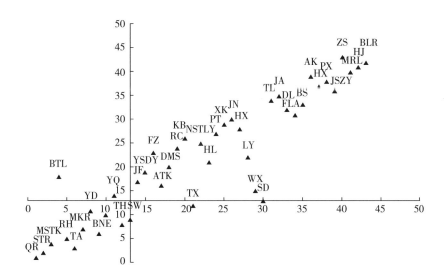

图 7-8 社会交流网络中转移企业度值及中间中心度位序

等企业落于最后，其他企业都处于中游。因此，STR、MSTK、RH、TA 等位于前列的企业基本上都属于核心成员，而 TL、JA、DL 等企业基本上都属于边缘企业。对于中介企业而言，QR、STR、MSTK、RH、TA、MKR、YD、BNE、TY、TH 属于度值高且中介中心性指数高的中介企业，SW、YX、SD 属于度值不高但中介中心性指数高的中介企业。

将企业社会交流网络中国外或中国港澳台投资的企业连接度分解为与国内转移企业连接度和与国外或中国港澳台转移企业连接度（见表7-6）。在所有国外/中国港澳台企业中，属于绝对的外来俱乐部企业有 HL、TA、KB、NSTLY、DL、BS 等，属于相对的外来俱乐部企业有 FZ、MKR、PT、ATK 等。

表 7-6　　社会交流网络中国外/中国港澳台转移企业联系度分解

名称	国内	国外/中国港澳台	名称	国内	国外/中国港澳台
RH	3	6	BTL	3	7
PX	0	0	PT	1	3
MSTK	3	6	NSTLY	0	3
FZ	1	3	KB	0	3
MKR	1	7	DL	0	1
DMS	1	1	BNE	3	5
JSZY	0	0	ATK	1	2
AK	0	0	MRL	0	0
TH	2	4	FLA	0	0
HL	0	2	BS	0	1
TA	0	8	HJ	0	0

对于社会交流守门人企业而言，除了具有突出的社会权力外，还应该与区域内部企业有较密切的社会交流关系。通过分析可知，本章初步认为 STR、MSTK、RH、TA、MKR、BNE 扮演了守门人的角色，但是由于 TA、MKR 隶属于外来俱乐部，即它们与网络内国内转移企业交流不多，因此不能认为其具有守门人特征，最终确定扮演守门人企业角色的企业包括 STR、MSTK、RH、BNE 四个企业。以 BNE 公司为例："社会交流还是很强的。企业相互交流很多，像区域内的亚奇、通和、天佑、伯特利、莫森泰克、埃泰克等，还包括相当数量的区域外部企业。总的来说，博耐尔在社会交流中处于核心地位。为什么能形成现在这个

局面呢，从公司管理团队来讲，每个人都有很多想法，在我们公司中有想法可以尝试。我们有一个劳动仲裁委员会，其他企业都是没有的。另外我们企业在社会责任这一块做得也很多，慈善已经作为一个常态化趋势，所以社会声誉较好。"以 RH 公司为例："我们参加的社会交流活动一般是奇瑞集团组织，或者指定重点企业轮流承办，或者开发区组织。由于我们企业是芜湖市模具协会理事长单位，所以我们会积极主动承办一系列活动，当然了，这种活动，不限于区域内部企业，还有很多区域外部的企业。有些外部的企业也是通过我们的活动才能得到与奇瑞对话的机会。除了上述原因外，还有一个重要的原因，公司柴总是芜湖市五一劳动奖章获得者和开发区优秀企业家，他一直倡导争取做一些有自身特色的活动以体现自身价值积极践行社会责任"。

综上所述，企业社会交流网络中，国内外转移企业均扮演着不同角色。虽然很多企业节点与核心企业具有联系，且不少企业已经逐渐打破生产系统界限进行交流，但仍有部分节点企业之间鲜有联系。与经济关系网络和技术合作网络不同的是，孤立点企业更多，说明只有少部分企业较好地融合到当地的网络中，绝大部分企业还是没有较好地融合到汽车本土企业社会交流网络中。

（四）转移企业角色的综合辨识及特点

以上分析了转移企业在本土企业关系网络中的经济联系、技术合作、社会交流网络中的角色，从分析结果看同一企业在三种网络中的角色可能并不一致，部分企业的角色差异甚至非常巨大，但同时也存在同一企业扮演着两三种角色的情况。因此为了形成比较统一、明晰的认识，现根据三种网络的辨识结果和相关企业的"网络权力"进行综合分析（见表7-7）。

表 7-7　　　　　　　　　　转移企业网络角色综合辨识

	经济关系网络	技术合作网络	社会交流网络	综合辨识
核心成员	TA、BTL、YD、YSDY、STR、LY、HL、MKR、FZ、TY、TH	TH、TY、RH、STR、TA、DL、XK、BTL	STR、MSTK、RH、TA、MKR、YD、BNE、TY、TH、SW	TA、BTL、YD、STR、MKR、TY、TH、RH、BNE

	经济关系网络	技术合作网络	社会交流网络	综合辨识
边缘成员	YQ、ZS、SW、XK、SD、JSZY、PX、AK、JN、NSTLY、KB、TL、JA、DL、BNE、ATK、RC、MRL、FLA、JF、HJ、YX、WX、PT、ZS、YQ、JSZY、BS、BLR	YD、YQ、JF、ZS、PX、SW、XK、FZ、MKR、DMS、YX、SD、HX、AK、YSDY、LY、PT、JN、NSTLY、KB、WX、TL、JA、BNE、RC、MRL、FLA、BS、HJ、BLR	YQ、JF、FZ、DMS、YX、SD、LY、HL、BTL、PT、JN、NSTLY、KB、WX、ATK、RC、TL、JA、DL、FLA、BS	YQ、ZS、SW、XK、SD、PX、AK、JN、NSTLY、KB、TL、JA、DL、ATK、RC、MRL、FLA、JF、HJ、YX、WX、PT、ZS、YQ、BS、BLR、YSDY、LY、HL、JSZY
中介成员	TA、BTL、YD、YSDY、STR、LY、HL、FZ、TY、TH、DMS、FLA、JA	TH、TY、RH、STR、TA、DL、XK、BTL、JN、HX	STR、MSTK、RH、TA、MKR、YD、BNE、TY、TH、SW、YX、SD	TA、BTL、YD、STR、TY、TH、LY、HL、MSTK、BNE、MKR、DMS
外来俱乐部成员	JSZY、AK、PT、DL、ATK、MSTK、TH、KB、BNE、FLA	PX、MKR、AK、HL、KB、MRL、BS、FZ、DMS、PT、DL、FLA、HJ	HL、TA、KB、NSTLY、DL、BS、FZ、MKR、PT、ATK	AK、PT、DL、ATK、KB、MKR、HL、BS、FZ、PX、FLA
守门人	TA、YD、BTL、YSDY	TH、RH、TA、STR	STR、MSTK、RH、BNE	TA、RH、STR、BNE、YD
孤立点	HX	MSTK、JSZY、ATK、HX	AK、HX、MRL、FLA、HJ、ZS、PX、JSZY、BLR	HX、JSZY

（1）核心成员。在企业关系网络中，TA、BTL、YD、STR、MKR、TY、TH、RH、BNE 等企业在经济关系网络、技术合作网络和社会交流网络中分别扮演了核心企业的角色。因此，可以将它们识别为企业关系网络的领导核心。

（2）边缘成员。边缘企业相对来说容易界定。在确定领导核心企业之后，大部分的企业都属于边缘企业，如 YQ、ZS、SW、XK、SD、PX、AK、JN、NSTLY、KB、TL、JA、DL、ATK、RC、MRL、FLA、JF、HJ、YX、WX、PT、ZS、YQ、BS、BLR、YSDY、LY、HL 等。但是要注意的是，它们虽然作为边缘企业，但是在企业关系网络构建中也发挥了重要的作用。其中，有一部分企业还作为中介企业和俱乐部企业而存在，因此对于它们的判别也是十分有意义的。

（3）中介成员。在企业关系网络中，中介企业是非常重要的一种类型，正是因为中介企业的存在，才有可能产生不同生产系统企业之间的"流"交换，才能促进关系网络发育和企业连通能力的提高。从关系网络图和相关分析中可以发现，TA、BTL、YD、STR、TY、TH、LY、HL、MSTK、BNE、MKR、DMS 等企业中介性较强，并且它们的中介职能性质也得到进一步证实，因此可以判定它们扮演了中介企业的角色。

（4）外来俱乐部成员。外来俱乐部企业基本上针对国外或中国港澳台投资的企业，它们基本上与国内转移企业没有关系，是与国外或中国港澳台转移企业联系比较强的企业。通过分析发现，AK、PT、DL、ATK、KB、MKR、HL、BS、FZ、PX、FLA 在三种关系网络中，都存在外来俱乐部的现象，因此将它们综合判读为外来俱乐部成员。

（5）守门人。守门人企业是一个团体的对外代表，控制着对外协调的门槛。通过分析可知，TA、RH、STR、BNE、YD 等企业投资时间都较长，最早的是从 2002 年开始，最晚的也开始于 2006 年，在近十年的发展过程中不仅实力较为雄厚，而且已经具备强大的"网络权力"，而且与区域内企业都具有较密切的合作，往往还处于结构洞位置，因此将其定义为守门人。

（6）孤立点。孤立点基本不同周边任何转移企业发生产业联系，只与核心企业发生一定的联系，通过分析可知，HX、JSZY 与其他企业几乎没有联系，可以将其定义为孤立点。

二 转移企业角色特征分析

对转移企业在关系网络中的角色分析，发现转移企业角色存在若干典型特征。对这些特征的把握可以较深入地理解和探究网络中不同企业角色的异质性，这不仅有助于研究区域制定更加合理的产业政策，而且也可更好地利用产业转移的机会窗口效应，促进产业发展的可持续性和地方社会经济发展的高效性。

企业角色复杂多样，存在较大差异性，境外转移企业扮演了重要角色。在关系网络中，每个企业都作为行动主体而存在，自身的经济关系、技术合作和社会交流行为都或多或少地影响网络的构建和演化，但是由于企业关系属性的异质性，决定了企业角色的多样性和复杂性。以TA、STR、BNE 等境外转移企业为例，它们不仅作为各自生产系统的核心企业，依靠巨大的"网络权力"深刻影响整个企业关系网络的构建，而且通过中介作用和守门人作用，对企业关系网络的连通和完善也发挥重要作用。以 ATK 公司为例，在经济关系网络和社会交流网络中扮演了俱乐部成员的角色，但在技术合作中却扮演了孤立点角色，这也是由企业关系属性决定的。

部分规模和实力领先的企业未必能够成为网络核心。由于部分规模和实力领先的企业如 YQ、YSDY、KB、FLA 等设厂时间较短，当前阶段既未形成强势的"网络权力"，也没能成为网络核心，但进行深度访谈时，不管是从政府领导还是从其他核心企业领导层来看，他们都认为这些企业应该成为网络核心。对于上述现象应持有发展的眼光，随着企业关系网络的进一步发展，上述公司会进一步实现角色的转换和嵌入的深化，势必会扮演核心成员的角色。随着网络内部核心成员的增加，会进一步增强网络整体的稳定性和创新性，也会对整个区域产业集群提升发挥重要的推动作用。

中介企业和核心企业存在较高重合度。在对企业角色进行各自辨识和综合辨识时，本章发现中介企业和核心企业存在较高重合度。在企业综合辨识中，TA、BTL、YD、STR、MKR、TY、TH、BNE 同时扮演了核心成员和中介成员的角色，一方面说明了由于上述企业自身实力和对外影响力的作用，造成企业度值和中介中心性指数较高，另一方面也说明了芜湖本土汽车关系网络存在典型的"核心"，上述企业和 QR 共同决定着关系网络的构建和演化。

存在较明显的外来俱乐部成员现象，且都是实力较强的企业。从经验来讲，外来俱乐部成员企业越多，越不利于网络内部企业之间的交流，因为外来俱乐部成员极少和地方企业、国内转移企业发生正式或非正式联系，会阻碍网络完善和连通能力。在芜湖本土企业网络中，绝大多数的外来俱乐部成员都是为了配套 QR 而来的，因此属于"供应链园区投资模式"，但是已有研究认为这种"供应链园区投资"模式不利于地方企业进入转移企业产业链，并会限制转移企业核心技术外溢，进而抑制地方企业的技术学习和进步，因此管理者依然需要通过一定措施改变这种构建"外来俱乐部"的倾向，引导相关企业提高地方联系度和嵌入度。

守门人以境外转移企业为主，导致生产链条存在较大风险。守门人是在团体中与外界联系的重要渠道，决定了企业网络与外部企业之间"流"的交换，直接影响了未来企业网络的演化方向和连通能力，具有非常重要的作用。从分析来看，TA、RH、STR、BNE、YD 在关系网络中扮演了守门人角色，其中只有 YD 是国内转移企业，其他四个企业均是国外/中国港澳台转移企业，存在较大的风险。不可否认，在企业关系网络形成初期，"网络权力"强大的境外转移企业发挥了重要的作用，但随着国内转移企业的发展，两者之间存在的社会文化、管理方式、思维习惯等会产生剧烈的碰撞，一旦境外转移企业由于上述因素的不可协调而导致它与一个区域联系的切断，"脱出"的过程就会发生，可能会潜在地破坏先前经济发展结果。

技术合作网络和社会交流网络孤立点企业较多。技术合作网络中 MSTK、JSZY、ATK、HX 等公司和社会交流网络中 AK、HX、MRL、FLA、HJ、ZS、PX、JSZY、BL 等公司的存在，说明了这些企业不同周边企业进行技术合作和社会交流，这不仅限制了这些企业的可持续发展能力，而且会对网络整体的运行效率产生负面影响，同时由于三种网络的密切联系性，也导致了企业经济联系的困难性。总的来讲，孤立点企业的存在，不仅阻碍了企业关系网络的演化和完善，也将对整个区域产业集群的实力提升产生深刻的影响。

第五节 转移企业角色异质性形成机理

一 转移企业属性特征

企业之间的联系是产业集群网络形成的基础，因此要判断转移企业网络角色首先要分析其与承接地内部、外部企业和相关机构的连接关系，而转移企业属性特征对其连接关系具有根本性影响。奇瑞汽车产业集群案例分析结果显示，网络中的领导核心和守门人企业如 TA、RH、STR、BNE、YD 等基本上属于汽车四大生产系统的核心企业，而其他企业如 HX 等则以生产通用配件为主。一般来说，在产业集群中，生产系统核心企业规模实力往往远远大于配套企业，在生产过程中需要从各类配套企业采购部件，而且相同部件可能需要从几家配套企业同时采购。从企业网络角色特征分析可知，案例集群的外来者俱乐部现象明

显，且以实力较强的跨国企业为主。23 个跨国转移企业中来自欧洲
（意大利、德国、法国等）、北美（美国和加拿大）、中国香港和中国台
湾的分别有 5 个、9 个和 6 个，分别占 21.74%、39.13% 和 26.09%
（见图 7-9）。通过分析可知，外来俱乐部也存在两种典型模式，即东
亚模式和欧美模式。由于欧美企业文化强调平等、自由和竞争，因而崇
尚通过技术标准控制网络成员的"进入权"，从网络成员可以看出，欧
美企业如 JSZY、AK、FLA、BS、DL 等都属于世界 500 企业，本身拥
有绝对先进的核心技术和强大的生产实力，在价值链中处于有利地位，

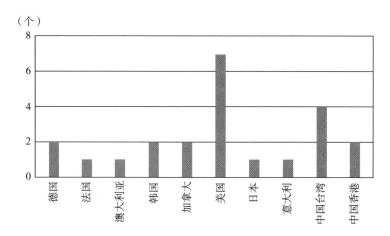

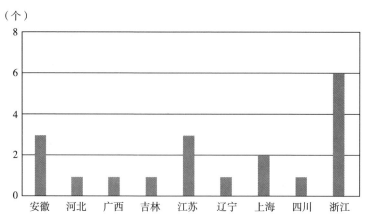

图 7-9 产业集群内部企业来源地分布

尽管如此，由于欧美国家平等观念比较强，其整零企业均独立平行发展，加之在芜湖投资设厂的时间也较短，因而现阶段嵌入程度比较低，因此也就造成了以"外来俱乐部成员"和"边缘成员"为主的现实境况。东亚企业文化强调集体主义和感性主义的观念，在核心公司转移的过程中，可以要求大批供应商跟随进入承接地，并建立独资或合资企业，自成体系，如 YD、STR、TY、TH、RH、BNE 等，多以"核心成员"和"中介成员"为主，但是在后期发展过程中不断加入竞争的机制，这也使承接地企业网络组织发生诸多变化。针对上述分析，在访谈中得到进一步证实：

欧美企业文化和东亚企业文化对公司形成肯定是有差异的，需要磨合。欧美企业和东亚企业刚开始合资的时候，对管理理念和方式想法是不一样的。比如欧美这一块更讲究上下级之间的关系，但是我们这边好像不是很讲究上下级关系，我们更讲究沟通和协调，因此合资初期是有一些冲突的。但大家的目的是一样的，为了把企业做好，求大同，存小异，共同博弈发展。但是东亚也有自己的特色，如日本和韩国对自己企业保护力度很大，而欧美可能百花齐放，百家争鸣，只要满足要求，都可以来竞争，不注意保护自己国内企业。

——QR 科技公司董事长（2015 年 9 月 28 日）

二 转移企业战略导向

企业进入承接地可能具有不同的战略导向，不同的战略导向会促使企业产生不同的行为方式，并深刻影响到产业集群网络的构建和角色定位。奇瑞集团自 1997 年成立以来，近二十年经历了不同的发展阶段，针对各发展阶段，集团本身也制定了不同的发展战略，主要包括技术安全战略、成本优化战略和可持续发展战略。1997—2005 年，奇瑞集团为了保障供应链的安全和掌握核心技术，集中力量吸引了以世界 500 强和汽车零部件 500 强企业为主的外来转移企业。2006—2010 年，奇瑞集团在保障供应链安全的情况下，将战略重点放置于国内汽车零部件企业，目的是降低汽车零部件价格，实现汽车成本的比较优势。2011 年至今，奇瑞集团倡导"回归一个品牌"，注重多维度的研发投入和汽车后市场服务，以实现企业的可持续发展，但不可避免地影响汽车的销售量。核心企业战略的变迁影响了企业网络的演化方向，也进一步使集群内部的企业角色呈现典型异质性。从图 7-10 中可知，在企业网络发展的不同阶段，企业战略目的性存在较大差异，2005 年各转移企业战略最主要的目的是以开拓市场为主，2010 年则以开拓市场和多元化发展为主，2014 年又逐渐发展成为增强竞争力和实现品牌效应，企业战略目的的不同，将深刻影响企业网络的结构特征、演化方向以及企业自身角色的变迁。

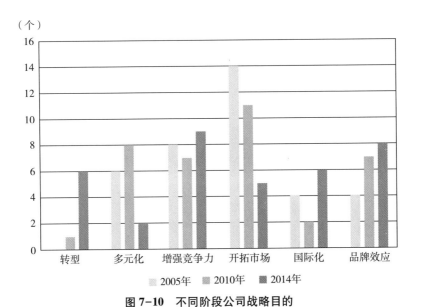

（个）

图 7-10　不同阶段公司战略目的

当初企业选择在芜湖建厂，主要是为了就近配套奇瑞以获取利润。但随着奇瑞战略调整，我们公司不得不进行战略变迁，要实现转型，要实现多元化，要开拓市场，要实现品牌效应等，企业角色也不断发生调整。从最初的战略供应商，发展到了中介企业，又进一步发展成领导核心企业，甚至还掌控着部分区域外部企业与奇瑞的供应链条。

——RH 公司负责人（2015 年 10 月 28 日）

三　转移企业嵌入模式

通常来讲，企业的生产经营活动要想在承接地长期取得最大的社会经济效益和获得良好的发展氛围，就必须考虑"嵌入"问题，即转移企业本土化问题。转移企业本土化战略能有效确立其在承接地市场得以长期发展的合法地位，建立在承接地的供应链，使之成为全供应链的重要一环。转移企业的本地嵌入问题一直是产业承接地区十分关心的问题，在很大程度上成为承接地能否成功利用外来资本发展本地经济和实现追赶战略的关键。有研究表明，转移企业的本地嵌入表现出明显的"非自动性"和"非自主性"特征，同时也是跨境转移企业、国内转移企业、本土核心公司和当地政府在企业内部属性、承接地区位环境和全球价值链特征下互动作用的结果，而转移企业地方嵌入失效往往表现出本地不结网、网络封闭、网络学习效应差等。如果将转移企业地方嵌入分为"主动嵌入"和"被动嵌入"，那么大多数转移企业在案例区的嵌入更多地体现为"主动嵌入"，但需要注意的是，案例集群转移企业的"主动嵌入"是在"非自动性"和"非自主性"基础上进行的。基于转移企业在芜湖的经济、技术、社会嵌入行为，研究发现其地方嵌入过程相对一致，都属于较明显的"经济嵌入—技术嵌入—社会嵌入"演进规律，这些企业的共同特点是为争取产品市场、获取产品最新信息以及降低运输成本的要求，通过企业转移成为地方生产网络中的节点，实现在地方经济的嵌入，而根据转移企业嵌入模式和程度的不同，其角色也将表现出较大异质性。如 STR 公司所言："2011 年、2012 年公司遇到困境，主要原因是由于奇瑞转型和提高了质量要求，之前我们过分追求性能，忽视了质量。虽然我们是有技术实力的，但是在生产和售后环节可能存在问题，但经过努力，我们在质量管理水平上有了很大的提升"；TY 公司称："虽然我们依托奇瑞，奇瑞是我们的发展基础，但是自 2010 年奇瑞开始转型以来，我们也在积极开拓外部市场，现在众泰、广汽、北汽，这些外部市场加起来比奇瑞的供货量要大"，上述企业都是"主动嵌入"的代表性企业，其角色以领导核心企业为主，而以 ATK、KB、MKR、HL、BS 为代表的外来俱乐部成员和 HX、JSZY 等孤立点企业，由于与其他企业存在较大的企业文化差异和管理模式，嵌入效果并不是很显著。

　　2011 年遇到困境，主要原因是奇瑞转型，提高了产品质量的要求。虽然我们有技术实力，但在生产和售后还存在问题，经过努力，我们在质量管理水平上已经有了很大提升。

——STR 公司负责人（2015 年 10 月 27 日）

我们企业到现在还是不适应。主要原因包括以下几点，一是企业管理文化差异，比如说国内常用的绩效考核，而我们是不认同的。二是在选人用人方面没有把握好。三是由于我们是合资公司，股东意见不统一。

——MKR 公司负责人（2015 年 10 月 27 日）

四 企业网络特征

网络特征主要包括网络结构特征和网络权力特征两部分。不同的转移企业可能居于不同的网络结构位置，位置差异奠定了转移企业网络角色异质基础。通过对企业网络的"核心—边缘"结构进行模拟（见图7-11），发现产业联系网络中处于核心地位的分别是 QR、YD、FZ、STR、TA、TH 等 13 个企业，而边缘区的企业达到 30 个，核心区密度为 0.340，边缘区密度为 0.064，"核心—边缘"结构显著。核心企业中除了 QR 是整车组装、YD 是动力/装备系统核心企业、TY 与 MKR 是车身/安全系统企业之外，其他如 DMS、FZ、STR、TA、TH、TY、HL、BTL 等企业虽不是主要核心企业，但其主导产品包括了大量的汽车零部件元件，其在企业垂直联系和水平联系过程中均发挥了重要作用。处于边缘地位的企业，由于进入承接地的时间较短和本身规模较小，现阶段与集群内部其他企业并无太多的生产联系；创新合作网络中处于核心地位的分别是 QR、TH、YSDY、YD、TY 等 9 个企业，边缘区企业有 34 个，核心区密度为 0.278，边缘区密度为 0.013，"核心—边缘"结构也相对显著。处于核心地位的企业如 QR、YSDY、TH 等由于自身研发实力较强，已建立了研发中心，同时与其他企业存在技术交流情况，而处于边缘地位的企业大多数属于境外转移企业，并不愿意与网络内其他企业进行技术交流和共享成果，逐渐形成了典型的"外来俱乐部"现象；社会交流网络中处于核心地位的分别是 QR、YD、YQ、SW、RH 等 15 个企业，边缘区企业有 28 个，核心区密度为 0.353，边缘区密度为 0.012，说明社会交流网络中核心企业较多，"核心—边缘"结构并不显著。处于核心地位的企业如 MSTK、BTL、STR、YD、YQ 基本属于奇瑞控股或参股企业，进驻芜湖时间较早，与其他企业已形成了良好的社会关系，而处于边缘地位的企业大多数是奇瑞不控股或不参股企业。处于核心地位的企业多以领导核心成员和守门人企业为主，其中部分企业

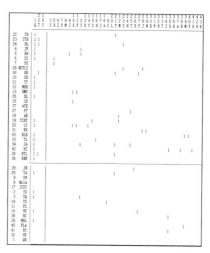

（a）产业联系网络　　　　　　　　（b）创新合作网络

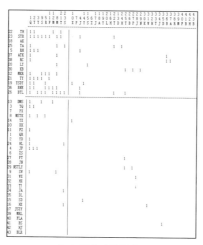

（c）社会交流网络

图 7-11　企业网络的核心—边缘结构

属于中介成员，而处于边缘地位的企业多以外来俱乐部和孤立点企业为主，也有部分企业属于中介成员。转移企业网络权力由技术、资本、品牌、信息、市场等因素共同决定，而拥有绝对"市场权力""技术权力"和"社会权力"的企业可以掌控网络的进入权、代理权、组织管理权，可以驱动或吸引原有的配套企业与其共同转移，并在承接地迅速形成以自己为核心的配套网络。因此，具有较强网络权力的企业更容易成为网络中的领导核心，如 TA、BTL、YD、STR 等企业，而不具备掌控网络权力的企业并不能有效控制网络成员的活动，如部分中介企业、外来俱乐部成员和孤立点企业，并不能吸引原有的配套企业与其一起转移。从一定程度来说，企业属性特征、战略导向和嵌入模式共同决定了企业节点在网络中的特征。

第六节　小结

一　结论

（1）在对企业动态能力理论整合和重新定位的基础上，基于地方网络和区域发展的互动情景，将价值链、战略关系、企业嵌入和网络结构等视角共融，重构企业角色异质性的理论分析框架。基于此，本书将企业角色划分为领导核心、中介成员、外来俱乐部、守门人和孤立点，发现案例集群的企业角色复杂多样，存在较大差异性，部分规模和实力领先的企业未能成为网络核心，同时存在较明显的外来俱乐部成员现象，并且守门人以跨国转移企业为主，导致生产链条存在较大风险。

（2）企业角色异质性是企业属性特征、战略导向、嵌入模式和网络特征等多种因素共同作用的结果。领导核心成员基本上属于生产系统的核心企业，拥有较强的"网络权力"。中介企业并不一定是领导核心成员，但从企业属性特征、战略导向和嵌入模式来看，中介成员都存在典型异质性。外来俱乐部成员表现出东亚模式和欧美模式，其主要原因是企业属性不同而导致战略导向和嵌入模式存在较大差异。守门人企业一般处于结构洞位置，同时又具备强大的"网络权力"，这与企业属性特征、战略导向、嵌入模式和网络特征等要素密切相关。

（3）企业角色异质性是企业内部属性与区域外部力量在全球—地方生产网络中实现价值获取的动态演化过程。伴随集群网络发育，企业角色异质性将发生不同程度转变，而探求企业角色异质性不仅可以有效分析企业间及企业与不同空间尺度环境相互作用，而且能科学地对产业集群演化动力和区域经济发展方向提供实证参考。

二 讨论

科学识别企业角色异质性，对产业承接地如何充分利用产业转移机会效应，制定科学合理政策来实现地方企业转型升级和区域经济跨越发展具有科学价值和实践意义。对于领导核心企业，政府不仅要进一步加强对其政策扶持，还需要对其进行科学引导，让市场发挥基础作用，实现转型升级，从而推动整个产业集群可持续发展。对于外来俱乐部成员，首先要解决跨境转移企业地方嵌入的"非自动性"和"非自主性"特征，避免网络封闭、网络学习效应差等无效境况，真正实现网络角色深化。对于守门人企业，不仅要加强鼓励企业自身实力的提升，还要增强企业的对外交往能力，避免由于守门人"路径锁定"而使集群出现"低端陷阱"和"贫困增长"等。对于中介成员和孤立点企业，在提高企业自身规模实力的基础上，强化与区域内部其他企业的经济、技术和社会联系，真正成为网络关键节点。在案例集群研究过程中还发现三个典型问题：存在较明显的外来俱乐部成员现象，守门人以境外转移企业为主，孤立点企业较多，上述特征不仅抑制了跨境转移企业的技术外溢和国内转移企业的技术学习，还将深刻影响集群整体的运行效率和协同创新。如何克服对跨境转移企业的技术依赖，如何打破跨境转移企业的守门人效应，如何科学利用转移企业的社会资本以促进地方嵌入都成为今后重点关注的问题。

第八章

奇瑞汽车企业双向嵌入及互动效应

第一节 问题提出

"嵌入性"从字义而言，指的是一个主体内生于或根植于其他主体的一种现象，是一种主体与其他主体在社会关系或者经济关系方面的联系以及联系的密切程度，有学者认为，嵌入是指 A 融入 B 的过程，并将这种融入与被融入的关系称为嵌入关系。在国外研究中，"嵌入性"概念最早出现在 Polanyi（1944）《大转变》中，基于社会经济宏观运行层面，提出人类社会的经济活动嵌入于各种社会制度之中，这一观点成为从嵌入视角研究经济活动与社会关系的启蒙思想，并在社会学、经济学、管理学、地理学中得到运用。Granovetter（1985）则批判地继承了 Polanyi 的思想，认为嵌入性是网络个体之间的关系和网络整体结构同时对网络中的经济行为产生影响，重新将"嵌入性"表述成为新经济社会学的纲领性术语，二人在嵌入理念上的分歧被看作嵌入性的两种维度。符平（2009）对 Polanyi 嵌入观进行总结：经济活动牢牢附属于整体社会是其本质所在，市场附属于其他社会建设制度且市场会侵蚀并主导社会的运行逻辑，与社会形成一种错位关系，从而导致社会的自然本性和人的本质转为商品，人的关系逐渐瓦解，人类生存遭受毁灭性威胁。国内研究中，"嵌入性思想"最初起源于探究社会工作的本土化路径。由于我国社会工作具有行政性、非专业性，因此，新生的专业社会工作，作为后来者，相比于本土社会工作力量十分弱小，在此背景下，相关学者提出通过迁移"嵌入性思想"去解释新生力量如何通过"嵌入"原有服务体质获得发展（徐选国、罗茜，2020）。随着研究的不断深入，嵌入性已不再作为一种单纯的理论，而是作为一种方法论来解释其他社会行为和活动。同时，学者结合自身不同的研究需要，对"嵌入"做出了不同的分类，如结构嵌入、空间嵌入、关系嵌入等。结构嵌入强调网络内结构层次特征，空间嵌入强调网络内空间叠加特征，关系性嵌入强调网络的关系特征。

关系嵌入反映组织间关系行为等特征，认为企业从关系嵌入的信任机制中容易获得想要的资源，从而促进知识能力的增强。经济活动嵌入到关系网络中，在一定程度上能缓解市场风险和经济的盲目性，但在理解嵌入时，必须要先明白"谁"嵌入"谁"的疑惑。在 Granovetter 提出"嵌入"概念之后，学者普遍认为其指的是经济活动对社会的嵌入，换句话说，是对社会关系网络的嵌入，并没有考虑到地域等其他要素的嵌入模式。Hess（2004）首创了经济地理学对嵌入的三大角度，即社会嵌入、网络嵌入和地域嵌入，三大角度综合构成了社会经济活动的时空情景，但是仍可发现，Hess 强调的嵌入已然摆脱不了"单向"嵌入的范畴。因此，本章将突破企业"单向"嵌入的范畴，不仅仅局限于转移企业嵌入地方生产网络，更将视野进一步拓展到本土企业嵌入全球生产网络。对于承接地而言，只有实现了转移企业在地方生产网络的嵌入，才能避免"飞地经济""候鸟经济"等不可持续发展的现象，实现转移企业本地效益最大化。对于本土企业而言，只有积极嵌入全球生产网络，实现生产链和价值链的全球化衍伸，才能促进企业升级。因此，本章在构建双向嵌入框架基础上，分别从经济联系、技术合作和社会交流三个视角出发，深入分析其双向嵌入的过程和效应。

第二节　研究框架

转移企业与本土企业双向嵌入理论基础要追溯到经济全球化和经济区域化的相关理论。经济全球化所代表的链状经济与经济区域化所代表的块状经济的交互融合中，国内外不同地区呈现出了多样化的经济现象证明了国际产业转移强力助推了承接地经济发展，但仍存在部分地区由于转入企业本土化程度稍弱和嵌入程度的不足而导致了"沙漠中的教堂"飞地经济"等现象。从经济发展过程来讲，转移企业始终要经历一个"先期嵌入—中期融合—后期本土—再后期全球"的过程，但是由于受到各承接地不同的政策导向、社会习俗、组织制度、管理文化的影响，转移企业很少能进行一个完整的嵌入本土化过程。针对上述现象和问题，经济地理学、区域经济学、社会学等学者依托不同理论进行了大量研究并给出了不同的解释。在理论框架构建中，本章提出了"双向嵌入"的概念，即转移企业的地方嵌入和本土企业的全球嵌入。对于产业转移承接地而言，只有促进转移企业在本地的深度嵌入，才能避免出现"沙漠中的教堂""飞地经济"等现象，才能充分发挥产业转移的"区位机会窗口"效应。本土企业积极嵌入全球价值链和全球生产网络，实现在全球价值链上的不断升级和在全球生产网络中的权力塑造，才能避免产业承接过程中陷入"低端技术陷阱"和"贫困增长陷阱"（Kaplinsky et al.，2000；潘少奇，2015）。借鉴陈景辉等（2008）、张鹏等（2009）、潘少奇（2015）的研究成果，进一步完善了转移企业与承接地企业的"双向嵌入"研究框架（见图8-1）。

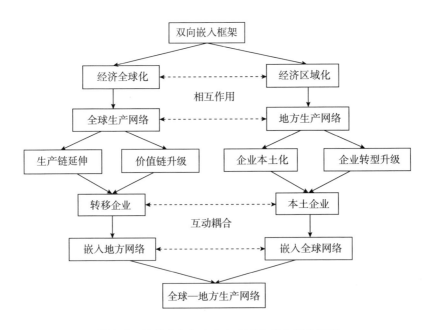

图8-1　转移企业与本土企业双向嵌入理论框架

第三节　转移企业地方嵌入分析

一般来讲，转移企业要想在承接地取得最大效益，就必须考虑"嵌入"问题，即转移企业本土化问题。转移企业本土化战略给其带来诸多益处，确立在承接地市场得以长期发展的合法地位，建立在承接地的供应链，使之成为全供应链的重要一环，因此研究转移企业嵌入问题不仅具有经济意义，也具有一定的战略意义。

如果将转移企业地方嵌入分为"主动嵌入"和"被动嵌入"，那么转移企业在芜湖的嵌入更多地体现为"主动嵌入"，基于转移企业在芜湖的经济、技术、社会嵌入行为，研究发现其地方嵌入过程相对一致，都属于较明显的"经济嵌入—技术嵌入—社会嵌入"演进规律。这些企业共同的特点是为争取产品市场、获取产品最新信息以及降低运输成本的要求，通过企业转移成为地方生产网络中经济关系中的节点企业，实现地方经济嵌入。由于企业间生产的前后联系会推动技术的交流与合作，因此这些转移企业在经济嵌入过程中或多或少引发并促进了技术嵌入，需要注意的是技术嵌入往往是双向的，其包括了显性技术和隐性缄默知识。在频繁的经济联系与技术合作中，企业间会形成良好的互信关系，尤其是企业负责人间会产生密切的私人交往，转移企业会逐步累积形成自己的社会关系资本并实现在承接地的社会嵌入。本章在企业网络结构和转移企业角色分析中都已经不同程度地涉及了转移企业的地方嵌入行为，从分析结果可以看出转移企业在经济联系、技术合作、社会交流三种企业关系网络中整体嵌入程度存在差异，转移企业平均度值表现出"经济联系>社会交流>技术合作"，由此可发现转移企业经济嵌入最明显，社会嵌入次之，技术嵌入最弱。

不同企业的嵌入程度是不同的，甚至同一企业不同嵌入方向的程度也是不同的，因此需要以综合的角度去分析转移企业嵌入问题。Hess（2004）认为，经济地理学对嵌入的认识应该是社会嵌入、网络嵌入和地域嵌入三个角度，其突破了博兰尼的朴素嵌入思想和格兰诺威特的社会嵌入思想，从经济地理学关心的空间和区位出发，拓展了具有明显空间性的嵌入—地域嵌入概念，这三种类型形成了一种逐层递进的关系，这与地理学界对"企业/产业—地域"关系是由"地理接近"到"关系接近"再到"制度接近"的一般认识恰恰是一致的（苗长虹等，2007）。同时，我们也发现 Hess 的嵌入思想可以综合地将经济联系、技术合作和社会交流融为一体进行分析。因此，本章将依托 Hess 的嵌入含义，分别从企业文化、关系资产和市场境况对转移企业地方嵌入的社会、网络和地域进行阐释。

一 转移企业社会嵌入

社会嵌入一方面意味着行动者来自哪里的重要性，考虑的是社会背景如文化、政治等影响和塑造个人和集体行动者在它们各自的社会或外部的行动，更多的是考虑企业文化对社会嵌入的影响，另一方面意味着迁移行动者自身对承接地社会责任的接受度和贡献度（Hess，2004）。通过对调研企业来源地分析可知，19 个国内转移企业中来自长三角地区（江苏省、浙江省、安徽省和上海市）的共有 15 个，占 78.95%。23 个国外/中国港澳台转移企业中来自欧洲（意大利、德国、法国等）、北美（美国和加拿大）、中国香港和中国台湾的分别有 5 个、9 个和 6 个，分别占 21.74%、39.13% 和 26.09%。从总体来看，转移企业的来源地基本分为两大类，一是欧美地区（包括美国、德国、法国等国家），二是东亚地区（包括中国长三角、中国香港、中国台湾、日韩等国家和地区）。

欧美企业提倡个人主义，东亚企业则强调集体主义或团体精神；欧美企业强调理性主义信条办事，东亚企业倡导感性主义；欧美企业崇尚自由平等，东亚企业等级观念较森严（姜海宁，2013）。由于欧美企业文化强调自由和竞争，利用技术标准控制网络成员的"进入权"，从网络成员可以看出，欧美企业如 JSZY、AK、FLA、BS、DL 等都属于世界500 强企业，本身拥有绝对先进的核心技术和强大的生产实力，但是一部分企业如果嵌入程度较深，势必就会形成地方企业关系网络的核心成员，如 TA、BTL 等，部分企业在芜湖投资设厂的时间较短，嵌入程度比较低，因此就造成了以"外来俱乐部成员"和"边缘成员"多为主的现实情况。由于东亚企业文化强调集体主义的观念，在其转移的过程中，可以要求大批供应商跟随进入承接地，并建立独资或合资企业，自成体系，因此在地方企业关系网络中，它们扮演的角色多以"核心成员"和"中介成员"为主,如 YD、STR、TY、TH、RH、BNE 等,但是它们在后期发展过程中不断加入竞争机制,这也使承接地企业关系网络组织发生诸多变化。

上面分析了由于企业文化差异对经济联系和社会交流嵌入的影响,下面将分析企业文化对技术合作的影响。由于欧美企业文化强调自由平等的竞争,机会相对公平,因而对所有供应系统的零部件企业来说,这必然迫使网络成员为了获得"进入权"而加强创新学习。而东亚企业文化由于强调集体主义,因而整零企业之间关系紧密,技术交流频繁,并能实现较好的协作,但是仅限在其"封闭的供应商网络"范围内。由此可见,不同类型的转移企业均不同程度地促进了网络成员以及整个企业网络创新能力的提高,但由于企业文化存在差异性,东亚转移企业对网络成员的创新作用更加显著。

在企业的社会责任上,东亚企业表现得比欧美企业要好。企业社会责任指的是企业除了考虑利益之外,也要考虑承担其对社会利益考量部分。企业社会责任是企业作为社会主体的贡献意识和服务水平,更反映了企业决策的经济效率以及企业对社会福利的支持。以 BNE 公司为例,它是安徽唯一一家自主研发生产和销售汽车热力系统的高科技企业,现已成为奇瑞汽车有限公司指定的汽车零部件供应商。在对 BNE 领导层深层访谈中发现:"社会交流还是很强的,企业相互交流很多,像亚奇、通和、天佑、伯特利、莫森泰克、埃泰克等。博耐尔在社会交流中处于核心地位。从公司管理团队来讲,每个人都有很多想法,在我们公司中有想法可以尝试。我们有一个劳动仲裁委员会,这是其他企业都没有的。我们企业在社会责任这一块做得也很多,慈善已经作为一个常态化趋势。"相反,欧美转移企业由于整体嵌入程度较低,因此社会交流较弱,企业社会责任感整体较为薄弱。

二 转移企业网络嵌入

网络嵌入描述了个人或组织参与其中的行动者网络,及个人和组织中的关系结构,而不管他们最初的国籍或定居在的特定地方(Hess,2004)。网络嵌入可以看作网络机构之间信任建立过程的产物,这对于成功的、稳定的关系最为重要(苗长虹,2011)。通过上述描述可知,企业网络嵌入更多的是强调企业社会关系资产以及关系资产在嵌入中的行动作用力。

在前文分析中，已经重点论述了企业关系网络中行动者网络结构，也着重分析了行动者网络的转译和建构过程，因此将不再对其进行详细研究。本节将从关系资产角度出发，论述其在转移企业网络嵌入中的重要性。关系资产在企业发展中的重要性不言而喻，在奇瑞创立之初，就存在亲缘和业缘关系：如奇瑞总经理尹同耀曾在一汽工作了十二年半，曾当选过一汽的"十大杰出青年"，出任过总装车间主任，在一汽小有名气，是最年轻的技术权威。由于尹同耀原本是在一汽工作的，后来他利用在一汽的人脉关系资源，从一汽集团请来百余人帮忙。在奇瑞早期的"八大金刚"中，车身部部长鲁付俊是尹同耀在合肥工大的同班同学，金弋波毕业于合肥工业大学机械与汽车工程学院，其余人员大都相互之间存在业缘或地缘关系。

在调研中，笔者发现转移企业的网络嵌入存在两个明显的特点：

第一，典型的业缘关系导致的网络嵌入。笔者注意到境外转移企业与奇瑞公司所形成的奇瑞控股和参股形式的管理集团——芜湖奇瑞科技有限公司，是一家完善的投资管理公司，已形成涉及汽车底盘系统、电子电器系统、车身设计、饰件制造、动力排放系统等管理体系。调研的42家境内外转移企业中，奇瑞控股或参股的企业共有30家，针对上述控/参股企业，管理阶层主要包括两部分，一是国外母公司派驻总经理和财务总监，其中总经理主要关注企业未来发展战略以及相关核心效益，财务总监组织和监控企业日常财务活动。二是奇瑞派驻副总和部门领导，奇瑞层面主要关注汽车零部件配套系统及价格区间，以及协助该公司与集团内部其他公司的合作交流，保障企业良好发展和维护集团公司生产供应链安全。由于上层集团的控股或参股，团体内部企业之间相比团体内部企业与外部企业之间的关系网络相对来说发展得更好，在动力及装备系统的YD、RH等企业，车身/安全系统内的DMS、MKR等企业，底盘系统的STR、TH等企业，电子电器系统的BNE等核心控股/参股企业带动下，各系统内部企业都进行卓有成效的关系网络构建和发展，从网络结构分析和角色判别中都可以发现这一特点。

第二，典型的地缘关系导致的网络嵌入。地缘关系导致的网络嵌入主要包括两部分，一是部分转移企业老总是一汽的，二是部分转移企业老总是芜湖人/安徽人。从上文分析中可知，在奇瑞创立之初，奇瑞与一汽的关系就复杂多样，而奇瑞与上汽的"结合"也有着太多历史的痕迹和太多即时的利益。在一汽的高层和专家中"徽派"相当多，一汽高层透露说："当时帮助芜湖市做奇瑞项目的一汽专家多达200人，一汽对奇瑞是有感情的，在调研访谈中，也发现有部分公司的领导阶层是从一汽来的"。STR公司："李总经理做的是转向系统，和奇瑞公司尹总是同学，李总经理在一汽光洋工作20多年，然后来芜湖创业，基本上属于招商引智，另外，据我所知，还有TY、HL、TH等企业部分领导层也是一汽来的。"除了与一汽的联系外，部分企业的领导层里籍贯属地是安徽或芜湖。在以往研究中，学界过多关注了地缘关系对企业发展的不利影响，如地缘群体的排他性易于导致企业职工的内部冲突、地缘群体的一致性易于助长企业宗派裙带风的盛行、地缘群体的规范性易于束缚其成员的个性发展等方面，但不可否认的是地缘关系在一定程度上对企业的发展特别是企业初期的发展将产生重要的作用。在访谈中，某企业负责人这样说道："大家认识的人多了，办事自然方便，也就推动了成员事业的不断发展；通过沟通，大家的信息量大了，企业的发展就会上一个大的台阶。对于企业领导层同乡关系，以后要注意以下几点：一是同乡会成员一定要和谐相处，不能等同于一般的社会成员，一定要有爱心，遇有矛盾和问题时一定要互相克制，不要使事态扩大。二是同乡会成员要真诚相待，绝对不允许出现欺诈行为。三是同乡会成员要各尽所能相互帮助，使成员事业有发展，事情能好办，企业能赚到更多的钱"。

综上所述，在业缘关系和地缘关系的推动下，企业关系的网络嵌入发展了一定的深度。但是，也应该意识到网络嵌入也不是没有弊端的，其代价也是高昂的，因为"各种道德承诺之间与欲望之间在许多情况下存在紧张关系"（Etzioni，1988）。因此，需要对转移企业的网络嵌入进行有效引导。

三 转移企业地域嵌入

转移企业地域嵌入考虑在特定的地域或地点范围内，行动者由于受到某种已有经济活动和社会动力的约束而重构社会经济活动，此外，外部企业在特定地点的定位，可产生一个具有新的经济和社会关系的地方生产网络，包括已有企业吸引新的企业（Hess，2004）。从发展的观点来讲，地域嵌入的方式是价值创造、增加和捕获的一个重要因素。前文分析已涉及政府政策及当地社会文化制度对转移企业的影响，本节将重点分析奇瑞市场变化对转移企业的影响。

2008 年奇瑞已开始施行战略转型，但是没有方向，直到 2010 年，在参观北京车展之后，奇瑞痛下决心进行转型。Y 总和 H 总坦言，"2010 年那时候奇瑞的年销量是 68 万辆，自主品牌绝对第一。但是自从 2010 年参观了北京车展后，发现了一个深刻而赋有教训的事实，自主品牌的汽车多不胜数，但水平都是可能差和比较差的区别，当然也就没有机会与合资品牌之间缩短距离。因此我们下决心，要做改变，因为那时候感觉我们没有进步"。随后奇瑞裁撤麒麟和旗云事业部后，并于 2013 年迎来战略转型关键转折点——通过品牌战略回归"一个奇瑞"，真正实现在销量和品牌溢价能力上的同步提升。从原来的高速增长模式和"摊大饼"式扩张方式拉回到现在依托品质和品牌经营实现内涵式增长，深刻影响了奇瑞在市场上的销量，奇瑞转型面临的困境阵痛是不可避免的（见图 8-2）。

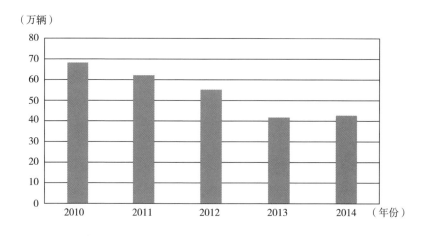

（万辆）

图 8-2　奇瑞转型以来年均汽车销售总额

奇瑞销量的萎缩，深刻地影响了转移企业产品的销量。在奇瑞未转型之前，企业在芜湖进行投资主要是为了供货于奇瑞，奇瑞占供货量的

90%以上，但自奇瑞转型之后，供货量呈直线下降趋势，部分企业的奇瑞供货量甚至占不到30%，相关承接企业也开始逐步寻求外部市场来实现自身经济效益的稳定。在访谈中得到此类信息内容较多。如STR公司负责人称："2011年、2012年遇到困境，主要原因是奇瑞转型和提高了质量要求，之前世特瑞过分追求性能，忽视了质量。我们是有技术能力的，但是在生产和售后环节可能存在问题，但是经过努力，我们在质量管理水平上有了很大的提升"。BNE公司称："奇瑞转型对我们外部市场开发还是存在一些问题。我们现在仍处在开拓外部市场的一个周期内，虽然进来的企业比较多，但见效的还不是很多。整体来看，奇瑞2010年达到一个顶峰，当时我们为其供货占到我们总货量的90%以上，一年能做到8亿—9亿元，但是奇瑞从2011年开始转型以来，正向研发做精品车，其样单与之前相比降了1/3，特别是2012年，我们才做了30万台，因此逼得我们开拓外部市场。2011年我们的外部市场大概不到10%，今年已经达到30%以上。现在开发区企业做得比较好的，外部市场基本上都到30%以上。"RH公司负责人称："2010年后开拓外部市场，2011年进入合资、外资的品牌如福特，收入中的客户结构，奇瑞占25%，福特占30%，捷豹路虎占15%，日系品牌占15%，主要是日产、本田、三菱等，国内自主品牌北汽、长城、广汽占15%"。TY公司称："虽然我们依托奇瑞，奇瑞是我们的发展基础，但是自2010年奇瑞开始转型以来，我们也在积极开拓外部市场，现在众泰、广汽、北汽，这些外部市场加起来比奇瑞要大。"从上述访谈中可知，奇瑞市场条件的改变深刻地影响了转移企业地域嵌入方式和发展方向。

从上述分析可知，虽然转移企业为芜湖汽车企业发展带来了强劲动力，但通过企业网络结构及节点角色分析可以发现，大多数转移企业并未实现在集群中的深度嵌入，而是居于网络的边缘区，部分节点甚至还属于网络中的边缘企业和孤立点。如果从经济嵌入、技术嵌入和社会嵌入来看，转移企业的地方嵌入过程相对一致，都属于比较明显的"经济嵌入—技术嵌入—社会嵌入"演进规律，但嵌入程度存在显著差异，经济嵌入最明显，社会嵌入次之，技术嵌入最弱。如果从社会嵌入、网络嵌入和地域嵌入来看，由于企业文化、企业关系以及市场境况的不同，虽然无法精确判断社会嵌入、网络嵌入以及地域嵌入程度的大小，但是结合企业关系网络的结构特征和角色效应以及在调研过程中得到的企业"权力"等信息，可以初步判断转移企业嵌入程度。受企业逐利性的影响，市场状况的变化最能影响企业的区位选择，因此其地域嵌入程度最深。通过对企业行动者关系网络和企业社会关系的解构，发现企业关系也能直接影响企业关系网络构建，网络嵌入程度次之。由于企业的社会属性和文化差异，企业的社会嵌入也表现出一定差异，只是嵌入程度相比地域嵌入和网络嵌入程度都要小。

第四节　本土企业全球嵌入分析

国内诸多实证研究证实了本土企业积极嵌入全球价值链是实现地方企业转型升级的有效路径（刘志彪等，2007，2008；杜宇玮等，2011；王晓萍，2013），国外学者也对地方企业嵌入全球生产链做了大量研究，但是方式和认识却不一致，Gereffi（1999）提出地方企业嵌入全球生产链的主要模式有接单产品组装、原始装备制造、自主设计生产、自有品牌生产等，Kaplinsky 等（2000）则根据地方企业嵌入 GVC 的环节差异提出了价值链嵌入的"低端道路"和"高端道路"。Wei 等（2011，2012）根据苏州工业园区嵌入 GVC 的差异也提出了不同的生产通道和技术通道。综上所述，可见多数研究并未将本土企业的生产链延伸和价值链升级置于产业转移的情境下，也没有重点分析地方原发性企业如何借助产业转移实现在全球价值链的嵌入。

由上文分析中已知，奇瑞公司在技术引进、成本优化和多元考量阶段，吸引了大量的国内外产业，其中包括一批诸如意大利菲亚特集团投资的 MRL 汽车零部件有限公司、美国江森集团投资的 JSZK 芜湖汽车饰件有限公司和芜湖 JSZY 有限公司、美国德尔福集团投资的 NSTLY 驱动有限公司、美国阿文美驰集团投资的芜湖 AK 汽车技术有限公司、韩国浦项制铁集团投资的 PX 汽车配件有限公司、世界汽配巨头美国库博公司投资的芜湖 KB 有限公司、加拿大马格纳集团投资的 MKR 汽车零部件有限公司、美国伟世通集团投资的 BNE 汽车电器系统有限公司、法国法雷奥集团投资的芜湖 FLA 汽车照明系统有限公司、德国博世集团投资的 BS 汽车多媒体有限公司等，合作内容涉及动力装备系统、底盘系统、电子电器系统、车身安全系统等，基本上涵盖了汽车主要零部件系统。中国本土企业要实现持续发展和升级，那么在全球生产链中搜寻、捕捉、创造价值则是必然的选择之一。本土企业嵌入全球生产链，能够促使本土企业从全球产业网络联系中获取更多的外部资源，积极参与到拓展世界市场的步伐，从而实现跨越式发展。全球生产链下本土企业升级主要表现为以下几种类型：工艺流程升级、产品升级、功能升级、链条升级，奇瑞在积极参与到全球生产链的过程中，也正在逐步实现以上几种功能的升级。因此，本部分将重点研究奇瑞汽车是如何通过与境外转移企业特别是具有领先地位世界 500 强企业的互动耦合发展，实现在全球价值链中的嵌入。

一 奇瑞汽车全球生产链嵌入

根据发展中国家核心企业对外直接投资的"技术创新产业升级理论"，发展中国家企业的自主创新和技术积累是对外直接投资活动的决定因素。奇瑞公司成功到海外投资建厂的主要原因除了其拥有若干发展中东道国如埃及、马来西亚、乌拉圭、伊朗、俄罗斯等小规模市场需求的适用技术外，其在技术上的累积也是一个非常重要的原因。奇瑞顺应国内外市场环境发生的巨大变化，实施从"走出去"到"走进去"的战略转型，逐步在一些重要市场建立生产基地，走出一条典型的"引进来"与"走出去"相结合的战略和"合资—引进技术"的技术创新道路。2001 年，第一批 10 辆奇瑞轿车出口叙利亚，奇瑞由此迈开了以开拓国际市场为标志的"走出去"步伐，截至 2014 年，奇瑞汽车累计出口量超过 100 万辆，出口量连续 12 年位居全国第一。与此同时，奇瑞发现国际化越迈向纵深，越需要在全产业链展开国际合作，整合全球优势资源，提升自身体系创新能力，才能走向更广阔的国际市场。在研究的境外转移企业中，其全部涉及汽车四大零部件生产系统，即动力及装备系统、车身/安全系统、底盘系统和电子电器系统，正是有了不同生产系统企业的参与，才使奇瑞汽车形成稳定安全的生产链，也使得奇瑞在汽车零部件的全球生产链嵌入上实现了长足的发展。本章将从不同生产系统的代表性企业出发，利用案例研究，详细分析奇瑞汽车利用供应商公司完成在全球生产链的嵌入和延伸。

汽车动力及装备系统选取世界 500 强企业——由德国本特勒汽车工业公司与韩国浦项制铁公司合资成立的芜湖本特勒浦项汽车配件制造有限公司（见图 8-3）。德国本特勒汽车工业公司是全球著名的汽车零部件供应公司，属于汽车零部件供应商世界 500 强企业，为世界上几乎所有汽车制造商生产配套产品，而韩国浦项制铁公司是世界 500 强企业，双方强强合资成立芜湖本特勒浦项汽车配件制造有限公司，引入世界一流的热成型、激光切割、焊接等制造技术，为奇瑞配套生产相关的冲压件和安全结构件，使用高强度热成型钢板保证了强度的同时又可降低车身重量，这无疑是未来汽车制造必行的一步。在强强联合条件下，奇瑞公司从源头上采用韩国浦项制铁公司的热成型钢板，利用德国本特勒汽车工业公司全球领先的热成型工艺技术，为奇瑞汽车 M16/A4 车型配套生产热成型件，这不仅有助于提升奇瑞汽车产品的碰撞性能和燃油经济性，而且促进了奇瑞汽车在热成型件制造上实现全球生产链延伸和价值链升级。

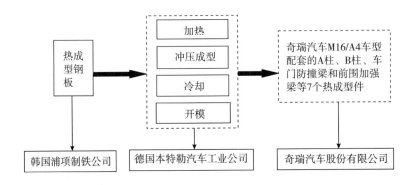

图 8-3 奇瑞汽车在动力装备系统的全球生产链嵌入

汽车车身安全系统选取世界 500 强企业——美国江森自控公司投资的芜湖江森座椅汽车饰件有限公司，这也是奇瑞汽车首次与外国成立合资零部件公司。美国江森自控公司是世界 500 强企业的汽车零部件供应商，主要是向全球汽车主要企业提供专业汽车内饰系统，芜湖 JSZY 汽车饰件有限公司主要产品包括仪表板和副仪表板、立柱护板和门护板等，以支持奇瑞汽车在乘用车领域的产品自主开发和制造，它为奇瑞客户提供符合欧洲和美国市场标准的内饰产品，在提升产品的舒适性、安全性、环保性和品质等方面提供优质的服务（见图8-4）。在访谈中，奇瑞科技董事长H总和B部长对奇瑞与JSZY的合作给予了高度评价："总体来讲，奇瑞和江森自控的合作是全面的，而非简单的零部件供给，合资工厂的建立将支持奇瑞汽车不断推出新车型、提高品质、进军国际市场的发展需求。全面引进、消化、吸收江森自控的先进专业知识和经验，以不断增强奇瑞汽车品牌在国际市场中的竞争优势，不仅使奇瑞汽车的零部件供应体系更加完整和系统化，也将大大增强奇瑞汽车整车的国际竞争力。"

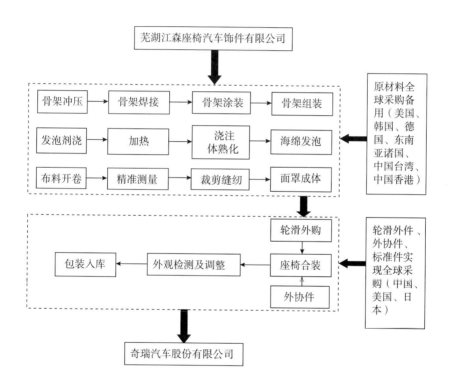

图8-4 奇瑞汽车在车身/安全系统的全球生产链嵌入

汽车底盘系统选取世界500强企业——美国库博公司投资的芜湖库博汽车配件有限公司。由于美国库博公司标准脱胎于橡胶制品企业，因此在利用合成橡胶和热塑技术的基础上，车体密封件是其最主要的产品之一。芜湖库博汽车配件有限公司主导产品为汽车密封件、汽车减震器、胶管等，以奇瑞汽车工业集团为主要配套用户，并辐射周边汽车制造工业基地如长安福特、上海通用等。密封件的原材料天然橡胶是从橡胶树、橡胶草等植物中提取胶质后加工制成，芜湖库博汽车配件有限公司的橡胶来源于中国台湾、海南、云南以及东南亚诸国，后经过予成型、去飞边等工艺流程，在满足奇瑞订货要求下，制造各种类型的汽车车体密封件。奇瑞公司在参与到原材料供给、技术研发以及产品设计等基础上，逐步实现汽车密封件在全球生产链上的延伸和升级（见图 8-5）。

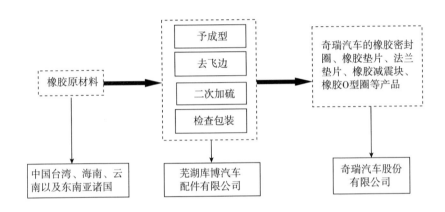

图 8-5 奇瑞汽车在底盘系统的全球生产链嵌入

汽车电子电器系统选取全球知名的汽车零部件集成供应商、美国财富 500 强企业——美国伟世通集团投资的芜湖博耐尔汽车空调有限公司。伟世通公司是全球知名汽车零部件集成供应商，为全球汽车生产厂商设计和制造创新的空调系统。虽然伟世通 1993 年开始进入中国市场，业务遍及多种汽车零部件产品领域，如空调系统、仪表板、保险杠以及汽车电子系统的众多产品，但是从没有在安徽开展实质性的生产合作项目，所以此次投资不仅加强了伟世通在华汽车空调实力以及业务布局，同时增进了与奇瑞汽车的业务关系（见图 8-6）。奇瑞科技 W 部长在谈到这次合作时，讲道："奇瑞汽车此次与伟世通成立合资企业，实现博纳尔公司成功升级为伟世通在中国大陆旗下的重要成员，这不仅实现了自身企业的升级，也是奇瑞汽车向上游零部件领域的又一次拓展。通过此次合资，奇瑞将能够研发生产一流的汽车空调产品，除了给自身配套外，还可以为国内其他车企配套，扩大自身在汽车零部件领域的市场份额和市场影响力。"

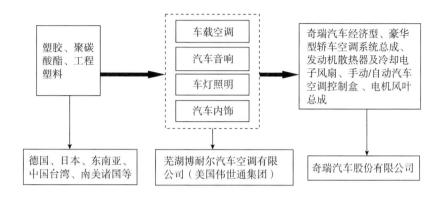

图8-6 奇瑞汽车在底盘系统的全球生产链嵌入

二 奇瑞汽车全球价值链升级与能力构建

汽车产业是一种典型的生产者驱动型价值链，其核心竞争力主要来源于技术研发环节及售后服务环节。上文分析了奇瑞公司在与国内外转移企业合作生产链延伸和嵌入状况，本节将重点分析奇瑞汽车全球价值链的升级和能力构建。依据 Humphrey 对价值链的判断，奇瑞价值链属于市场和网络型价值链，由于本土企业和外部领先企业间存在一定的知识互补性，因此其升级过程受到的外界阻力相对较小，价值链升级和能力构建也有较大可能性。在调研中发现，奇瑞汽车正在从"借壳造车—模仿造车—合作造车"的低端嵌入全球价值链逐步向"重塑品牌—技术研发—后市场服务"高端价值链过渡。奇瑞构建自主高端全球价值链，主要是通过向价值链两端攀升以及向更高级链条跃迁（见图8-7）。

从图8-7中可知，一个企业如果想要实现企业价值链的升级，就必须从附加值高的端点如技术创新和后市场服务入手，但是附加值高的端点也存在壁垒高的典型特点，因此需要从企业内部入手，通过整合资源推动自身技术创新和实现后市场服务高效率化。自主品牌企业已从单

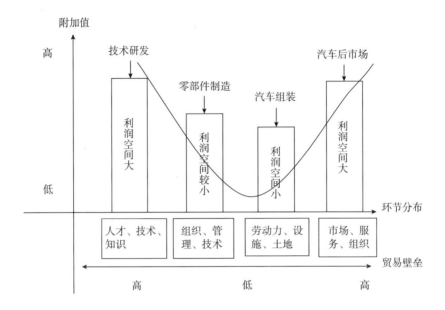

图 8-7　企业价值链升级等级分级

纯技术创新阶段发展到需要体系创新和品牌提升阶段，最终也就促进了价值链的升级。除了技术创新外，奇瑞还应该重视汽车后市场服务，随着汽车行业的成熟，服务质量、响应客户的速度已成为公众购车的关键性指标，消费者重视售后服务的意识也逐渐提高，越来越多的车企经营理念也开始向服务型转变，因此汽车后服务市场是一个紧随汽车市场发展变化的市场。2014 年汽车后服务市场规模已突破 6000 亿元，同比增长 32.7%，2015 年汽车后服务市场将超过 7450 亿元，四年之内整个市场规模突破万亿元完全有可能，但目前我国汽车后市场的整体经营模式、管理服务和竞争意识等还存在一系列的问题，奇瑞汽车为了应对即将到来的国际竞争和价值链升级，就迫切需要明确汽车后市场在整个汽车行业市场中的重要地位，提高服务质量和服务水平。

多年来，奇瑞汽车引进了大批海内外人才，其中有来自美国、德国、日本等国的外籍专家以及海外学成归来的高级技术人员以及国内大型汽车企业的专家和技术骨干等，此外，奇瑞集团分别在意大利都灵、澳大利亚墨尔本、日本东京等地设立研究院，整合全球智力资源，为奇瑞提供强有力的保障。奇瑞集团从 1997 年建厂初期就重点选择那些掌握核心技术的跨国公司作为突破口，在前期通过模仿、合作等过程实现了"技术原始积累"。当前，奇瑞已取得了一大批具有自主知识产权的专利技术，截至2014年，奇瑞累计申请专利7000余件，累计获得授权专利近5000件，在全国汽车企业中位居第一。访谈中，奇瑞研究总院的W工程师谈到奇瑞技术创新时讲道："奇瑞正是因为先人一步的技术创新，才让其获得了竞争优势，十多年下来，我们越发坚定地发现，作为一个汽车企业，对品牌和体系的追求才是进化的最大动力。"除了上述自身对核心技术的掌握，奇瑞集团先后还与国外著名的企业建立了联合实验室，如2011年成立的奇瑞—拜耳汽车轻量化联合实验室，与法国法雷奥集团建设的奇瑞—法雷奥联合实验室，与韩国SK组建的"车联网技术联合实验室"等，都共同推动了奇瑞技术研发能力，使奇瑞在价值链上获得进一步的提升。

实现全球价值链的升级，除了提高前端的研发实力，还需要深化末端的汽车后市场服务。从某种角度来讲，奇瑞汽车的崛起与重视售后服务密不可分，它率先走入中国汽车后市场，一直扮演着中国汽车售后服务领域中的创新者角色。目前，奇瑞产品已经走进全球80余个国家和地区市场，在海外建立了16个CKD工厂，实现了全面覆盖亚、欧、非、南美和北美五大洲的汽车市场，同时在海外建立了1000余家经销网点和900余家特约售后服务站，形成了较完备的海外销售和售后服务体系。访谈中，奇瑞总部L部长在谈到奇瑞后市场服务时讲道："近年来，奇瑞不断提升后市场服务，一是奇瑞不仅在国内按照全国行政区域进行划分，实行分层级响应，指定专人处理并明确处理完成时间，在国外也逐渐开始实施此项措施，以保障用户安心；二是在总部成立由专家组成的远程诊断小组，通过互联网为全世界各地的服务站提供技术咨询及保障，以保障用户安全；三是促进4S经销商量化备件储备标准，指导全世界各地经销商做好商品车的整备和检测，提前发现故障的，要及时上报总部进行处理，不能销售有问题的车辆；四是对各服务站量化服务标准，以最快的方式解决用户问题，真正达到用户满意的目的"。可以看到，奇瑞已经率先走入汽车后市场时代，由"价值营销"导向转变为"品牌营销"导向，以"消费者满意度建设"为核心，调整发展路径，持续提升服务后市场竞争力。

第五节　企业互动效应分析

芜湖汽车产业发源于20世纪90年代初的汽车零部件加工业,在发展过程中形成了以芜湖经济技术开发区为中心,周边区县经济开发区为重要支撑的空间格局,并且集群内部企业之间形成不同的关系网络。企业关系网络中最为关键的是一个或多个关联性强且带动能力凸显的龙头企业,凭借其产品、技术和社交等方面的优势在关系网络中拥有绝对的话语权,龙头企业的发展直接关系到企业关系网络的建构和发展。在芜湖汽车关系网络中,奇瑞集团是龙头核心企业,其全资和合资子公司在关系网络中占有较大比例,在核心零部件供应如发动机、关键技术研发如汽车模具研发和社会交往能力如搭建交流平台等方面构成了网络联系的主体部分。关联企业不仅包括纵向上下游企业,也包括横向的服务外包企业和物流企业等,企业的衍生和加盟不断推进产业链拓展,通过生产互补、协作构筑起真正具有核心竞争力的关系网络。围绕核心企业奇瑞集团,依托动力系统、车身/安全系统、底盘系统以及电子电器四个系统,芜湖汽车生产网络内部形成紧密的分工和合作关系。产业集聚区在不断发展的过程中,内部企业与外部市场形成良性的互动关系,形成了较为完善的空间关系网络组织形式(见图8-8)。

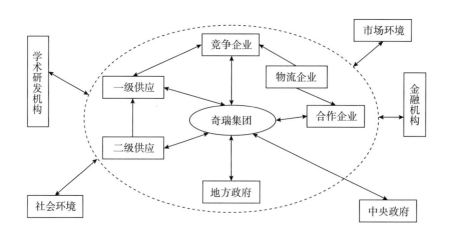

图8-8　奇瑞汽车空间生产网络组织形式

转移企业角色指转移企业在承接地与区域外部力量交互所形成的全球—地方生产网络中所处的位置，在上文分析中已知，不同的转移企业扮演不同的角色，甚至同一企业也扮演不同的角色，深刻影响了企业间互动发展的结构和效应。企业双向嵌入也直接影响了企业间的互动发展，如果企业嵌入过程顺利，未遇到明显的"地域错位""技术错位""文化错位"，则企业互动发展较好；如果企业嵌入过程较难，遇到明显的"排外"和"地域保护主义"阻碍，则企业互动发展较差。从分析中可以看出，转移企业在芜湖的"主动嵌入"和本土企业在全球生产链的延伸和全球价值链的提升，都是一种正向的、积极的态势，因此企业间的互动效应越来越强，将深刻影响到区域经济、社会、技术等方面的发展。当前芜湖经济技术开发区内已形成了汽车及零部件、家用电器、新材料三大主导产业，其中汽车及零部件产业占据最核心的地位，在推动区域经济发展、区域进出口贸易、人口就业、人均工资水平、区域研发实力中均有着重要的推动力，从历年开发区年度发展报告中可知，汽车及零部件对经济的贡献率均在40%左右。

一 企业互动的经济效应分析

首先，奇瑞产业集群对经济开发区总产值的贡献率一直保持在40%左右，对芜湖市增长贡献率也一直保持在25%以上。从图8-9可以看出，2010年贡献率最高，达到40.5%，2005年最低，也达到了33.5%，说明奇瑞在开发区占据绝对的核心地位，如果综合考虑奇瑞产业集群的经济贡献率，经济开发区领导讲道："虽然没有明确的经济统计数据，预计到2020年应该能达到60%以上"，说明整个奇瑞产业集群对开发区的经济增长占有重要的决定地位。

其次，奇瑞产业集群总产值占芜湖工业总产值的比重基本维持在20%以上，说明产业集群对芜湖经济发展具有很强的带动作用，而奇瑞总产值占芜湖规模以上汽车工业总产值的比重基本保持在55%以上，最高是2008年比重高达86.7%（由于美国金融危机、物价上涨等不利因素的影响，国内汽车产业整体处于低迷状态，面对国内外不利因素的影响，奇瑞在2008年实行了"品质提升、品牌建设、服务改善"三大战略，使奇瑞在该年的产销量逆势上扬），这说明奇瑞对芜湖工业总产值的贡献率也是非常明显的（见表8-1）。

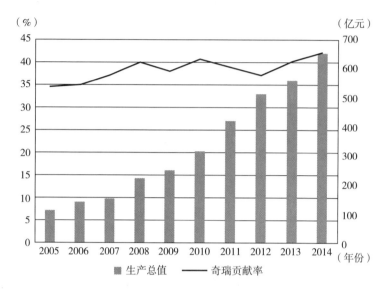

图8-9 奇瑞产业集群对经济开发区经济贡献率

资料来源：根据《芜湖统计年鉴》、经济开发区年度发展报告绘制。

表8-1 　　　　　奇瑞工业产值与芜湖汽车产业及工业总产值占比 　　　单位：%

年份	2005	2008	2009	2010	2011	2012	2013	2014
奇瑞工业总产值占芜湖规模以上汽车工业总产值比例	66.2	86.7	58.3	56.6	55.7	55.4	56.2	57.2
奇瑞工业总产值占芜湖工业总产值比例	19.7	15.6	28.0	28.4	24.7	23.5	24.1	24.8

资料来源：根据《芜湖统计年鉴》、《中国汽车工业年鉴》、经济开发区年度发展报告绘制。

　　最后，奇瑞在发展过程中，经历了"技术引进""成本优化""多元考量"三个转移企业引进阶段，因此在经济开发区实际利用外资中，奇瑞应占据绝对的领先地位。从2001年到2011年，奇瑞出口销量年均增长率达到163%，已连续9年居国内乘用车企业出口第一位，连续6年位居中国汽车企业出口第一位。从图8-10可以看出，奇瑞对外资利用的贡献率一直保持在40%以上，2013年高达46.4%，从图8-11可以看出，奇瑞对开发区进出口贸易的贡献率一直保持在60%左右，说明在保持开放基调不变的前提下，奇瑞利用外资正进入从"量"的剧增到"质"的飞跃的攻坚期，这对促进奇瑞产业规模化、优化产业结构、提高技术水平和增强国际竞争力具有正向的推动作用。

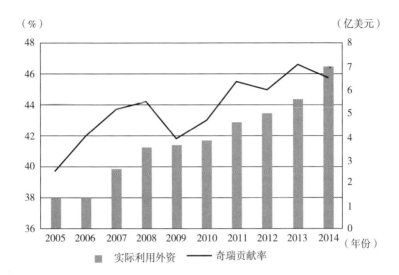

图 8-10 奇瑞公司对利用外资经济贡献率

资料来源：根据《芜湖统计年鉴》、经济开发区年度发展报告绘制。

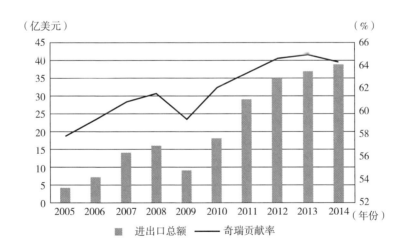

图 8-11 奇瑞公司对进出口总额贡献率

资料来源：根据《芜湖统计年鉴》、经济开发区年度发展报告绘制。

二 企业互动的社会效应分析

福利经济学强调就业人口变化对社会福利效应所带来的影响，就业人口增多，个人财富会随之增长，社会幸福感也会相应地提升。从总体来看，奇瑞产业集群对吸纳就业人口具有明显的正向推动作用。在高技术人才方面，奇瑞公司在2011年就和安徽工程大学联合创办了"奇瑞班"，旨在共建产学研合作基地，同时高度重视国际化人才引进，先后有14位外籍专家入选国家"千人计划"、6人入选安徽省"百人计划"，大量高层次人才的加盟为奇瑞的发展奠定了发展基础。在普通工作岗位上，奇瑞通过每年的校园招聘和人才专场，吸引了众多工作人员，自2000年开始，奇瑞就业人数占芜湖就业人数的比重就远远高于全国汽车就业人数占全国就业总人数的比重，2000年差额比重就高达1.4%，充分体现了奇瑞对当地就业状况的影响力（见图8-12）。特别是随着"皖江城市带承接产业转移示范区"的建立，未来会有许多在外务工的安徽籍民工回乡就业，芜湖汽车产业集群将会吸纳大量的民工，为解决就业问题作出更大贡献。

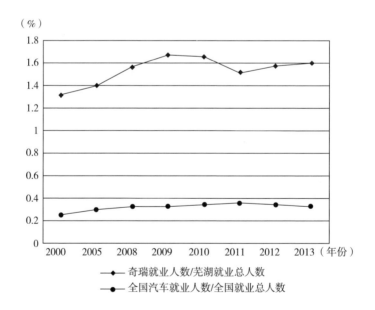

图8-12 奇瑞产业集群就业人数占芜湖总就业人数比重

资料来源：根据《芜湖统计年鉴》、经济开发区年度发展报告绘制。

平均工资是反映某一个地区或一个单位工资总体情况的指标，平均工资的高低直接关系到经济结构的调整和居民的消费支出比例，又能提高劳动者的生产积极性，推动经济增长。2005 年奇瑞人均工资不到1800 元，而 2014 年已超过 3400 元左右，年均增长率达到 8% 左右，在芜湖属于中上等水平（见图 8-13）。2001 年中国正式加入 WTO 之后，导致国内企业间的竞争更加激烈，国内企业逐步开始认识到企业福利在吸引员工、留住员工和激励员工方面的重要作用。奇瑞集团定期组织文体活动、外出旅游、聚餐、联欢等集体活动，转正后员工还可以享受节日慰问、购车优惠（出厂价 8.5 折）、购房福利等（内部价 8.5 折）福利待遇，对社会稳定和经济繁荣发挥了重要的作用。

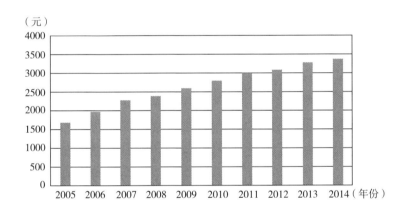

（元）

图 8-13 奇瑞公司人均工资水平变化

资料来源：根据经济开发区年度发展报告、企业访谈绘制。

三 企业互动的技术效应分析

企业互动产生的技术效应也是非常重要的内容，不仅关系到企业间技术交流与合作的水平提升，而且也对开发区整体经济实力的提升发挥了重要的作用。在集聚区内企业在地理上非常接近，面对相同的客户与供应商，就需要在生产、销售等过程中开展技术创新。同时，学习模仿所带来的效应也不容忽视，虽说核心知识和缄默知识不容易模仿，但通过学习也能有效提升自身的技术服务水平，形成"创新—模仿—再创新"的过程（见图 8-14）。企业技术创新互动过程是一个相互影响、相互制约的复杂过程，但是一般在实际情况中一项技术创新活动只会涉及部分参与者。2008 年开发区高新技术新批准的高新技术企业 54 家，其中奇瑞产业集群内部企业占 52%，园区内拥有以高新技术企业为载体的国家级研发中心和工程实验室 4 个，关于奇瑞汽车有 3 个，分别是奇瑞公司国家节能环保汽车工程研究中心、企业技术中心和节能环保汽车国家工程实验室，另外还有博耐尔汽车热交换器四个产品被授予省级名牌产品。2011 年开发区高新技术新批准的高新技术企业 91 家，其中奇瑞产业集群内部企业占 50% 以上，同时奇瑞产业集群被省政府授予"安徽省汽车及零部件专业商标品牌基地"称号，2014 年高新技术企业 93 家，其中国家重点高企 11 家，奇瑞产业集群占据半壁江山，上述情况表明，奇瑞汽车与转移企业经历了互动发展后所产生的技术效应具有明显的优势。

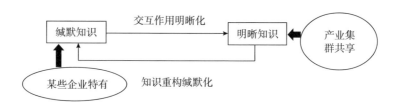

图 8-14　企业技术互动转化流程

第六节　小结

本章对企业双向嵌入进行了综合分析，在其基础上，分析了转移企业与本土企业互动发展的效应，得出如下结论：转移企业本土嵌入的地域嵌入程度最深，网络嵌入程度次之，社会嵌入表现得相对简单，而本土企业通过与转移企业的联合促使了生产链在全球的延伸和深化，奇瑞汽车的价值链也逐渐从"借壳造车—模仿造车—合作造车"的低端价值链逐步向"重塑品牌—技术研发—后市场服务"高端价值链过渡。本土企业和转移企业产生了显著的互动效应，在经济、社会、技术效应等方面都取得了长足的发展。

第九章

奇瑞汽车企业关系网络演化过程及影响因素

　　20 世纪 80 年代以来，与新古典经济学相抗衡的"异端"经济学——演化经济学取得了长足的发展。同时，演化经济学的核心思想与新经济地理学倡导的"关系转向"研究主旨的趋同性，激发了经济地理学领域的"演化转向"（苗长虹，2011）。Boschma 等（2007）指出经济地理学的演化视角为经济地理学家关心的中心论题——地理不平衡发展开辟了新的思考路径，也为其提供了许多区别于传统经济思想的一系列新奇的概念和理论，刺激了经济地理学的概念创新和跨学科合作。刘志高（2005，2011）指出经济地理学家不仅仅要求将演化经济学的思考和核心概念运用到经济地理学之中，更多的是意图通过建立完整的演化经济地理学框架来重新解释地方和空间演化过程。近二十年来，奇瑞汽车与转移企业的关系网络表现出了非常独特的演化轨迹，既表现出以境外转移企业为主的松散型网络特征，又表现出本土企业为主的开放型网络特征，既有很强的路径依赖性，又有明显的历史偶然性和权变性。那么，企业关系网络演化究竟存在什么样的阶段特征？怎样运用演化经济地理学关键思想和核心概念解释企业网络演化的内在机制？能否采用定量方法分析企业关系网络演化的关键性因素？分析演化特征、解释内在机制、量化关键因素对深入理解企业关系网络结构变化及其发展趋势具有重要理论意义，对制定地方产业转型升级政策具有参考价值。

第一节　问题提出

20 世纪 90 年代以来，以 Park 和 Markusen 为代表的第二级城市学派在遵循马歇尔"产业区"理论基础上，更加关注经济、就业、人口快速增长的新兴区域和类型多样化的"新产业区"（New Industrial District），并把它们区分为马歇尔式产业集群、轮轴式产业集群、卫星平台式产业集群和国家力量依赖型产业集群，其中以轮轴式产业集群最为典型。在这个意义上，与美国、日本、英国等传统大都市区相比，这些类型多样的"新产业区"既是新兴的又是后发的，在现实当中也更为普遍。中国自改革开放以来，产业集群发展轨迹经历了自然内生阶段的"原生式马歇尔集群"、市场需求拉动阶段的"内生式轮轴集群"、外商投资和产业转移推动阶段的"外嵌式轮轴集群"，并且后者已成为当今中国最重要的产业集群类型和促进本土企业嵌入全球生产网络（GPNs）和全球价值链（GVCs）实现"战略耦合"的重要载体。从已有经济实践看，外嵌式轮轴产业集群由于本土企业对转移企业"技术权力"依附而导致"低端陷阱"和"贫困增长"、转移企业的地方嵌入不足而导致"飞地经济"和"候鸟经济"等问题都深刻影响了集群的可持续发展，因此深入研究外嵌式轮轴产业集群的网络演化过程及驱动机理具有典型的理论意义和实践价值。

在产业转移背景下，基于转移企业与本土企业互动博弈的不同情境，外嵌式轮轴集群网络的构建类型及与区域发展间的关系存在较大异质性，但网络演化机制却存在显著同质性。首先，以跨国公司主导的"被动型"网络与区域发展。以跨国公司为代表的转移企业由于存在"松脚性"现象而导致的"被动嵌入"使结网过程存在明显的非自动性和非自主性特征。跨国公司基于对利润最大化追求将会减少对本土企业的依赖，虽然在一定程度上也会由于"俱乐部收敛"和"地理接近与关系接近"现象同本土企业建立产业、技术和社会网络联系，但由于网络内部多元主体互动博弈的无效解和网络消退外溢现象的出现，无疑会使部分跨国公司成为飞地，形成"沙漠中的教堂"，对地方生产网络的抑制作用明显。如中国台湾个人电脑企业在珠三角、越南、马来西亚等地互递转移，日本汽车零部件企业在中国台湾、长三角、马来西亚等地的互递转移，都表现出以跨国公司为主导的企业网络在承接地并没有实现完整嵌入性和良好传承性，在为承接地企业打开"区位机会窗口"的同时，也使本土企业对跨国公司的"技术权利"和"网络权利"依附而陷入"贫困增长"状态。其次，以本土企业主导的"主动型"网络与区域发展。本土企业拥有跨国公司所不具备的优势，如丰富的亲缘、地缘关系，与政府部门千丝万缕的联系，企业员工的本地化等，特别是具有一定实力的本土企业，基于自身战略需求吸引了部分国内外相关转移企业，转移企业在承接地的区域嵌入式和对地方经济的根植性，直接促进了地方生产网络的形成和区域经济实力的提升。本土企业、转移企业与区域经济的协同发展通过生产链的上下游延伸和价值链的融合升级，使以本土企业主导关系网络进一步地融入全球生产体系当中。如华为公司通过吸引部分上下游转移企业，在地方生产网络基础上形成呈蛛网状的全球生产网络，反哺了深圳市通信设备产业的整体提升；奇瑞汽车实行逆向发包模式，与全球部分著名汽车研发机构形成具有影响力的研发网络，在芜湖市建立了奇瑞汽车工程研究院，增强了芜湖市研发水平；苏州本土的自行车企业在与外资企业互动发展中，随着网络内外部环境与条件的变化，地方生产网络与外资网络逐渐融合，进一步促进了地方经济的发展。最后，当前学术界对于集群网络演化机制的研究，无论是基于"新区域主义"理论传统的内源性因素，还是遵循政治经济学理论传统的外源性因素，都主要包括以下几个方面：一是强调在资源获取和学习的基础上，网络内部知识技术的传播和学习是企业网络演化的重要因素；二是强调网络内部关键行动者，领导核心企业和企业家在网络中的角色和任务是不可互换的，也是推动网络创新的发动机；三是强调企业外部环境，认为企业外部环境及产业层面因素如重大产业事件、市场竞争的激烈程度、市场发展阶段、需求与竞争对企业网络形成和发展也具有深刻的影响。

研究以奇瑞汽车集群为核心，主要基于以下原因，首先，芜湖经济技术开发区依托奇瑞公司自 20 世纪 90 年代以来已承接了大量的国内外汽车零部件配套企业，如德国大陆集团、法国法雷奥集团、意大利菲亚特集团、美国江森集团、加拿大马格纳集团、韩国浦项制铁集团、中国香港信义集团、中国台湾万向集团等，形成了典型的以奇瑞公司为核心的外嵌式轮轴产业集群，网络结构表现出典型的"全球—地方"关联型特征，被业界称为"奇瑞模式"，在中国具有重要影响力。其次，西方经济学界也在同步开展汽车产业集群网络结构的研究，如东亚汽车产业、欧洲汽车产业等，有利于与国际案例之间进行比较分析。研究尝试回答两个问题：一是奇瑞产业集群网络在近二十年发展过程中经历了什么样的演化过程？结构特征发生了哪些变化？二是奇瑞产业集群网络演化的驱动机理包括哪些，如何进行科学解释？研究旨在丰富和完善企业经济地理相关理论及案例，为产业集群发展提供有益借鉴。

第二节　研究框架

经济地理学"演化转向"研究可归纳为企业/组织层面、产业/区域层面、空间系统层面和制度层面四个方面，而经济地理学"关系转向"的关系资产、关系嵌入和关系尺度则为网络研究提供了重要的理论内涵。在经济地理学"演化转向"和"关系转向"的基础上，相关研究强调了关系资本与政府制度所影响的遗传力量（Relationship Inheritance），市场化条件下企业战略择定考虑的选择力量（Relationship Selection），以及知识化背景下企业创新导致的变异力量（Relationship Variation）对网络演化的作用。奇瑞汽车集群网络演化过程既体现路径依赖和历史偶然性，也表现出一定的创新性和开放性；既有关系网络结构的路径锁定，也存在明显的调整或变化。

研究借鉴演化生物学中的达尔文主义，选取"遗传、变异、选择"等若干因素，而后在新经济地理学"关系转向"和"地理改造"的情境下选取相关指标作为解释产业集群网络演化的主要驱动机制。首先，达尔文主义强调生物"遗传、变异、选择"，而经济地理学倡导的"演化转向"主要体现为生物演化在经济地理学中的"隐喻"。如果将演化生物学纳入经济地理思维进行改造，便会发现经济地理学强调的关系、文化、技术、制度、组织等要素均在网络演化过程中扮演重要角色，主要涉及网络内部权力关系分配、企业组织空间差异化发展、社会网络的关系杂合性与片段化现象、空间行动者网络的多重轨迹等。其次，演化经济地理学将时间与空间、偶然与必然、正式制度与非正式制度联系起来，更强调在整体联系过程中的"历史传承性与路径依赖性""区位机会窗口与技术面对面交流"等特征。遗传机制主要与关系资源和政府作用的历史传承性相关，正是由于遗传要素的相对稳定性，因此集群网络结构形态、权力关系及节点作用等表现得更为稳健。变异机制主要与区位机会窗口变化和企业面对面交流所产生的创新机制相关，企业区位机会窗口更多关注随着市场条件改变企业发展方向的动态变化过程，而企业技术学习创新过程直接影响了企业间技术合作和交流对象的重新择定，因此网络节点的能动性及相互作用均会产生明显变化。选择机制主要与企业战略变化与市场选择相关，企业战略是企业发展的根本和灵魂，随着不同阶段战略的重新制定直接影响了网络内部企业节点的连接方式和强度，从而导致集群网络演化的最终趋势；在产业集群网络演化过程中，遗传机制、变异机制和选择机制三种力量之间处于相互联系和相互博弈状态，本土企业主导下的企业关系网络演化发展既要保持自主性，就必须加强对遗传机制的重视程度，又要提高专有能力，就必须有策略地调配选择机制和变异机制，进行网络节点的重新选择和优化组合，因此网络演化的不同阶段，其驱动机制的作用力是相异的，必须区分识别。综上所述，研究拟构建由"遗传、变异、选择"理论演化而成的"路径依赖、关系选择、学习创新"要素共同作用于产业集群网络演化的分析框架，提供一个几种要素相互作用的、综合的视角来解释上述问题（见图9-1）。

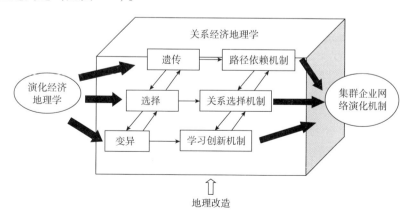

图9-1 理论分析框架

在演化经济地理学的核心概念和问卷结果分析的基础上研究了汽车企业关系网络演化的机制，通过分析可知，企业关系网络演化可能由企业战略择定、企业关系资产、企业学习创新和区域制度厚度等因素造成。这四方面因素之间又存在相互作用，很难单独剥离出来。本章进一步通过定量回归分析的方法判定企业关系网络演化的影响因素。

第三节 研究方法

企业关系网络是网络联系的稠密程度，密度越大，团体合作行为越多，信息流通越易，团体工作绩效也会越好；密度越小，团体合作行为越少，信息流通越难，工作绩效也越差。在关系网络中，网络密度是网络发育状态的典型表征指标，因此选择网络密度为因变量数据。由于是离散数据，数据量又相对较少，本章选择灰色多元线性回归模型。模型建立的基本思想是通过灰色微分方程得到各自新的时间序列值，过滤原来时间序列值中所包含的随机干扰还事物以本来面目，在此基础上再进行多元线性回归分析，这样做还解决了直接进行多元线性回归分析建模时遇到的多重共线性问题。模型主要包括两个过程：

$GM(1, 1)$模型建模步骤为设时间 t 序列：$x^{(0)} = [x_{(1)}^{(0)}, x_{(2)}^{(0)}, x_{(3)}^{(0)}, \cdots, x_{(n)}^{(0)}]$，对数据序列做累加，生成新序列：$x^{(1)} = [x_{(1)}^{(1)}, x_{(2)}^{(1)}, x_{(3)}^{(1)}, \cdots, x_{(n)}^{(1)}]$，则 $GM(1, 1)$ 模型预测模型微分方程为：

$$\mathrm{d}x^{(1)}/\mathrm{d}t + ax^{(1)} = u \tag{9-1}$$

预测模型为：

$$x_{(t+1)}^{(1)} = (x_{(0)}^{(1)} - u/a)e^{-at} + u/a \tag{9-2}$$

a，u 是待确定的未知参数。

设结果因素 $Y(t)(t = 1, 2, \cdots, n)$ 是形成的时间序列，$X_i(t)(i = 1, 2, 3, \cdots, j)$ 为第 i 个原因因素应用上述灰色微分方程推出的 t 年的还原值，a_j 为待估参数 $(j = 0, 1, 2, 3, \cdots, j)$：

$$Y(t) = a_0 + a_1 X_1(t) + a_2 X_2(t) + a_3 X_3(t) + \cdots + a_j X_j(t) \tag{9-3}$$

应用历史数据 $Y(t-m)$、$X_i(t-m)(m = 1, 2, \cdots, m, m \leq n, i = 1, 2, 3, \cdots, j)$ 和最小二乘法得 $a_j(j = 0, 1, 2, 3, \cdots, j)$ 估计值 $\hat{a_j}$ 和预

测因素灰色多元线性回归模型：

$$Y(t) = a_0\hat{} + a_1\hat{} X_1\hat{}(t) + a_2\hat{} X_2\hat{}(t) + a_3\hat{} X_3\hat{}(t) + \cdots + a_j\hat{} X_j\hat{}(t) \quad (9\text{-}4)$$

模型（9-4）需通过 R^2 检验和 t 检验。在模型检验中，相关系数 R^2 大于 0.5 即可，越接近于 1 效果越好。对每个 $a_j \neq 0$（$j = 1$, 2, 3, …, j）的假设，t 检验的显著性概率 Sig. <0.05 表明 $X_i(t)$ 对 $Y(t)$ 的线性关系显著接受假设，否则拒绝假设。

在分析企业关系网络时，要注意地理尺度问题。区域尺度上的数据由于宏观性过强，并不能很好地反映企业微观结果，因此选择企业相关数据作为自变量。在文献回顾以及实地调研和问卷分析的基础上，遴选七个指标并纳入回归模型进行分析，本书选取的具体解释变量详见表 9-1。企业关系网络演化主要受到企业经济实力、企业研发能力、企业社会责任以及企业自身因素等共同影响（马海涛，2012；潘峰华，2013）。企业经济实力直接决定了企业在区域中所占位置，是企业构建关系网络的前提和基础，因此本书选择企业年产值表征企业经济实力，记作 X_1。企业研发能力是企业技术水平的主要指标，也是企业间开展技术交流合作的重要保障，技术水平越高的企业，开展技术交流合作的可能性越大，反之越小，因此本书选择企业研发投入比重和是否属于高新技术企业表征企业研发能力，记作 X_2、X_3，其中 X_3 是虚拟指标，"是"为"1"，"不是"为"0"。企业的社会责任是企业进行社会交流的重要前提，企业的社会责任感越强，参加社会活动的动机就会越强，反之亦然，而员工作为企业最基本的社会单元，是社会活动最主要的参与者，因此本书选择企业员工人数和年均参加活动次数表征企业社会责任，记作 X_4、X_5。企业来源地决定了企业的社会属性和文化，直接影响企业在承接地的经营活动，记作 X_6，"国内同省"为"3"，"海外同国"为"2"，"国内异省"为"1"，"海外异国"为"0"。网络关系构建与演化是一个过程，因此它与企业在承接地的建厂时间有直接关系，记作 X_7。需要说明的是，影响因子的选取并不与企业战略择定、企业关系资产、企业学习创新和区域制度厚度四种影响机制一一对应。

表 9-1   汽车企业关系网络演化影响因素及含义

编码	变量	含义解释	关系属性
X_1	企业经济实力	企业年产值	+
X_2	企业技术水平	企业研发投入比重	+
X_3		企业是否属于高新技术企业	+
X_4	企业社会责任	企业员工人数	+
X_5		企业年参加社会活动次数	+
X_6	企业内部条件	企业来源地	不确定
X_7		企业建厂时间	+

首先，对表 9-1 中的各个要素进行标准化处理，然后在灰色系统模型中进行时间序列结果预测。其次，在计算七个变量间相关系数的基础上，通过 SPSS19.0 软件采用回归模型定量计算决定因素。计算结果如表 9-2 所示，在第一次回归中，企业研发投入比重和企业员工人数两个指标没有通过检验，故而在剔除后进行第二次回归。在第二次回归中，所有指标均通过 0.05 水平下的显著性检验，符合研究要求。

表 9-2   企业关系网络 1997—2014 年演化影响因素模型结果

变量	第一次回归		第二次回归	
	系数	P 值	系数	P 值
常数	1.017	0.052	0.942 *	0.046
企业年产值	0.326 **	0.009	0.319 **	0.006
企业研发投入比重	−0.251	0.256	—	—
企业是否属于高新技术企业	0.193 *	0.032	0.172 *	0.027
企业员工人数	−0.482	0.112	—	—
企业年参加社会活动次数	0.308 **	0.007	0.324 ***	0.000
企业来源地	0.211 **	0.004	0.193 **	0.002
企业建厂时间	0.527 ***	0.000	0.505 ***	0.000
R	0.825	—	0.897	—
R^2	0.681	—	0.805	—

注：* 表示在 5% 显著水平下通过检验，** 表示在 1% 显著水平下通过检验，*** 表示在 10% 显著水平下通过检验。

第一，受企业经济实力影响较大。回归结果显示企业年产值对企业关系网络演化具有正显著性，表明企业年产值越多，企业经济实力就越强，企业在区域中发挥的经济效应越显著，企业与其他社会经济单元的联系也会越来越紧密，进而会正向推动企业关系网络发展，这也与访谈结果相一致。在实地调研时发现，经济实力越强的企业，其关系网络越复杂；反之，经济实力弱的企业，关系网络较简单，在关系网络中扮演核心角色的企业基本上都属于经济实力较雄厚的大型企业。第二，企业是否是高新技术企业对网络演化有一定的影响，从回归结果看，虽然相关系数较小，但显著为正。企业属于高新技术企业说明此企业具有较为雄厚的科研实力，虽然不能直接说明高新技术企业一定与别的企业会发生更多的技术交流合作，但是在与其他社会经济单元进行技术交流合作情况下，它会扮演主动角色，能更有效地促进企业间展开相关活动。第三，企业年参加社会活动次数对网络演化有重要影响，回归系数为 0.324。企业参加社会活动主要包括参加座谈会、联谊会、体育活动、参观互访等，在企业参加社会活动过程中，无形中加强了企业间社会交流频率和强度，因此能正向推动企业关系网络的演化，这与调研结果相一致，以 BNE 为例："博耐尔在社会交流中处于核心地位，在政府工会也扮演了核心角色，因此每年都会组织不同企业展开社会活动。我们企业在社会责任这一块做得也很多，慈善已经作为一个常态化趋势"，从关系网络图中也可以看出，BNE 的社会交流网络比较复杂。第四，企业自身因素对网络演化也具有重要的影响。相同的语言和文化使企业家间具有高度的相互信任，容易建立合作关系，因此企业来源地对网络关系的演化也具有重要的影响，从2005 年和 2010 年的网络关系图可以看出，来自同地区企业交往要高于不同地区的企业，但是随着时间发展，到 2014 年，这种情况虽然仍然出现，但是有弱化态势。企业在承接地建厂时间深刻影响了企业关系网络的演化，从模型可以看出，回归系数达到了 0.505，说明一个企业建厂时间越长，越能影响其经济、技术、社会等方面的关系，这也与实地访谈的结果相符。

第四节　企业关系网络演化阶段

企业关系网络形成依赖于领导型企业的吸聚和竞争型企业的集聚作用，依托上文对芜湖承接汽车产业发展历程的分析，研究将汽车企业关系网络演化划分为三个阶段，分别是技术引进阶段的松散型网络、成本优化阶段的紧密型网络和多元考量阶段的开放型网络，下文将分别对其进行分析。

一　节点涌现的松散型网络

在 1997 年奇瑞集团正式成立之前，芜湖市已经有目的地开始引进国内外汽车零部件企业，最早可以追溯到 1993 年芜湖华亨汽车部件有限公司，这是首家由中国香港与本地企业合资的企业，此后分别在 1995 年和 1996 年引进了德国大陆集团和瑞典斯凯孚集团，上述企业为奇瑞成立初主要零部件的安全供应发挥了重要的作用。自 1997 年以后，奇瑞集团投产运营，为保障汽车产业链条的安全和模仿学习核心技术，陆续引进了二十余家大型汽车零部件企业，截至 2005 年，芜湖经济技术开发区共有 27 家规模以上的汽车承接产业，其中国外及中国港澳台企业有 19 家，国内企业有 8 家。国外及中国港澳台企业主要涉及电子电器和车身安全系统，如 DL 集团、BNE 有限公司、HJ 集团、FLA 集团、ATK 集团、MKR 集团等，其中部分企业属于世界 500 强和汽车零部件 500 强企业。通过引进国内外具有影响力的企业，为奇瑞生产供应链的安全提供了充分保障，也为奇瑞的发展打下了坚实基础。

转移企业与奇瑞集团在供应关系过程中，基本上表现出"经济联系—技术合作—社会交流"递进的嵌入通道。从图 9-2 中可以看出，关系网络表现出松散状态，联系并不紧密，尤以技术合作网络最为典型，但在各自生产系统内部企业联系较为紧密，如动力系统企业 ZS、RH、YD 等，电子电器系统企业 FLA、HJ、MRL、ATK、BNE 等联系都较为紧密，但不同系统间的企业联系较松散。基于企业关系属性数据，在 UCINET 进行网络结构指标测定，发现此阶段的网络中心度较高，而网络节点均值、网络密度、节点平均接近中心度的均值都较小，说明国内外转移企业来芜湖投资的首要目的都是直接为奇瑞汽车提供相关零部

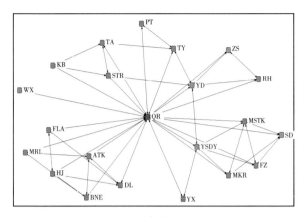

（a）经济关系

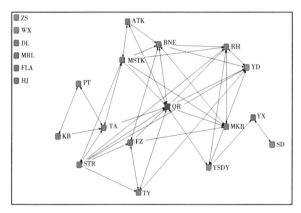

（b）技术合作

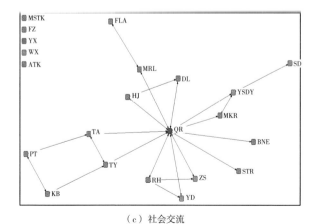

（c）社会交流

图9-2 技术引进阶段企业关系网络结构特征

件。企业在转移初期，都致力于加强与本土核心企业的联系，缺少了不同生产系统企业之间相互联系，因此造成了整个关系网络发育明显不完善，连通能力偏低的特征。由于企业之间相互联系较少，企业更多的是作为节点而存在，因此整体网络处于较为孤立阶段，表现出典型的节点涌现松散型特征，并且网络成员多以境外转移企业为主。

二 联系渐密的紧凑型网络

随着技术引进阶段的发展和完成，奇瑞的汽车零部件供应链条安全性得到充分保障，奇瑞开始考虑成本优化，以解决采购成本过高的问题。相比境外转移企业，国内转移企业虽然没有强劲的经济实力和核心的技术水平，但在奇瑞总部指导下，能够生产满足车型所需要的关键零部件，且成本相对较低，因此此阶段内国内转移企业进入较多。随着国内转移企业增多，不仅保证了产业链条不断完善和产品生产能够在一地内部完成，而且也促进了转移企业之间的联系频率。同时由于第一阶段涌现的国外企业节点经过一段时间发展也开始重视企业之间的联系，因此关系网络逐渐由节点涌现的松散型网络向联系渐密的紧凑型网络转变。

奇瑞集团在 2008 年国际金融危机后提出了优化"全面成本"的概念之后，除了进一步引进具有核心技术的国外企业之外，更多的是将重心转移到国内汽车零部件企业，使之在芜湖就近设厂，减少产品运输费用。此阶段引进的国内转移企业如江苏 JN 汽车电器有限公司、浙江 RF 机械制造有限公司、上海 SW 汽车饰件有限公司、江苏 SC 汽车配件有限公司、河北 LY 股份有限公司、四川 JA 底盘系统有限责任公司等，生产系统主要以车身安全和底盘系统为主，产品类型主要涉及汽车密封件、保险杠、汽车内部饰件、汽车底盘件等。虽然此时企业集群表现出典型的马歇尔式特征，企业规模都不是很大，没有形成经济规模效应，但却形成了比较细致的专业化分工，通过分工与合作加强了企业间的经济联系和技术合作。此阶段内，企业关系网络经历了明显的变化过程，主要原因有两个：一是在相同的社会文化背景及管理制度经验基础上，国内转移企业由于受到各种社会关系作用的影响，各企业间的交流也较频繁，特别是来自同一区域的企业，由于地缘、业缘等关系成了企业间联系的润滑剂，彼此形成了团结协作、相互帮衬的共识；二是第一阶段进来的境外转移企业经过十多年的发展，已认识到企业本土嵌入的重要性，因此引发重视企业关系网络的构建和发展。

基于2010年的企业关系属性数据，通过对网络结构指标测定发现，虽然企业网络中心度、节点总和、网络密度、节点平均接近中心度相比2005年都有很大发展，但是企业之间彼此联系还不完善，特别是技术合作网络，仍存在较大的提升空间。但从图7-2中可以看出，在技术引进阶段进来的部分境外转移企业已开始与部分国内外转移企业建立较为密切的经济、技术和社会联系，整个企业关系网络也逐渐显得紧凑。由于此阶段内转移企业类型主要以国内转移企业为主，虽然彼此间联系较为密切，但是与境外转移企业联系仍显得较弱，因此国内转移企业往往形成"小团体"，而境外转移企业也更愿意建立自己的"个人俱乐部"。综上所述，虽然此阶段内企业间联系得到进一步加强，但是由于不同的技术势差、组织势差、地域差异等因素的影响，国内外转移企业间彼此联系仍未达到相对紧密状态，网络发育仍不完善，连通能力仍然较弱，并且此状态一直存在，这种局面是不利于企业的转型升级和突破性发展的（见图9-3）。

三 蓬勃发展的开放型网络

经历过技术引进阶段和成本优化阶段后，奇瑞掌握了部分核心技术，并且汽车关键零部件的价格也有了适当控制，奇瑞随之审视自身发展问题，而固有的问题也深刻影响到企业关系网络的建构和发展。奇瑞集团2010年提出"转型"口号，再加上受全球汽车市场低迷影响，开发区承接的汽车零部件企业并不是很多，主要以国内企业为主，主要来自广东、江苏、浙江以及安徽其他城市，如浙江恒祥实业有限公司、广东亿昌科技有限公司、江苏腾龙汽车零部件制造有限公司等，另外仍有部分国外企业，如日本中鼎实业有限公司、德国本特勒浦项汽车配件制造有限公司、德国伯特利集团、美国博士集团等，产品类型主要包括汽车装饰材料、密封件、汽车工程机械零部件、汽车精密塑料制品等。

此阶段内，奇瑞开始重视全球生产链延伸和全球价值链的提升，因此除了坚持上阶段成本优化战略之外，奇瑞还逐渐开始向外部拓展技术研发和后市场服务，同时在关系网络内部企业也逐步进行角色的定位和试行模块化发展战略。与经济开发区不远的芜湖县工业园区凭借完善的

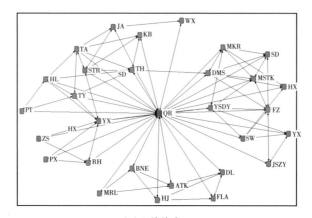

（a）经济关系

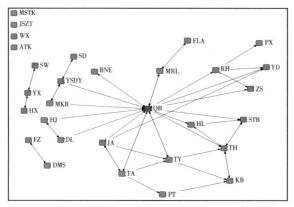

（b）技术合作

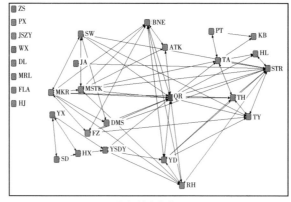

（c）社会交流

图9-3　成本优化阶段企业关系网络结构特征

交通体系，也已发展成为汽车与零部件生产网络中的重要部分。总的来说，零部件供应商之间形成了层次较为分明的供应体系，一级配套商直接与奇瑞集团联系，提供一级集成组合好的模块系统，而二、三级小零部件厂商则完成系统内部的供应，企业关系网络不断优化，比较优势也进一步得到加强。除了在经济技术开发区内以奇瑞集团为主导的企业关系网络外，奇瑞在国内拥有 10 个生产基地，海外有 17 个生产基地，由奇瑞总部、国内生产基地、海外生产基地共同组成了较为完整的奇瑞生产网络。但是由于汽车产业链条的复杂和涉及产业面的广泛，同一系统的供应商之间也形成了各自企业群落，不同系统的供应商联系较少，但值得肯定的是已有部分企业打破生产系统界限，开始对外搭建联系通道。依托于汽车动力及装备系统、车身/安全系统、底盘系统和电子电器系统四个主体，围绕领导企业奇瑞集团，不仅整个网络内部企业之间逐渐形成分工和合作关系，而且网络内部企业也开始与外部市场的企业及科研机构形成良性的互动发展关系，因此表现出蓬勃发展的开放型特征，网络成员中境外转移企业和国内转移企业并重（见图 9-4）。

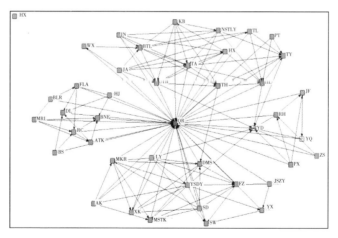

（a）经济关系

图 9-4　多元考量阶段企业关系网络结构特征

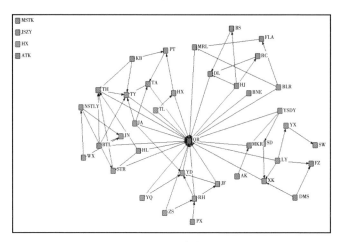

（b）技术合作

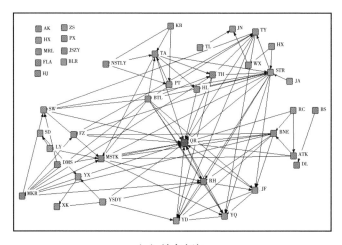

（c）社会交流

图9-4　多元考量阶段企业关系网络结构特征（续）

第五节　汽车企业关系网络演化机制分析

1997—2014年，汽车企业关系网络经历了"节点涌现的松散型网络—联系密切的紧凑型网络—蓬勃发展的开放型网络"的演化过程，企业关系网络演化过程既体现出了一定的路径依赖性和历史偶然性，也表现出一定的创新性和开放性，总体来说，整体演化过程呈现复杂态势，既有原有网络空间结构的保持，也有调整或变化。

一 外部驱动力分析

（一）政府作用驱动

奇瑞的发展离不开芜湖市、安徽省及国家部委的强力支持，企业关系网络的演化也离不开政府的支持。企业关系网络从最初的松散型过渡到紧凑型，然后由紧凑型过渡到开放型，其中不仅包括市场条件影响，还包括政府作用的驱动。从问卷结果分析可知，转移企业进入芜湖投资最主要的原因除了距离奇瑞总部近之外，还有一个就是政府政策好、亲商效率高（见图9-5）。政府多样化的优惠政策，为转移企业的本土嵌入提供了制度保障，这是转移企业在承接地生存最重要的条件。政府亲商效率高，适时为转移企业的发展考虑，定期组织企业家座谈会，了解企业发展中存在的问题并及时解决，为国内外转移企业的发展提供了关系资产。STR 公司称："芜湖开放程度比较高，政府作用比较强"；TH 公司称："政府相关的企业协会一年组织一两次芜湖市政府挑选好的

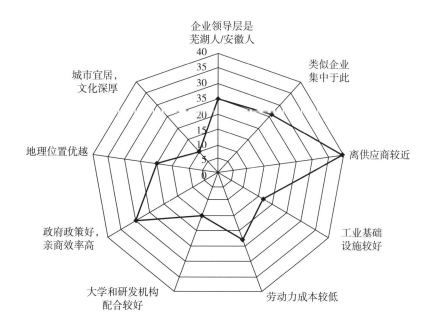

图 9-5 转移企业进驻芜湖的主要诱因

企业，有部门负责人参观学习交流，业余活动有一些，体育活动、旅游等"。BNE 公司称："芜湖政府是很积极向上的。如果非要改，可以从安全、环保和基础设施建设等方面交易改善"。RH 公司称："对政府的作为是认可的，有很高的评价。找管委会领导甚至不需要预约，对企业困难的解决有非常积极的态度，从招商引资转为招商选资，投资服务促进闭环管理"，另外还有许多企业负责人都对政府作用持正向评价。从上述分析可以看出，政府作用驱动是影响企业关系网络演化的重要外部因素。

（二）市场需求变化

企业关系网络演化也离不开市场条件的变化。2010 年之前，奇瑞一直处于飞速发展阶段，总部对零部件的大量需求直接导致了国内外众多企业进驻芜湖，各企业之间也逐步构建起关系网络。2010 年奇瑞提出了"转型"口号，倡导"回归一个品牌"，对汽车及零部件的质量提出了更高的要求，转型之后汽车销售量下降，各公司的产品都受到一定程度影响，因此各企业都纷纷制定了外向型的战略，即不再局限于单纯为奇瑞供货，开始积极发展其他供货对象，如 TY 公司"原来主要依托奇瑞，因为奇瑞是我们发展基础，但是伴随着奇瑞近几年的转型和产销量下降，我们将目光瞄准外部市场，现在众泰、广汽、北汽，这些外部市场加起来比奇瑞要大"。企业也开始打破生产系统之间的界限，不再局限于内部的联系和交流，也积极与不同生产系统的企业建立关系，发展多样化战略，如 STR 公司称："2011 年、2012 年遇到困境，主要原因是奇瑞转型和提高了质量要求，因此，我们企业开始逐渐与一些动力系统的汽车、底盘系统的企业建立关系，看能不能联合开发一些产品。"开发区内部的企业开始走出地域界线，与外部园区如鸠江经济开发区、弋江区高新技术产业开发区、芜湖县机械工业园的一些企业建立关系。ATK 公司称："奇瑞转型对我们确实影响很大，原来供给的零部件现在不能供给了，直接影响了人和企业效益，我们也只能想别的出路了。值得庆幸的是我们公司研发实力比较强，可以为别的企业提供技术指导，共同研发一些产品如仪表、智能车身控制模块等，用来供给别的汽车公司，但是企业基本上不在开发区内，都分布在外面的一些园区内"。从上述分析中可以看出，由奇瑞转型带来的市场需求变化确实是影响企业关系网络演化的重要外部因素。

（三）区域制度厚度

制度厚度并不单纯是指地方政府的政策，还包括社会机构、科研机构等其他社会主体相互作用的程度。制度厚度的提出，引起了经济地理学者对制度与区域发展关系的深入讨论，但是制度厚度并非永远有效，还有可能是一个陷阱，正如马歇尔在地方经济学中说的："制度厚度与区域经济的关系并非一定描述为一种功能联系"。但是在当前多数研究框架内，并未对地方的正式制度和非正式制度进行深入分析，有时甚至连最基本的制度分析都没有涉及，因此，有必要通过具体的实证案例来加深对地方制度与区域经济基本单位互动发展关系的研究。

在问卷中，设计了若干制度厚度对网络构建演化的作用问题：A（7）"贵企业选择芜湖投资最重要的原因有哪些（可多选）"；C（3）"贵企业同哪些中介机构、行业协会、研发机构存在技术合作情况"；D（4）"贵企业同哪些中介机构、行业协会、研发机构存在社会交流情况"；E（10）"最希望地方管理部门工作有何改进（可多选）"（见图9-6）。

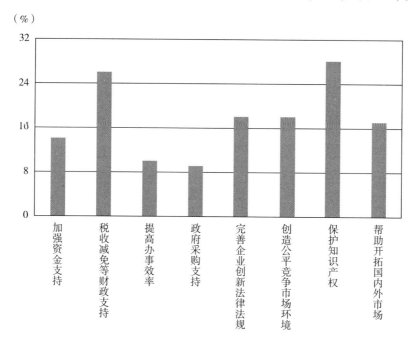

图9-6　企业对地方政府工作意见改进调查

从被调查对象对 A（7）问题的回答可以看出，选择"政府亲商/效率高"和"投资促进政策及措施较优惠"占比较高，说明转移企业对芜湖及经济开发区政府的政策持正向态度，上文若干访谈内容也证实了上述观点，只有在良好政府政策作用下，企业才能顺利开展生产、研发等一系列经济活动，企业才能实现彼此间关系网络搭建和演化。为了了解企业与各类型社会主体的交往强度，本章对 C（3）和 D（4）进行深入研究，通过分析可知，与企业进行交往的中介机构、行业协会、研发机构主要包括芜湖市人才交流中心、芜湖汽配行业协会、芜湖市总工会、经济开发区工会、奇瑞工程研发总院等驻芜社会机构以及合肥工业大学、中国科学技术大学、上海交通大学等在外科研机构，通过召开座谈会、茶话会、参观互访、交流学习、培训指导等各种不同形式加强企业与其的联系。在联系过程中，企业由于有了面对面交流的机会，为构建关系网络提供了便利条件。虽然企业对政府及社会机构的服务持正向赞赏态度，但在调研中发现仍有部分企业对政府提出了改进意见，主要包括以下几个方面："税收减免等财政支持""建立完善有利于企业创新与发展的法律法规"和"企业知识产权"等，说明了企业对当前政府创造的学习创新仍不满意。总的来说，良好的制度氛围和"厚而有效"的制度环境会促进经济主体高水平的认同，会激发企业家精神和产业地方根植性，这是企业关系网络构建和演化的必要保障。

二 内部作用力分析

本节研究重点是企业关系网络演化的内部作用力，因此可以借鉴演化经济地理学的"选择、遗传和变异"核心思想，主要包括关系的选择、关系的遗传和关系的变异三方面：关系的选择一方面涉及企业双方战略的变化和择定，另一方面也涉及在外部环境作用下，关系的保持是企业出于就近选择和提高效率的考虑，并且考虑到关系资产属性和可获得性，而得到的企业合作路径依赖与模仿的结果；关系的变异是在企业创新的要求下，打破原有路径，建立新的路径，以便获取新异知识和前沿信息。

（一）企业战略择定

企业战略是对企业各种战略的总称，主要包括四方面内容，分别是公司战略、业务战略、功能战略和产品战略，种类虽多，但基本属性是相同的。企业在不同的发展阶段，由于其资金、技术、知识等方面的积累程度不同，与此相应的企业战略也有很大的不同，因此企业关系网络的结构特征和属性也表现出极大的相异性。由于企业关系网络构建是彼此互动的关系，因此将分别从奇瑞集团和转移企业两方面分析企业战略的变迁。

奇瑞集团自 1997 年成立以来，近二十年来经历了不同的发展阶段，针对各发展阶段集团本身也制定了不同的发展战略，从前文分析可知，主要包括了三大战略变迁，分别是技术安全战略、成本优化战略和可持续发展战略。1997—2005 年，奇瑞集团为了保障供应链的安全和掌握核心技术，集中力量吸引了以世界 500 强和汽车零部件 500 强企业为主的外来转移企业，并于 2005 年成功地实现了第一战略目标。2006—2010 年，奇瑞集团在保障供应链安全的情况下，将战略重点放置于国内汽车零部件企业，目的是降低汽车零部件价格，实现汽车成本的比较优势。2011 年至今，奇瑞集团倡导"回归一个品牌"，注重多维度的研发投入和汽车后市场服务，以实现企业的可持续发展，但不可避免地影响汽车的销售量，因此此阶段内国内外转移企业数量较少。总的来说，核心企业战略的变迁深刻影响了企业关系网络的构建特征及演化方向，但仍可看出，奇瑞集团所选择的合作对象类别大致是从产业链上下游合作向横向合作发展、从集群内部向跨集群联系发展，扩张轨迹则先以海外为主，后以国内为主。

对转移企业战略择定的考察主要采用问卷的形式。在问卷中，设计了关于企业战略的相关问题，分别是：A（5）"贵企业是否在不同阶段制订了战略规划，主要包括哪些（可多选）"；A（6）"贵企业在不同阶段制定的战略规划，最主要的目的是什么（单选）"，以上两题分别考察了不同时段内企业战略的变迁以及最主要目的的变化，以了解掌握转移企业战略择定的相关过程（见图 9-7、图 9-8）。

从图 9-7 可知，公司战略是一个企业发展的灵魂，因此无论在任何阶段，企业都制定了相应的公司战略。随着转移企业在承接地的发展，企业也逐渐认识到地方业务战略、功能战略和产品战略的重要性。以产品战略为例，转移企业最初目标仅是为奇瑞集团供货，但随着 2010 年奇瑞转型后汽车销售量的下降，各公司的产品都受到一定程度

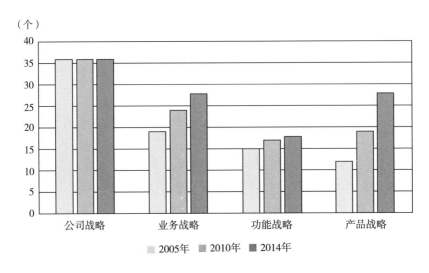

（个）

图9-7　不同阶段企业战略选择判断

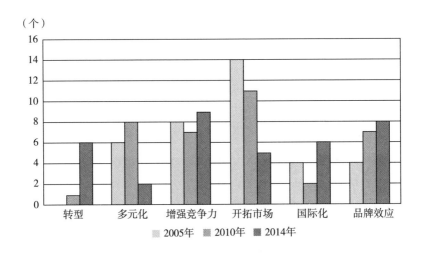

（个）

图9-8　不同阶段企业战略目的分析

影响，因此各企业都纷纷制定了外向型的产品战略，根据相关访谈结果发现，当前不少企业产品的外部市场份额远远高于奇瑞市场的份额。从图9-8可以发现，在不同阶段，企业战略目的存在较大差异，2005年各企业战略最主要的目的是以开拓市场为主，2010年则以开拓市场和多元化发展为主，2014年又逐渐发展成为增强竞争力和实现品牌效应，随着战略目的的不同，企业之间的相互关系也随之发生改变，势必深刻影响企业关系网络的结构特征和演化方向。

（二）企业关系资产

演化经济地理学中要求在解释全球化时代地方和区域发展竞争优势时，除了考虑相关经济要素外，还应注意业缘、亲缘等社会关系资本的作用，社会关系资本在一定程度上是影响区域发展的根本因素。判断企业关系资产，首先提出社会经济主体在交往时的契合点；其次是认清基于亲缘或血缘关系形成的集群企业；再次明确企业关系网络的构建过程是否为地缘、亲缘、业缘等非正式制度的作用发挥提供了空间；最后强调企业负责人的重要作用。

为了便于对企业关系资产的考察，在问卷中设计了相关问题：A（7）"贵企业选择芜湖投资最重要的原因有哪些（可多选）"；D（2）"贵企业与开发区内其他企业领导是否存在同学、同乡、同事、朋友等社会关系"；D（3）"如果存在上述关系，平常交往频率大吗"，上述三题分别从企业负责人的地缘、亲缘、业缘等不同方面考察了企业关系资产，由于企业负责人是企业发展的舵手，直接决定着企业的发展方向和未来战略。从调查对象对A（7）问题回答可以看出，选择"C离供应商较近"、选择"I政府亲商/效率高"和选择"A祖籍在芜湖/安徽"占到前三位，数量分别达到36、27和22，这说明地缘关系深刻影响到企业迁移区位选择。从调查对象对D（2）问题的回答可以看出，有27人选择了"是"，说明除了地缘关系外，还有部分企业领导存在同学、同事等亲缘和业缘关系。从图9-9可以看出，如果企业拥有社会关系资产交往程度上选择"多"和"较多"的企业就占到88.2%，没有一个企业选择"几乎没有"，所以企业关系资产对企业网络关系的构建和演化起着重要的作用。总的来说，企业和企业的关系，企业与社会群体的关系归根结底仍是负责人与负责人的关系，正是由于关系资产的存在和深化，才促进了企业关系网络的构建和演化。

（三）企业学习创新

路径依赖是演化经济地理学中的核心概念，强调了惯性的力量会使行为主体沿着既有方向发展，路径依赖现象普遍存在于区域经济演化过程中。然而近年来学者发现过度的路径依赖不仅使区域经济失去弹性和

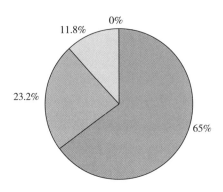

图 9-9　拥有关系资产的企业交往频率

敏感性，而且也容易陷入僵化锁定的状态。如果区域发展要避开锁定陷阱，就需要在原路径基础上通过学习创新实现重构，而地理接近与面对面交流、关系构建与双向嵌入式则是解释企业进行学习创新最关键的两个因素。地理接近和面对面交流作为一种有效的沟通技术，通过克服不确定因素和进行社会成员筛选，成为学习创新的核心过程。从前文分析可知，汽车企业关系网络演化过程存在"路径依赖—路径困境—路径创新—路径重构"的循环发展过程，其中学习创新是重要通道，直接影响着网络路径重构的发展方向，因此要对主体的学习创新过程进行重点分析。

问卷中设计了考察企业学习创新的相关问题：A（5）"贵企业是否属于高新技术企业？如果是，属于什么类型的高新技术企业"（见图 9-10）；E（4）"是否愿意同开发区内的企业进行技术交流和合作？如果愿意，主要原因是什么（可多选）？如果不愿意，主要原因是什么"（见图 9-11）。

从图 9-10、图 9-11 可以看出，被调查企业绝大多数都属于高新技术企业，其中国家级高新企业最多，占 34.62%，其次为省级高新企业，占 26.92%，不是高新企业的仅有 4 个，占 15.38%，说明了经济开发区国内外汽车零部件转移企业大体属于研发实力较强的企业群体，有进行学习创新的基础和条件。汽车零部件企业倾向于进行技术合作和交流的企业占多数比例，为 73.08%，愿意进行合作的原因主要以提高产

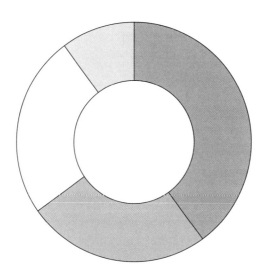

■ 国家级高新技术产业
■ 省级高新技术产业
□ 市级高新技术产业
□ 不是

图 9-10 企业技术类型分类

品质量和提高区域影响力为主，而不愿意进行技术交流合作的原因主要
包括防止自身核心技术泄露和避免地方企业与自己的同业竞争。到
2010 年奇瑞提出战略转型口号以来，奇瑞汽车销量出现了下滑趋势，
特别是到 2013 年出现了低谷，而配套企业随之也经历了生产低谷。零
部件企业为了摆脱生产困境和降低企业的运行风险，打破原有配套路
径，构建了跨集群和跨地区的销售渠道，在销售通道中实现知识转移和
学习创新。总的来说，汽车企业关系网络演化过程存在"路径依赖—
路径困境—学习创新—路径重构"的循环发展过程，只有不断地学习
和突破原有路径才能实现健康持续的发展。但值得注意的是，在调研中
发现，不愿进行技术交流合作的企业主要以国外大型转移企业为主，而
它们则掌握着本行业的核心技术。虽然境外转移企业有助于本地企业嵌
入全球价值链和全球生产网络，使奇瑞汽车实现由低端发展道路向高端
发展道路的跨越，但是由于技术受人控制，无形之中增加了关键零部件
供应的风险性，这是亟须解决的问题之一。

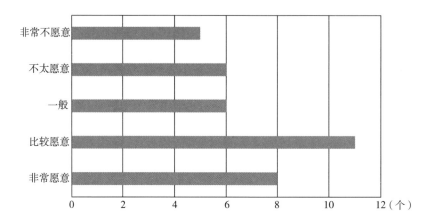

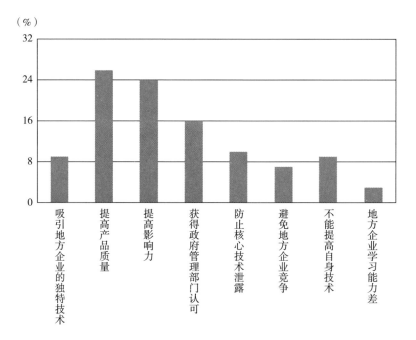

图9-11 企业间技术合作意愿及原因调查（a、b）

三 内外部作用力综合分析

通过上述分析，企业关系网络演化是一个综合作用机制下的过程。芜湖汽车关系网络经历了由松散型网络到紧凑型网络再到开放型网络的过程，在演化过程中既离不开外部驱动力的影响，也离不开内部作用力的影响，内外部因素共同决定了关系网络演化的方向。在松散型网络阶段，政府作用、市场需求和区域制度厚度起决定作用，因为政府作用决定了转移企业在承接地的初步嵌入，市场需求决定了转移企业投资方向，区域制度厚度决定了转移企业在承接地的发展成长。松散型网络到紧凑型网络阶段，企业战略择定、企业关系资产和企业学习创新起决定作用，因为企业战略导向决定了企业的经济联系和行为模式演化，企业关系资产决定了转移企业与本土企业社会交往程度强弱，企业学习创新决定了转移企业与本土企业的技术交流频率大小。由紧凑型网络到开放型网络阶段，内外部因素共同起决定作用。由于转移企业在承接地建厂时间已长，已逐步适应承接地社会制度、组织环境、管理文化等要素，但由于本土核心企业发生某种典型变化，转移企业不得不改变企业战略来适应，它们采取积极的应对措施，从而达到在承接地的可持续发展。

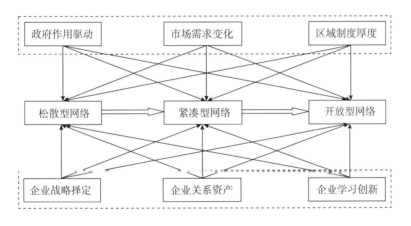

图 9-12　内外部作用力对关系网络演化的综合作用

第六节　小结

　　本章基于演化经济地理学范式首先探讨汽车关系网络企业网络的演化过程，其次吸收演化经济地理学的核心思想和关键概念，从关系、学习、路径依赖、制度等分析了网络演化的机制，最后采用企业微观数据以定量方法研究了影响企业关系网络演化的具体因素。结论如下：

（1）从1997—2014年，汽车关系网络经历了"节点涌现的松散型网络—联系渐密的紧凑型网络—蓬勃发展的开放型网络"。1997—2005年，奇瑞为保障生产供应链安全，主要承接国外汽车零部件企业，但由于企业间相互联系较少，表现出典型的节点涌现的松散型特征，并且网络成员多以境外转移企业为主。2006—2010年，奇瑞开始考虑成本优化问题，主要承接国内汽车零部件企业，节点涌现的松散型网络开始向联系渐密的紧密型网络转变。2011—2014年，受奇瑞转型影响，承接企业数量较少，但是由于原转移企业之间关系有了长足发展，并且开始逐渐重视与区域外企业及科研团体的联系，因此表现出蓬勃发展的开放型特征。

（2）根据演化经济地理学相关理论，结合问卷结果，发现外部驱动力（政府作用、市场需求变化、区域制度厚度）和内部作用力（企业战略导向、企业关系资产、企业学习创新）共同决定了企业关系网络演化；通过灰色多元回归模型分析可知，企业年产值、企业是否是高新技术企业、企业年参加社会活动次数、企业来源地和企业在承接地建厂时间五个因素是影响企业关系网络演化的关键因素，相关系数分别是0.319、0.172、0.324、0.193、0.505。

第十章

总 结

本书将社会网络理论、嵌入理论、演化经济学、新经济地理学等理论结合，纳入全球生产网络与地方生产网络发展的大背景下，建立了本土企业与转移企业关系网络构建与演化的综合理论分析框架。在对已有文献追踪和归纳、演绎的基础上，开展了企业关系网络构建及演化机制的理论分析。在此基础上，通过实地调研、问卷发放、"面对面交流"等方法对芜湖经济技术开发区汽车关系网络进行深入分析，分别研究了企业关系网络的结构特征、转移企业在关系网络中的角色以及企业双向嵌入、企业关系网络的演化阶段与驱动机制等，进一步完善和丰富了企业经济地理学相关理论及案例。

第一节　主要研究结论

通过以上研究，本书主要得出以下几个结论：

（1）企业关系网络需要构建综合性理论框架，本书认为"关系结成—网络发育—双向嵌入—演化升级"是本土企业与转移企业关系网络构建及演化的四大要素，关系结成是基础，网络发育是介质，双向嵌入是关键，演化升级是目的。关系结成是转移企业与本土企业的各种经济关系、社会关系和技术关系资源等在不同空间尺度上的协调过程，网络发育是转移企业与本土企业在节点选择、连接方式以及协调控制的基础上孕育的网络雏形的体现；双向嵌入是转移企业在承接地强化自身竞争力和本土企业实现在全球生产链和价值链升级的必由之路，演化升级不仅是转移企业与本土企业发展的要求，也是区域发展的必然导向。

（2）汽车企业关系网络发育不完善，结构特征差异明显，相似性较小。企业关系网络结构差异主要表现在以下几个方面，一是网络中心性突出，但差异性较大，经济关系网络中心度达到85.54%，而技术合作关系网络和社会交流关系网络中心度分别为49.54%和36.41%；二是网络都呈现较显著的核心边缘结构，但程度有所差异，技术合作网络的核心边缘结构最显著，其次是经济关系网络和社会交流网络；三是网络发育不完善，连通能力不强，经济关系网络、技术合作网络、社会交流网络总体密度分别为0.168、0.079和0.1103，并且大多数企业接近中心度的值较大，而聚类系数较小。虽然企业不同关系网络结构特征差异明显，各关系网络仍存在相似性，企业经济联系、技术合作和社会交流关系网络的相似程度总体表现出"经济联系—社会交流>经济联系—技术合作>社会交流—技术合作"的特征。在企业关系网络中虽然有些节点的度值和中介值较高，但并不意味着拥有很强的"网络权力"，事实上，真正拥有话语权的还是QR，网络发育也深受核心企业发展的影响。

（3）转移企业在企业关系网络中的角色具有显著的异质性。按照"群体划分—关系强度—结构位置—属性辨别—权力特征"的判定步骤，将转移企业在网络中的角色分为核心成员、边缘成员、中介成员、外来俱乐部成员、守门人以及孤立点，调研和访谈中所获取信息较好地印证了定量分析结果，证实了上述方法的可行性。TA、BTL、YD等9家企业是核心成员；YQ、ZS、SW等31家企业是边缘企业；TA、BTL、YD等12家扮演了中介企业角色；AK、PT、DL等11家企业为外来者俱乐部成员；TA、RH、STR等5家企业定义为守门人；HX、JSZY可将其定义为孤立点。境外转移企业依靠巨大的"网络权力"通过中介作用和守门人作用，深刻影响整个企业关系网络的构建；由于设厂时间较短，部分规模和实力领先的企业未必能够成为网络核心；存在较显著的外来俱乐部成员现象，且都是实力较强的企业，不利于企业间的交流合作，抑制地方企业的技术学习和进步；守门人以境外转移企业为主，导致生产链条存在较大风险；技术合作网络和社会交流网络孤立点企业较多，不仅阻碍了企业关系网络的演化和完善，也将对整个区域产业集群的实力提升产生深刻的影响。

（4）双向嵌入是企业实现互动发展的必由之路，但嵌入程度各有
不同，有待提升。依托 Hess 嵌入理论，分别从社会嵌入之企业文化
（欧美企业与东亚企业）、网络嵌入之关系资产（奇瑞控股与奇瑞非控
股；国内企业与国外企业）和地域嵌入之市场境况（奇瑞转型前后）
对转移企业地方嵌入进行分别阐释，发现转移企业的地域嵌入程度最
深，网络嵌入程度次之，社会嵌入表现得相对简单。选取 PX、JSZY、
KB、BNE 等公司分析奇瑞汽车在全球生产链的嵌入以及价值链的升级
和能力构建，发现奇瑞与国外大型转移企业的联合促使了生产链在全球
的延伸和深化，价值链也逐渐从低端的"借壳造车—模仿造车—合作
造车"阶段逐步向高端的"重塑品牌—技术研发—后市场服务"阶段
过渡。转移企业与本土企业的互动过程形成了较为完善的空间关系网络
组织形式，产生了明显的经济效应、社会效应和技术效应。

（5）汽车企业关系网络演化具有典型的阶段性特征，演化机制和
影响因素较为复杂。从 1997—2014 年，汽车关系网络经历了"节点涌
现的松散型网络—联系渐密的紧凑型网络—蓬勃发展的开放型网络"；
根据演化经济地理学相关理论，结合问卷结果，发现外部驱动力—政府
作用决定了转移企业在承接地的初步嵌入，市场需求变化决定了转移企
业投资方向，区域制度厚度决定了转移企业在承接地的发展成长。内部
作用力——企业战略导向决定了企业的经济联系和行为模式演化，企业
关系资产决定了转移企业与本土企业社会交往程度强弱，企业学习创新
决定了转移企业与本土企业的技术交流频率大小；通过灰色多元回归模
型分析可知，代表企业经济实力的"企业年产值"、代表企业技术能力
的"企业是否是高新技术企业"、代表企业社会活动水平的"企业年参
加社会活动次数"、企业来源地和企业在承接地建厂时间五个因素是影
响企业关系网络演化的关键因素。

第二节　可能创新点

通过本书的理论与实证分析，试图在以下方面有所创新：

（1）建立和完善了本土企业与转移企业关系网络理论框架。本土
企业与转移企业在关系网络构建及演化过程中涉及关系资产、企业角

色、双向嵌入、网络演化等诸多动态环节，在吸收新经济地理学、社会网络理论、嵌入理论、演化经济学等思想的基础上，提出和建立了基于"关系结成—网络发育—双向嵌入—演化升级"是本土企业与转移企业关系网络构建及演化的四大要素，其中，关系结成是基础，网络发育是介质，双向嵌入是关键，演化升级是目的。

（2）深化了对企业双向嵌入的分析。本书将转移企业在地方生产网络中的社会嵌入、网络嵌入和地域嵌入与本土企业在全球生产网络中的延伸和全球价值链中的提升结合起来，重点分析了转移企业在承接地的嵌入过程。提出了企业双向嵌入是多方主体互动博弈的结果，是"三个主体"（转移企业、本土企业、政府机构）在"四大情景"（转移企业内部要素、承接地区位环境、全球生产网络、地方生产网络）下互动作用的结果。只有通过双向嵌入路径才能建立"全球—地方"联系和实现企业权力的再"塑造"，才能促进块状经济与链状经济有机融合和区域经济实力的提升。

第三节　研究不足

受笔者的学识水平、资料获取和篇幅限制，以及案例区企业关系网络相对"年轻"等原因，本书还有很多不足之处，许多重要的问题需要后续进一步研究和探讨：

（1）选取案例虽然具有较强典型性，但是由于汽车行业的典型特征，案例表现出本土企业"独大"的特性，并且境外转移企业实力远远高于国内转移企业，在发展过程中境外转移企业往往处于"领头羊"地位，所以无法准确客观地反映国内外转移企业在承接地的互动关系，研究结论和政策建议未必适用于其他区域。

（2）由于企业的深层次调研非常困难，涉及各种问题，因此调研对象未能包括所有转移企业，难免会造成由于样本量偏少而结果失准。将企业连接关系进行［0，1］二值化处理构建无向无权关系网络，不能反映连接的强度差异和方向性，在一定程度上会影响结构分析的准确性。

（3）对企业关系网络的演化机制，过多地从新经济地理学和企业微观层面加以分析。由于缺少相关数据资料，忽视了市场、政府、社会等的作用，难免会造成研究结果在一定程度上有可能与实际情况产生偏差。

第四节　研究展望

（1）2015 年奇瑞以成功实施第一阶段的战略转型，"重回一个品牌，提升产品质量"，这不仅对自身产生深刻的影响，也对已承接企业和未转移企业提出了更高的要求，势必会影响奇瑞与转移企业关系网络的建构和演化走向，那么整个变化的进程该怎样评估？这是未来应进一步深化研究的问题。

（2）汽车行业兴起"模块化"生产，将独立配件整合起来形成一个更大的单位。在调研过程中，已经发现奇瑞正在有计划地构筑模块化平台，势必会影响供应商企业的重新整合，在重构中企业关系网络又会表现出什么结构特征？企业角色会发生什么样的变化？未来演化方向又该走向哪里？这都是尚待解决的关键性问题。

（3）再选择一个以承接国内产业转移为主的案例进行研究，通过和现有案例进行对比研究，探索不同案例中本土企业与国内外转移企业关系网络的结构特征、角色嵌入以及演化机制等方面的一致性和异质性，为承接地和本土企业制定更具针对性的决策支持。

附　　录

开发区奇瑞汽车供应商名单

单位名称	代码	时间	合资方	产品
芜湖华亨汽车部件有限公司	HH	1993/6/15	中国香港与本地企业合资	前后缸冲压件，铸造件
大陆汽车车身电子系统（芜湖）有限公司	DACS	1995/8/1	中外合资（德国）	汽车仪表、记录仪及各控制阀等制动零部件
大陆汽车电子（芜湖）有限公司	DLDZ	1995/8/1	中外合资（德国）	中高档轿车仪表
斯凯孚密封系统（芜湖）有限公司	SKF	1996/12/1	瑞典	轴承和密封行业
芜湖国风塑胶科技有限公司	GF	1998/3/28	安徽合肥	汽车零部件
芜湖侨云友星电气工业有限公司	QYXY	1999/10/25	江苏南通	汽车电线束的设计加工
芜湖常裕机电有限公司	CY	2001/1/5	广东广州	汽车配件、模具
芜湖瑞鹄汽车模具有限公司	RH	2002/6/24	中国台湾与奇瑞合资	汽车主模具
芜湖永达科技有限公司	YD	2002/9/25		动力零部件
芜湖塔奥汽车制品有限公司	TA	2002/6/24	美国	底盘模块
顺达（芜湖）汽车饰件有限公司	SD	2002/10/25	吉林长春	轿车用方向盘总成

单位名称	代码	时间	合资方	产品
芜湖奇峰操控索有限公司	QF	2002/12/17	浙江、湖北	汽车操控索及其他汽车零部件
埃泰克汽车电子（芜湖）有限公司	ATK	2002/12/25	美国	车身控制器、组合仪表、CAN总线系列组合仪表
芜湖恒信汽车内饰制造有限公司	HX	2003/3/7	—	汽车厢体轻量化零部件、模具
芜湖武盛汽车配件有限公司	WS	2003/3/24	—	汽车配件、电机配件、五金配件
芜湖博耐尔汽车电气系统有限公司	BNE	2003/4/1	韩国	汽车空调系统及其零部件系列产品
芜湖集拓橡胶技术有限公司	JT	2003/5/16	—	混凝胶、橡胶制品、车辆用橡胶零部件制品
芜湖普威技研有限公司	PW	2003/7/23	奇瑞全资子公司	汽车零部件
芜湖天佑汽车技术有限公司	TY	2003/8/14	原来是海外合作，现在归奇瑞	汽车减震器及各类机电、液压系统产品
塔奥（芜湖）汽车制品有限公司	TA	2003/8/26	美国	汽车零部件制品及相关产品
震宇（芜湖）实业有限公司	ZY	2003/9/18	中外合资（新加坡）	汽车、电子、通信、家用电器等精密塑胶零部件
芜湖中山科技有限公司	ZS	2003/10/10	安徽铜陵	汽车零部件设计与制造
马瑞利汽车零部件（芜湖）有限公司	MRL	2003/10/18	中外合资（德国、意大利菲亚特）	塑料进气歧管、喷油嘴、选速器和车灯
芜湖艾蔓设备工程有限公司	AM	2003/11/6	奇瑞子公司	自动线工程设计、安装、调试服务
信义汽车部件（芜湖）有限公司	XY	2003/11/25	中国台港澳与境内合资	特种玻璃、汽车零部件
宏景电子（芜湖）有限公司	HJ	2003/12/1	中国香港	汽车仪表、模块
浙江万向系统有限公司芜湖工厂	WX	2003/12/26	浙江	汽车及机电产品的系统总成及其零部件产品
芜湖博克机电有限公司	BK	2004/3/8	—	电子器件

续表

单位名称	代码	时间	合资方	产品
芜湖伯特利汽车安全系统有限公司	BTL	2004/7/1	—	制动器
麦凯瑞（芜湖）汽车外饰有限公司	MKR	2004/8/1	加拿大、江苏、奇瑞科技	汽车保险杠、内饰件等塑料零部件
库博（芜湖）汽车配件有限公司	KB	2004/8/1	中外合资（美国）	汽车密封件和胶管类产品为主
芜湖幼狮东阳公司	YSDY	2004/8/18	中国台湾与奇瑞合资	汽车保险杠、仪表板、车内外饰件塑料零部件
芜湖莫森泰克汽车科技有限公司	MSTK	2004/9/10	中外合资（加拿大）	汽车天窗、摇窗机、活动硬顶等
芜湖世特瑞转向有限公司	STR	2004/11/18	浙江	汽车转向系统及相关产品
芜湖普泰汽车技术有限公司	PT	2004/12/31	中外合资（美国）	汽车焊装、检验夹具及相关汽车零部件
芜湖法雷奥汽车照明系统有限公司	FLA	2005/9/22	外国法人独资（法国）	汽车灯具和非汽车类灯具系统总成
富卓汽车内饰（安徽）有限公司	FZ	2005/10/9	中外合资（毛里求斯）	汽车座椅零部件、地毯模块
芜湖开瑞旋压件有限公司	KR	2006/1/20	—	金机电部件
芜湖精诺汽车电器有限公司	JN	2006/2/22	江苏张家港、博纳尔	汽车电机、相关零部件
芜湖跃兴汽车饰件有限公司	YX	2006/6/28	辽宁	汽车内饰件
芜湖瑞丰机械制造有限公司	RF	2006/4/14	浙江	汽车零部件
芜湖恒隆汽车转向系统有限公司	HL	2006/4/18	外商投资企业与内资合资	汽车机械液压助力转向系统
安徽韦尔汽车科技有限公司	WE	2006/5/18	美国	汽车模具、夹具、检具、汽车制振板
芜湖新泉汽车饰件系统有限公司	XQ	2006/6/6	江苏	汽车组合仪表、保险杠、仪表台
江森自控（芜湖）汽车饰件有限公司	JSZK	2006/10/1	中外合资（美国）	汽车内饰和座椅

续表

单位名称	代码	时间	合资方	产品
芜湖福赛科技有限公司	FS	2006/10/20	—	汽车零部件、模具研发
芜湖通和汽车管路系统有限公司	TH	2006/11/8	中国台港澳与境内合资	汽车制动管路系统、空调管路系统
芜湖尚唯汽车饰件有限公司	SW	2006/11/21	上海	汽车地毯及汽车饰件
芜湖江森云鹤汽车座椅有限公司	JSZY	2006/12/15	中国台港澳与境内合资	汽车座椅和汽车座椅部件
芜湖金安世腾汽车安全系统有限公司	JA	2006/12/21	—	汽车安全系统及其他汽车部件
耐世特凌云驱动系统（芜湖）有限公司	NSTLY	2006/12/22	中外合资（美国）	驱动系统、等速万向节产品
凌云工业股份（芜湖）有限公司	LY	2007/7/1	河北保定	汽车零部件辊压、安全、外观等
芜湖瑞泰汽车零部件有限公司	RT	2007/7/24	—	汽车座椅及内饰件
芜湖市顺昌汽车配件有限公司	SC	2007/12/19	—	汽车配件制造
浦项（芜湖）汽车配件制造有限公司	PX	2008/3/19	中外合资（韩国）	汽车专用耐高腐蚀性涂层板
芜湖荣生机械有限公司	RS	2009/5/21	—	冷机部件、汽车部件生产
芜湖瑞精机床有限公司	RJ	2009/7/1	—	数控车系列
迪睦斯（芜湖）汽车技术有限公司	DMS	2009/9/1	中外合资（日本）	汽车门铰链类、门把手
安徽建安底盘系统有限责任公司	JA	2010/5/28	四川	汽车底盘件及底盘系统
芜湖安瑞光电有限公司	AR	2010/6/9	福建	汽车照明灯具、后视镜、锁具、清洗器
芜湖中生汽车零部件有限公司	ZS	2010/7/13	湖北	汽车零部件、工程塑料件和模具
万向钱潮股份有限公司芜湖有限公司	WXQC	2010/8/6	浙江	汽车零部件的生产、销售

续表

单位名称	代码	时间	合资方	产品
芜湖富士瑞皓有限公司	FSRH	2010/7/2	—	汽车模具
芜湖恒祥实业有限公司	HX	2010/12/6	浙江	汽车零部件
芜湖毅昌科技有限公司	YC	2011/1/13	广东	汽车零件
芜湖腾龙汽车零部件制造有限公司	TL	2011/2/21	江苏常州	汽车零部件研发、制造、销售
芜湖中鼎实业有限公司	ZD	2011/6/10	中外合资（日本）	密封件、橡胶制品管件
芜湖博微瑞达有限公司	BWRD	2011/7/3	—	汽车电子产品
芜湖鑫科汽车饰件有限公司	XK	2011/7/3	上海	方向盘、手柄
芜湖本特勒浦项汽车配件制造有限公司	BTL	2011/8/5	中外合资（德国）	汽车关键零部件
芜湖博莱瑞汽车部件有限公司	BLR	2012/3/23	江苏南通	汽车塑料件
环宇实业（芜湖）有限公司	HY	2012/7/4	浙江	汽车电子产品
博世汽车多媒体（芜湖）有限公司	BS	2012/11/28	中外合资（美国、澳大利亚）	汽车仪表组及车载信息娱乐系统
芜湖金鹏汽车部件有限公司	JP	2013/1/9	与金安世腾公司合资	汽车安全气囊及其他汽车部件
芜湖常瑞汽车部件有限公司	CR	2013/2/6	安徽合肥	汽车零部件、模具、夹具
芜湖斯贝尔汽车内饰件有限公司	SBE	2013/5/3	—	汽车内饰件及内饰件
芜湖福马汽车零部件有限公司	FM	2013/6/3	安徽马鞍山	空气压缩机、汽车取力器
芜湖友成塑料模具有限公司	YC	2014/5/5	浙江	精密模具

参考文献

一 中文类参考文献

(一) 著作类

安虎森:《新经济地理学原理》,经济科学出版社 2009 年版。

崔言超、圆梦:《中国企业管理的抉择》,中华工商联合出版社 2001 年版。

冯拾松、罗明:《现代企业管理》,科学出版社 2004 年版。

李小建:《中国特色经济地理学特索》,科学出版社 2016 年版。

刘卫东等:《中国区域发展报告》,商务印书馆 2011 年版。

罗家德:《社会网分析讲义》,社会科学文献出版社 2005 年版。

苗长虹、魏也华、吕拉昌:《新经济地理学》,科学出版社 2011 年版。

王长根:《学习型企业文化理论与实践》,中国经济出版社 2005 年版。

王缉慈:《超越集群:〈中国产业集群的理论探索〉》,科学出版社 2010 年版。

魏江:《产业集群创新系统与技术学习》,科学出版社 2003 年版。

魏后凯等:《中国外商投资区位决策与公共政策》,商务印书馆 2002 年版。

芜湖市志:《安徽省地方志丛书》,方志出版社 2009 年版。

曾刚、林兰:《技术扩散与高新技术企业技术区位研究》,科学出版社 2008 年版。

（二）论文类

艾少伟：《中国开发区技术学习通道研究》，博士学位论文，河南大学，2009 年。

艾少伟、苗长虹：《技术学习的区域差异：学习场视角——以北京中关村和上海张江为例》，《科学学与科学技术管理》2009 年第 5 期。

艾少伟、苗长虹：《异质性、通道与跨国公司的地方化结网：以苏州工业园为例》，《地理研究》2011 年第 8 期。

艾少伟、苗长虹：《从"地方空间"、"流动空间"到"行动者网络空间"：ANT 视角》，《人文地理》2010 年第 2 期。

白玫：《企业迁移研究》，博士学位论文，南开大学，2003 年。

边燕杰、丘海雄：《企业的社会资本及其功效》，《中国社会科学》2000 年第 2 期。

曹彦春：《中国汽车产业集群发展趋势探究》，《中国汽车界》2009 年第 16 期。

蔡培民：《中国制造业企业嵌入全球价值链的社会责任效应研究》，硕士学位论文，华中师范大学，2021 年。

陈景辉、邱国栋：《跨国公司与东道国产业集群的"双向嵌入观"》，《经济管理》2008 年第 11 期。

陈威州：《嵌入全球价值链对中国汽车产业技术进步的影响研究》，硕士学位论文，大连海事大学，2020 年。

陈建军等：《集聚经济、空间连续性与企业区位选择：基于中国 265 个设区城市数据的实证研究》，《管理世界》2011 年第 6 期。

蔡星星：《传统社会关系网络与体制转轨过程中民营企业的制度安排》，博士学位论文，厦门大学，2017 年。

东风：《基于知识流动的自主品牌汽车产业创新能力研究》，博士学位论文，大连理工大学，2013 年。

段文娟等：《全球价值链视角下的中国汽车产业升级研究》，《科技管理研究》2006 年第 2 期。

段小薇等：《河南承接制造业转移的时空格局研究》，《地理科学》2017 年第 1 期。

方劲松：《跨越式发展视角下的安徽承接长三角产业转移研究》，

硕士学位论文,安徽大学,2010年。

冯利萍:《跨国公司嵌入地方生产网络的特征和影响因素分析》,硕士学位论文,广州大学,2013年。

关爱萍、李娜:《金融发展、区际产业转移与承接地技术进步:基于西部地区省际面板数据的经验证据》,《经济学家》2013年第9期。

古继宝、吴赵龙:《三类集群的转化关系分析及其对我国集群发展的启示》,《科学学与科学技术管理》2007年第2期。

管永红:《企业创新网络演化机制双案例研究:企业家精神驱动》,硕士学位论文,江西财经大学,2018年。

高菠阳等:《社会变革和制度文化制约下的"多尺度嵌入"——以缅甸莱比塘铜矿项目为例》,《地理研究》2020年第12期。

龚同:《网络视角下全球价值链嵌入的环境效应研究》,硕士学位论文,中南财经政法大学,2020年。

韩文海:《德鲁克的企业目的观:追求企业利润最大化的更高境界》,《东北财经大学学报》2012年第1期。

韩玉刚等:《中国省际边缘区产业集群的网络特征和形成机理:以安徽省宁国市耐磨铸件产业集群为例》,《地理研究》2011年第5期。

何婷婷:《我国汽车产业空间集聚的实证分析》,《上海汽车》2008年第3期。

胡安生、冯夏勇:《中国汽车产业集群研究》,《汽车工业研究》2004年第12期。

胡成:《产学研合作中企业网络位置与关系强度对创新绩效的影响研究》,硕士学位论文,江苏大学,2019年。

侯月娜:《环深城市产业转移承接能力评价研究》,硕士学位论文,吉林大学,2020年。

贺灿飞、魏后凯:《信息成本、集聚经济与中国外商投资区位》,《中国工业经济》2001年第9期。

龚胜新:《全球价值链中中国汽车产业升级研究》,硕士学位论文,南京师范大学,2014年。

季菲菲:《长三角一体化背景下金融网络的形成、格局与机理研究》,博士学位论文,中国科学院南京地理与湖泊研究所,2014年。

纪慰华：《社会文化环境对企业网络构建的影响：以上海大众供货商网络为例》，博士学位论文，华东师范大学，2004年。

姜海宁：《跨国企业作用下的地方企业网络演化研究》，博士学位论文，华东师范大学，2012年。

姜海宁等：《欧美日企业文化差异及其对地方企业网络发展的影响：以汽车产业为例》，《经济地理》2013年第7期。

蒋慧敏：《常州新能源汽车产业发展现状及升级路径研究》，《现代营销》（经营版）2020年第1期。

江霈：《中国区域产业转移动力机制及影响因素分析》，博士学位论文，南开大学，2009年。

景秀艳：《网络权力及其影响下的企业行为研究》，博士学位论文，华东师范大学，2007年。

景秀艳、曾刚：《从对称到非对称：内生型产业集群权力结构演化及其影响研究》，《经济问题探索》2006年第10期。

李二玲、李小建：《基于社会网络分析方法的产业集群研究：以河南省虞城县南庄村钢卷尺产业集群为例》，《人文地理》2007年第6期。

李二玲、潘少奇：《企业网络分析方法述评与探讨：兼论网络分析方法在产业集群研究中的应用》，《河南大学学报》（社会科学版）2009年第4期。

李二玲、李小建：《欠发达农区产业集群的网络组织结构及其区域效应分析》，《经济地理》2009年第7期。

李二玲、李小建：《欠发达农区传统制造业集群的网络演化分析：以河南省虞城县南庄村钢卷尺产业集群为例》，《地理研究》2009年第3期。

李健等：《计算机产业全球生产网络分析：兼论其在中国大陆的发展》，《地理学报》2008年第4期。

李健、宁越敏：《全球生产网络的浮现及其探讨：一个基于全球化的地方发展研究框架》，《上海经济研究》2011年第9期。

李小建：《经济地理学中的企业网络研究》，《经济地理》2002年第5期。

李小建、罗庆：《经济地理学的关系转向述评》，《世界地理研究》

2007 年第 4 期。

李文等：《企业网络与商业模式创新关系研究——基于功能与演化视角》，《财会通讯》2020 年第 2 期。

李林：《乡村振兴战略背景下农村集体土地"三权分置"研究》，硕士学位论文，湘潭大学，2018 年。

李佳洺等：《北京典型行业微区位选址比较研究：以北京企业管理服务业和汽车制造业为例》，《地理研究》2018 年第 12 期。

林善浪、王健：《基于行动者网络理论的金融服务业集聚的研究》，《金融理论与实践》2009 年第 10 期。

刘珺珺：《科学技术人类学：科学技术与社会研究的新领域》，《南开学报》1999 年第 5 期。

刘卫东：《论全球化与地区发展之间的辩证关系：被动嵌入》，《世界地理研究》2003 年第 1 期。

刘卫东、薛凤旋：《论汽车工业空间组织之变化》，《地理科学进展》1998 年第 2 期。

刘友金、胡黎明：《产品内分工、价值链重组与产业转移：兼论产业转移过程中的大国战略》，《中国软科学》2011 年第 3 期。

刘宗巍等：《面向智能制造的汽车产业升级路径研究》，《汽车工艺与材料》2018 年第 11 期。

刘可文等：《长江三角洲不同所有制企业空间组织网络演化分析》，《地理科学》2017 年第 5 期。

娄晓黎：《产业转移与欠发达区域经济现代化》，博士学位论文，东北师范大学，2004 年。

吕可文：《知识基础、学习场与技术创新》，博士学位论文，河南大学，2013 年。

吕文栋、朱华晟：《浙江产业集群的动力机制——基于企业家的视角》，《中国工业经济》2005 年第 4 期。

蔺雪芹等：《基于价值链的京津冀汽车产业地域分工及空间组织模式》，《经济地理》2018 年第 8 期。

刘娇峰：《基于全球价值链的中国汽车产业竞争力提升模式研究》，硕士学位论文，浙江大学，2018 年。

刘蓉：《核心人才工作嵌入影响因素的实证研究——以物流企业为样本》，《中小企业管理与科技（下旬刊）》2014 年第 8 期。

马海涛、刘志高：《地方生产网络空间结构演化过程与机制研究：以潮汕纺织服装行业为例》，《地理科学》2012 年第 3 期。

马海涛、周春山：《西方"地方生产网络"相关研究综述》，《世界地理研究》2009 年第 2 期。

马涛：《全球价值链下的产业升级：基于汽车产业的国际比较》，《国际经济评论》2015 年第 1 期。

马丽等：《经济全球化下地方生产网络模式演变分析：以中国为例》，《地理研究》2004 年第 1 期。

马吴斌、褚劲风：《汽车工业空间组织的新发展》，《汽车工业研究》2008 年第 3 期。

马卫、刘宇：《我国汽车产业升级的多重模式研究》，《江西社会科学》2014 年第 5 期。

毛琦梁等：《中国省区间制造业空间格局演变》，《地理学报》2013 年第 4 期。

毛广雄：《产业集群与区域产业转移耦合机理及协调发展研究》，《统计与决策》2009 年第 10 期。

毛宽：《基于网络结构重组视角的上海汽车产业发展研究》，硕士学位论文，华东师范大学，2009 年。

梅丽霞、王缉慈：《权力集中化、生产片断化与全球价值链下本土产业的升级》，《人文地理》2009 年第 4 期。

苗长虹：《全球—地方联结与产业集群的技术学习：以河南许昌发制品产业为例》，《地理学报》2006 年第 4 期。

苗长虹、魏也华：《西方经济地理学理论建构的发展与论争》，《地理研究》2007 年第 6 期。

闵成基：《权力依附关系和关系嵌入对知识流入的影响：以跨国公司在华子公司为例》，《科学学研究》2010 年第 3 期。

蒙大斌等：《空间交易成本对创新网络空间拓扑的影响研究——以京津冀医药产业为例》，《软科学》2019 年第 11 期。

欧志明、张建华：《企业网络组织及其理论基础》，《华中科技大学学报》（社会科学版）2001 年第 3 期。

潘吉亮：《芜湖汽车零部件产业集群成因及发展路径研究》，硕士学位论文，安徽大学，2007 年。

潘少奇：《转移企业与承接地企业互动发展研究：以民权制冷产业集群为例》，博士学位论文，河南大学，2015 年。

潘松挺，蔡宁：《企业创新网络中关系强度的测量研究》，《中国软科学》2010 年第 5 期。

潘镇、李晏墅：《联盟中的信任：一项中国情景下的实证研究》，《中国工业经济》2008 年第 4 期。

彭宇婷：《基于复杂网络的汽车供应链风险传播研究》，硕士学位论文，北京交通大学，2021 年。

秦夏明等：《产业集群形态演化阶段探讨》，《中国软科学》2004年第 12 期。

齐文浩等：《社会网络分析视角下的企业行为与规制效应》，《当代经济研究》2018 年第 11 期。

邱国栋等：《基于价值链视角的汽车产业链升级研究——以本土企业与全球产业链的协同与隔离为例》，《辽宁工程技术大学学报》（社会科学版）2015 年第 2 期。

任胜钢、李燚：《基于跨国公司视角的集群分类研究》，《科技进步与对策》2005 年第 6 期。

饶志明、郑丕谔：《企业网络的性质、模式及战略意义》，《福建论坛》（人文社会科学版）2008 年第 10 期。

沈安、顾丽琴：《从日本汽车业看供应商与制造商的关系》，《汽车工业研究》2007 年第 7 期。

沈静等：《广东省污染密集型产业转移机制：基于 2000—2009 年面板数据模型的实证》，《地理研究》2012 年第 2 期。

宋炳坤：《中国汽车工业产业聚集的理论与实证分析》，《上海汽车》2004 年第 3 期。

宋燊通：《全球价值链视角下我国汽车产业升级路径研究》，硕士学位论文，杭州电子科技大学，2020 年。

宋怡茹：《中国高技术产业参与全球价值链重构研究》，博士学位论文，武汉理工大学，2018年。

苏晓燕等：《中小企业集群竞争理论与集群竞争优势》，《商业时代》2008年第2期。

石飞等：《行动者网络视角的生态退化区耕地休耕管护模式——以贵州省松桃县为例》，《自然资源学报》2021年第11期。

史进、贺灿飞：《中国新企业成立空间差异的影响因素：以金属制品业为例》，《地理研究》2018年第7期。

田文、刘厚俊：《产品内分工下西方贸易新理论的发展》，《经济学动态》2006年第10期。

童昕、王缉慈：《东莞PC相关制造业地方产业群的发展演变》，《地理学报》2006年第2期。

王大洲：《企业创新网络的进化与治理：一个文献综述》，《科研管理》2001年第9期。

王海峰：《演化经济学视角下的产业集群演化机制研究》，《技术经济与管理研究》2008年第1期。

王缉慈：《关于在外向型区域发展本地企业集群的一点思考：墨西哥和我国台湾外向型加工区域的对比分析》，《世界地理研究》2001年第3期。

汪健：《企业迁移视角下的地方生产网络形成研究》，硕士学位论文，华东师范大学，2010年。

王建峰：《区域产业转移的综合协同效应研究》，博士学位论文，北京交通大学，2013年。

王益民、宋琰纹：《全球生产网络效应、集群封闭性及其"升级悖论"：基于大陆台商笔记本电脑产业集群的分析》，《中国工业经济》2007年第4期。

王振皖：《芜湖汽车产业集群发展研究》，硕士学位论文，安徽工程大学，2013年。

王娜：《德国新能源汽车充电基础设施政策及相关启示》，《汽车与配件》2021年第23期。

王天驰：《异质性企业产业链嵌入的溢出效应研究》，硕士学位论文，中国矿业大学，2018年。

王玲玲等：《创业制度环境、网络关系强度对新企业组织合法性的影响研究》，《管理学报》2017年第9期。

王庆金等：《协同创新网络关系强度、共生行为与人才创新创业能力》，《软科学》2018年第4期。

王智新、赵景峰：《开放式创新、全球价值链嵌入与技术创新绩效》，《科学管理研究》2019年第1期。

王良举等：《企业的异质性会否影响其区位选择：来自中国制造业数据的实证分析》，《现代财经（天津财经大学学报）》2017年第12期。

魏后凯：《我国外商投资的区位特征及变迁》，《经济纵横》2001年第6期。

魏后凯、白玫：《中国上市公司总部迁移现状及特征分析》，《中国工业经济》2008年第9期。

魏彩虹：《价值链视角下我国汽车产业对外直接投资的区位选择》，硕士学位论文，首都经济贸易大学，2017年。

魏后凯等：《外商在华直接投资动机与区位因素分析：对秦皇岛市外商直接投资的实证研究》，《经济研究》2001年第2期。

文嫮、曾刚：《全球价值链治理与地方产业网络升级研究：以上海浦东集成电路产业网络为例》，《中国工业经济》2005年第7期。

吴华清等：《芜湖汽车产业龙头企业带动式集群发展调差、评价与启示》，《中国科技论坛》2008年第10期。

吴彦艳、赵国杰：《基于全球价值链的我国汽车产业升级路径与对策研究》，《现代管理科学》2009年第2期。

巫细波：《外资主导下的区域汽车产业全球价值链升级路径与对策研究——以粤港澳大湾区为例》，《产业创新研究》2020年第3期。

王江、王光辉：《中国电动汽车技术演进分析：行动者网络视角》，《科技进步与对策》2018年第11期。

项后军：《产业集群、核心企业与战略网络》，《当代财经》2007年第7期。

徐玲：《基于价值星系的我国产业集群升级路径研究》，《科学学与科学技术管理》2011年第9期。

许树辉：《全球链网下的欠发达地区产业集群化研究：以韶关汽车零部件产业为例》，《世界地理研究》2011 年第 1 期。

许倩、曹兴：《新兴技术企业创新网络知识协同演化的机制研究》，《中国科技论坛》2019 年第 11 期。

徐红涛、吴秋明：《集成管理对企业集群竞争力提升的作用路径研究》，《技术经济与管理研究》2019 年第 9 期。

徐维祥等：《长三角制造业企业空间分布特征及其影响机制研究：尺度效应与动态演进》，《地理研究》2019 年第 5 期。

徐诗燕等：《集聚外部性对企业区位选择影响分析——基于汽车零部件企业微观数据的实证研究》，《世界地理研究》2019 年第 3 期。

薛求知、韩冰洁：《产业集群类型关联的企业创新模式分析》，《兰州学刊》2007 年第 1 期。

谢里等：《产业转移的微观引导机制：一个包含市场和政策双重因素空间经济模型》，《湖南大学学报》（社会科学版）2016 年第 5 期。

袁丰等：《无锡城市制造业企业区位调整与苏南模式重组》，《地理科学》2012 年第 4 期。

姚书杰、蒙丹：《中国后发企业自主构建生产网络组织研究》，《科学经济社会》2014 年第 2 期。

杨道宁：《生产连结相关之理论比较：从"权力关系"取径研究生产网络的重要性》，《世界地理研究》2005 年第 1 期。

杨瑞龙、冯健：《企业间网络的效率边界：经济组织逻辑的重新审视》，《中国工业经济》2003 年第 11 期。

杨随：《中国汽车产业空间演化研究》，硕士学位论文，上海师范大学，2014 年。

杨庆国、甘露：《结构演化与机制生成：数字出版产业集群的企业网络治理》，《出版发行研究》2020 年第 3 期。

叶庆祥：《跨国公司本地嵌入过程机制研究》，博士学位论文，浙江大学，2006 年。

曾刚：《技术扩散与区域经济发展》，《地域研究与开发》2002 年第 9 期。

曾刚、林兰：《不同空间尺度的技术扩散影响因子研究》，《科学学与科学技术管理》2006 年第 2 期。

曾菊新、罗静：《经济全球化的空间效应：论基于企业网络的地域空间结构重组》，《经济地理》2002 年第 3 期。

张丹宁、唐晓华：《产业网络组织及其分类研究》，《中国工业经济》2008 年第 2 期。

张云逸：《基于技术权力的地方企业网络演化研究》，博士学位论文，华东师范大学，2009 年。

赵建吉：《全球技术网络及其对地方企业网络演化的影响》，博士学位论文，华东师范大学，2011 年。

赵建吉等：《产业转移的经济地理学研究：进展与展望》，《经济地理》2014 年第 1 期。

赵强：《城市治理动力机制：行动者网络理论视角》，《行政论坛》2011 年第 1 期。

周煜等：《全球价值链下中国汽车企业发展模式研究》，《研究与发展管理》2008 年第 4 期。

朱华友、王缉慈：《全球生产网络中企业去地方化的形式与机理研究》，《地理科学》2014 年第 1 期。

祖国：《长春市汽车产业空间组织研究》，博士学位论文，东北师范大学，2012 年。

张晓平、孙磊：《北京市制造业空间格局演化及影响因子分析》，《地理学报》2012 年第 10 期。

赵梓渝等：《模块化生产下中国汽车产业集群空间组织重构——以一汽大众为例》，《地理学报》2021 年第 8 期。

赵福全等：《面向智能网联汽车的汽车产业升级研究——基于价值链视角》，《科技进步与对策》2016 年第 17 期。

周灿：《中国电子信息产业集群创新网络演化研究：格局、路径、机理》，博士学位论文，华东师范大学，2018 年。

周红梅：《连锁董事网络与企业创新行为研究》，硕士学位论文，电子科技大学，2019 年。

张彩江、周宇亮：《社会子网络关系强度与中小企业信贷可得性》，《中国经济问题》2017 年第 1 期。

郑琰琳：《邻近性视角下长三角汽车企业投资网络演化机制研究》，硕士学位论文，河南大学，2018 年。

张杰、唐根年：《浙江省制造业企业时空迁移特征及驱动机理：基于县域尺度》，《经济地理》2019 年第 6 期。

二　外文类参考文献

（一）专著类

Burt R. S. , *Structural Holes*: *The Social Structure of Competition*, Cambridge: Harvard University Press, 1992.

Baumol W. J. , Wallace E. , *The Theory of Environmental Policy*, 2nd edition, New York Bridge University Press, 1998.

Dicken P. , *Global Shift Reshaping the Global Economic Map in the 21ˢᵗ Century* (4ᵗʰ edition), London: Sage, 2003.

Dicken P. , *Global Shift*: *Mapping the Changing Contours of the World Economy*, 6th edition, London: Sage Publications Ltd, 2010.

Ford D. , "Trust and Knowledge Management: The Key to Success", Centre knowledge based Enterprises Working Paper, 2001.

Friedman T. L. , *The World is Flat* [*Updated and Expanded*]: *A Brief History of the Twenty-first Century*, City: Macmillan, 2006.

Fujita M. , et al. , *The Spatial Economy*: *Cities*, *Regions*, *and International Trade*, Cambridge, MA: MIT Press, 1999.

Humphrey, J. and Memedovic, O. , "The Global Automotive Industry Value Chain: What Prospects for Upgrading by Developing Countries", UNIDO SectorialStudies Series Working Paper, 2003.

Kindleberger, Charles, *World Economic Primacy*: 1500 – 1990, New York: Oxford University Press, 1994.

Marshall A. , *Principles of Economics*, London: MacMillan, 1890.

Porter M. E. , *The Competitive Advantage of Nation*, London, England: Macmillan, 1990.

Schmitz H. , *Local Enterprises in the Global Economy*: *Issues of Governance and Upgrading*, Cheltenham, U. K. : Edward Elgar, 2004.

Scott A. , *New Industrial Spaces*, London, England: Pion, 1988.

Polanyi K. , *The Great Transformation*: *The Political and Economic Origins of Our Times*, Boston: Beacon Press, 1944.

Scott W. , Meyer W. , *Institutional Environments and Organizations*: *Structural Complexity and Individualism*, London: Thousand Oaks, 1994.

Storper M. , *The Regional World*: *Territorial Development in a Global Economy*, New York: The 60th Guilford Press, 1997.

Williamson, Oliver, *Markets and Hierarchies*: *Analysis and Antitrust Implications*, New York: Free Press, 1975.

Zhao Z. , Zhang K. H. , *FDI and Industrial Productivity in China*: *Evidence from Panel Data in* 2001–06, Social Science Electronic Publishing, 2015.

（二）科技报告类

Gereffi G. , Frederick S. , "The Global Apparel Value Chain, Trade and the Crisis: Challenges and Opportunities for Developing Countries", World Bank, 2010.

Granovetter M. A. , "Theoretical Agenda for Economic Sociology", In Economic Sociology at the Millenium, edited by Mauro F. Guillen, Randall Collins, Paula England, Marshall Meyer, New York: Russell Sage Foundation, 2001.

Matthew N. M, Paula D. , "Examing Supply Gaps and Surpluses in the Automotive Cluster in Tennessee", State of Tennessee Department of economic and community development, 1999.

Taylor M. J. , "Enterprise, Power and Embededness: An Empirical Exploration", n Vatne, E. , Taylor, M. (eds.) The Networked Firm in a Global World, U. K: Ashgate, 2000.

Tichy G. , "Clusters: Less Dispensable and More Risky than Ever. Steiner M: Clusters and Regional Specialization", London: Pion Limited, 207 Brondesbury Park, NW2 SJM, 1998.

William M. , Deborah W. , "Trade Crisis and Recovery: Restructuring of Global Value Chains", The World Bank, 2010.

Yueng H. W. C. , "Towards a Relational Economic Geography: Old

Wine in New Bottles", The 98th Annual Meeting of the Association of American Geography, Los Angeles, USA, 2002.

（三）论文类

Adrew B. , Keth C. , "Building Competitive Advantage through a Global Network of Capabilities", *IEEE Engineering Management Review*, 1996.

Ahokangas P. , et al. , "Small Technology-based Firms in Fast-growing Regional Cluster ", *New England Journal of Entrepreneurship*, 1999.

Ahuja, G. , "Collaboration Networks, Structural Holes and Innovation, 'A Longitudinal study' ", *Administrative Science Quarterly*, 2000.

Albino V. , et al. , "Knowledge Transfer and Inter-firm Relationship in Industrial Districts: The Role of the Leader Firm", *Technovation*, 1999.

Amin A. , "Globalization and Regional Development: A Relational Perspective", *Competition and Change*, 1998.

Amin A. , "An Institutionalist Perspective on Regional Economic Development", *International Journal of Urban and Regional Studies*, 1999.

Amiti M. , Wei S. J. , "Demystifying Out-sourcing", *Finance and Development*, 2007.

Amiti M. , et al. , "Importers, Exporters, and Exchange Rate Disconnect", *American Economic Review*, 2012.

Armington C. , Acs Z. J. , "The Determinants of Regional Variation in New Firm Formation", *Regional Studies*, 2002.

Andrew M. , et al. , "The New Geography of Automobile Production: Japanese Transplants in North America", *Economic Geography*, 2004.

Adner R. , Kapoor R. , "Innovation Ecosystems and the Pace of Substitution: Re-examining Technology S-curves", *Strategic Management Journal*, 2016.

Barnes J. , "Changing Lanes The Political Economy of the South African Automotive Value Chain", *Development Southern Africa*, 2000.

Bathelt H. , Glückler J. , "Towards a Relational Economic Geography", *Journal of Economic Geography*, 2003.

Batonda G. , Perry G. , "Approaches to Relationship Development

Processes in Inter-firm networks", *European Journal of Marketing*, 2003.

Baum J. R., et al., "The Practical Intelligence of Entrepreneurs: Antecedents and a Link with New Venture Growth", *Personnel Psychology*, 2011.

Berman E., et al., "Changes in the Demand for Skilled Labor within U. S. Manufacturing: Evidence from the Annual Survey of Manufactures", *The Quarterly Journal of Economics*, 1994.

Blomstrom M., Kokko A., "Multinational Corporations and Spill Covers", *Journal of Economic Surveys*, 1998.

Blomstrom M., Sjoholm F., "Technology Transfer and Spillovers: Does Local Participation with Multinationals Matter?", *European Economic Review*, 1999.

Carlos M. B., "Towards an Institutional Theory of the Dynamics of Industrial Networks", *Journal of business & Industrial Marketing*, 2001.

Chen S. H., "Taiwanese IT firms Offshore R&D in China and the Connection with the Global Innovation Network", *Research Policy*, 2004.

Christos K., et al., "Location Choice of Academic Entrepreneurs: Evidence from the US Biotechnology Industry", *Journal of Business Venturing*, 2015.

Cheng L. K., Kwan Y. K., "What are the Determinants of the Location of Foreign Direct Investment? The Chinese Experience", *Journal of International Economics*, 2000.

Coase R. H., "The Nature of the Firm", *Economica*, 1937.

Coe N. M., et al., "Globalizing Regional Development: A Global Production Networks Perspective", *Transactions of the Institute of British Geographers*, 2004.

Cooke P., et al., "Regional Systems of Innovation: An Evolutionary Perspective", *Environment and Planning A*, 1998.

Cooke P., "Regional Innovation Systems, Clusters and the Knowledge Economy", *Industrial and Corporate Change*, 2001.

Dicken P. et al., "Chains and Networks, Territories and Scales: Towards a Relational Framework for Analyzing the Global Economy", *Global Networks*, 2001.

Dimitriadis N. , Koh S. , "Information Flow and Supply Chain Management in Local Production Networks: The Role of People and Information Systems", *Production Planning&Control*, 2005.

Dunning J. H. , "The Eclectic Paradigm As an Envelope for Economic and Business Theories of MNE Activity", *International Business Review*, 2000.

Dyer J. , Nobeoka K. , "Creating and Managing a High – performance Knowledge – sharing Network: The Toyota Case ", *Strategic Management Journal*, 2000.

Ernst D. , "Inter – organization Knowledge Outsourcing: What Permits Small Taiwanese Firms to Compete in the Computer Industry", *Asia Pacific Journal of Management*, 2000.

Ernst D. , "Global Production Networks and the Changing Geography Innovation Systems: Implications for Developing Countries", *Journal of Economics Innovation and New Technologies*, 2002.

Florida R. , "Toward the Learning Region", *Futures*, 1995.

Fritsch U. , Holger G. , "Outsourcing, Importing and Innovation: Evidence from Firm-level Data for Emerging Economies", *Review of International Economics*, 2015.

Funke M. , Niebuhr A. , "Regional Geographic R&D Spillovers and Economic Growth: Evidence from West Germany", *Regional Studies*, 2005.

Gereffi G. , et al. , "The Governance of Global Value Chains", *Review of International Political Economy*, 2005.

Glaister K. W. , Buckley P. J. , "Strategic Motives for International Alliance Formation", *Journal of Managements studies*, 1996.

Granovetter M. A. , "The Strength of Weak Ties", *The American Journal of Sociology*, 1973.

Granovetter M. A. , "Economic Action and Social Structure: The Problem of Embeddedness", *The American Journal of Sociology*, 1985.

Grossman, Gene M. , Elhanan H. , "Integration Versus Outsourcing in Industry Equilibrium", *Quarterly Journal of Economics*, 2002.

Grossman, Gene M. , Elhanan H. , "Outsourcing Versus FDI in Industry Equilibrium", *Journal of the European Economic Association*, 2003.

Grossman, Gene M. , et al. , "Optimal Integration Strategies for the Multinational Firm", *Journal of International Economics*, 2006.

Gulati R. , et al. , "Special Issue: Strategic Networks", *Strategic Management Journal*, 2000.

Guo B. , Guo J. J. , "Patterns of Echnological Learning within the Knowledge Systems of Industrial Clusters in Emerging Economies: Evidence from China", *Technovation*, 2011.

Hagedoom J. , "Understanding the Rationale of Strategic Technology Partnering: Inter-organizational Modes of Cooperation and Sectoral Differences", *Strategic Management Journal*, 1993.

Harris C. D. , "The Market as a Factor in the Localization of Industry in the United States", *Annals of the Association of American Geographers*, 1954.

Hayter R. , Watts H. D. , "The Geography of Enterprise: A Reappraisal", *Progress in Human Geography*, 1983.

He C. , Wang J. , "Regional and Sectoral Differences in the Spatial Restructuring of Chinese Manufacturing Industries during the Post-WTO Period", *Geojournal*, 2012.

Helpman, Elhanan, Marc J. , Melitz and Stephen R. Yeaple, "Export versus FDI with heterogeneous firms", *American Economic Review*, 2004.

Henderson J. , et al. , "Global Production Networks and the Analysis of Economic Development ", *Review of International Political Economy*, 2002.

Hess M. , "Spatial Relationship? Towards a Re-conceptualization of Embeddedness", *Progress in Human Geography*, 2004.

Jeffrey, S. R. , "Conomic Development Policymaking Down the Global Commodity Chain: Attracting an Auto Industry to Silao, Mexico", *Social Forces*, 2005.

Jefferson G. H., Rawski T. G., "Enterprise Reform in Chinese Industry", *Journal of Economic Perspectives*, 1994.

Keeble D. S. W., "New Firms, Small Firms and Dead Firms: Spatial Patterns and Determinants in the United Kingdom", *Journal Regional Studies*, 1994.

Klapper L., et al., "New Firm Registration and the Business Cycle", *International Entrepreneurship & Management Journal*, 2015.

Kim J. Y., Zhang L. Y., "Formation of FDI Clustering: A New Path to Local Economic Development? the Case of Qingdao", *Regional Studies*, 2008.

Kokko A., "Technology, Market Characteristics, and Spillovers", *Journal of Development Economics*, 1994.

Kokko A., et al., "Local Technological Capability and Spillover from FDI in the Uruguayan Manufacturing Sector", *Journal of Development Studies*, 1996.

Larentzen J., Bames J., "Learning, Upgrading, and Innovation in the South African Automotive Industry", *The European Journal of Development Research*, 2004.

Lechner C. Dowling M., "The Evolution of Industrial Districts and Regional Networks", *Journal of Management and Governance*, 1999.

Li H., Zhou L., "Political Turnover and Economic Performance: The Incentive Role of Personnel Control in China", *Journal of Public Economics*, 2005.

Lin H. M., et al., "How to Manage Strategic Alliances in OEM-based Industrial Clusters: Network Embeddedness and Formal Governance Mechanisms", *Industrial Marketing Management*, 1981.

Liu W. D., Dicken P., "Transnational Corporations and Obligated Embeddedness Foreign Direct Investment in China's Automobile Industry", *Environment and Planning A*, 2006.

Lu Y. Y., Liu S., "R&D in China: An Empirical Study of Taiwanese IT Companies", *R&D Management*, 2004.

Markusen A. , "Sticky Places in Slippery Space: A Typology of Industrial Districts", *Economic Geography*, 1996.

Martin R. , Sunley P. , "Path Dependence and Regional Economic Evolution", *Journal of Economic Geography*, 2006.

Marston S. A. , "The Social Construction of Scale", *Progress in Human Geography*, 2000.

Miao C. H. , et al. , "Technological Learning and Innovation in China in the Context of Globalization", *Eurasian Geography and Economics*, 2007.

Michael H. , "Technological Learning, Knowledge Management, Firm Growth and Performance: An Introductory Essay", *Technological Management*, 2000.

Menzel M. P. , Fomahl D. , "Cluster Life Cycles—dimensions and Rationales of Cluster Evolution", *Industrial and Corporate Change*, 2010.

Nell P. C. , Andersson U. , "The Complexity of the Business Network Context and its Effect on Subsidiary Relational Over-embeddedness", *International Business Review*, 2012.

Porter M. E. , "Location, Competition, and Economic Development: Local Clusters in a Global Economy", *Economic Development Quarterly*, 2000.

Scott A. , "Entrepreneurship, Innovation and Industrial Development: Geography and the Creative Field Revisit", *Small Business Economics*, 2006.

Scott W. , "Variations on the Theme of Agglomeration and Growth: The gem and Jewelry Industry in Los Angeles and Bangkok", *Geoforum*, 1998.

Seker M. , "Importing, Exporting, and Innovation in Developing Countries", *Review of International Economics*, 2012.

Simmie J. , Hart D. , "Innovation Projects and Local Production Networks: A Case Study of Hertford Shire", *European Planning Studies*, 1999.

Storper M. , "Regional Context and Global Trade", *Economic Geography*, 2009.

Sturgeon, T. J. , van Biesebroeck, J. , "Global Value Chains in the

Automotive Ilndustry: an Enhanced Role for Developing Countries", *Int. J. Technological Learning*, *Innovation and Development*, 2011.

Su F. , et al. , "Local Officials' Incentives and China's Economic Growth: Tournament Thesis Reexamined and Alternative Explanatory Framework", *China & World Economy*, 2012.

Sun Y. F. , Du D. B. , "Domestic Firm Innovation and Networking with Foreign Firms in China's ICT Industry", *Environment and Planning A*, 2011.

Timothy S. , et al. , "Value Chains, Networks and Clusters: Reframing the Global Automotive Industry", *Journal of Economic Geography*, 2008.

Timothy J. S. , et al. , "Globalisation of the Automotive Industry: Main Features and Trends", *Innovation and Development*, 2009.

Vernon R. , "International Investment and International Trade in the Product Cycle", *Quarterly Journal of Economics*, 1966.

Wal T. , Boschma R. , "Applying Social Network Analysis in Economic Geography: Framing Some Key Analytic Issues", *The Annals of Regional Science*, 2009.

Walcott, "Chinese Industrial and Science Parks: Bridging the Gap", *Professional Geographer*, 2002.

Walker T. , Boschma R. , "Applying Social Network Analysis in Economic Geography: Framing Some Key Analytic Issues", *The Annals of Regional Science*, 2009.

Wei Y. D. , "Decentralization, Marketization, and Globalization: The Triple Processes Underlying Regional Development in China", *Asian Geographer*, 2001.

Wei Yehua, et al. , "Globalizing Regional Development in Sunan, China: Does Suzhou Industrial Park Fit a Neo-Marshallian District Model?", *Regional Studies*, 2009.

Wei Y. H. , et al. , "Corporate Networks, Value Chains, and Spatial Organization: A Study of the Computer Industry in China", *Urban Geography*, 2010.

Wei Y. H. , et al. , "Network Configurations and R&D Activities of the ICT Industry in Suzhou Municipality, China", *Geoforum*, 2011.

Wei Y. H. , et al. , "Production and R&D Networks of Foreign Ventures in China: Implications for Technological Dynamism and Regional Development", *Applied Geography*, 2012.

Wei Y. H. , Liao H. F. , "The Embeddedness of Transnational Corporations in Chinese Cities: Strategic Coupling in Global Production Networks?", *Habitat International*, 2013.

Weingast B. R. , "The Economic Role of Political Institutions: Market Preserving Federalism and Economic Development", *Journal of Law Economics & Organization*, 1995.

Williamson, Oliver, "Transaction-cost Economics: The Governance of Contractual Relation", *Journal of Law and Economics*, 1979.

Wu F. , "Intrametropolitan FDI Firm Location in Guangzhou, China: A Poisson and Negative Binomial Analysis", *Annals of Regional Science*, 1999.

Wu W. , et al. , "Does FDI Drive Economic Growth? Evidence from City Data in China", *Emerging Markets Finance & Trade*, 2019.

Yeung H. W. C. , "Practicing New Economic Geographies: A Methodological Examination", *Annals of the Association of American Geographers*, 2003.

Yeung H. W. C. , "Rethinking Relational Economic Geography", *Transactions of the Institute of British Geographers*, *New Series*, 2005.

Yeung H. W. C. , "Regional Development and the Competitive Dynamics of Global Production Networks: An East Asian Perspective", *Regional Studies*, 2009.

Yu J. , et al. , "Electronic Information Industry, Clustering and Growth: Empirical Study of the Chinese Enterprises", *Chinese Management Studies*, 2013.

Zhao J. , et al. , "Monetary Policy, Government Control and Capital Investment: Evidence from China", *Journal of Accounting Research*, 2018.

Zhou Y. , Xin T. , "An Innovative Region in China: Interaction between Multinational Corporations and Local Firms in a High-tech Cluster in Beijing", *Economic Geography*, 2003.